中国民居建筑丛书

台湾民居

李乾朗 阎亚宁 徐裕健 著

中国建筑工业出版社

图书在版编目（CIP）数据

台湾民居/李乾朗，阎亚宁，徐裕健著.—北京：中国建筑工业出版社，2009
（中国民居建筑丛书）
ISBN 978-7-112-11353-8

Ⅰ.台… Ⅱ.①李…②阎…③徐… Ⅲ.民居—建筑艺术—台湾 Ⅳ.TU241.5

中国版本图书馆CIP数据核字（2009）第170274号

责任编辑：徐　冉　王莉慧
责任设计：董建平
责任校对：陈　波　陈晶晶

中国民居建筑丛书
台湾民居
李乾朗

阎亚宁　著

徐裕健
*
中国建筑工业出版社出版、发行(北京西郊百万庄)
各地新华书店、建筑书店经销
北 京 嘉 泰 利 德 公 司 制 版
北京中科印刷有限公司印刷
*
开本：880×1230毫米　1/16　印张：18 1/2　字数：592千字
2009年12月第一版　2015年4月第二次印刷
定价：**98.00**元
ISBN 978-7-112-11353-8
　　　　（18570）

《中国民居建筑丛书》编委会

总序——中国民居建筑的分布与形成

陆元鼎

秦以前，相传中华大地上主要生存着华夏、东夷、苗蛮三大文化集团，经过连年不断的战争，最终华夏集团取得了胜利，上古三大文化集团基本融为一体，形成一个强大的部族，历史上称为夏族或华夏族。

春秋战国时期，在东南地区还有一个古老的部族称为"越"或"於越"，以后，越族逐渐为夏族兼并而融入华夏族之中。

秦统一各国后，到汉代，我国都用汉人、汉民的称呼，当时，它还不是作为一个民族的称呼。直到隋唐，汉族这个名称才基本固定下来。

历史上的汉族与我国现代的汉族的含义不尽相同。历史上的汉族，实际上从大部族来说它是综合了华夏、东夷、苗蛮、百越各部族而以中原地区华夏文化为主的一个民族。其后，魏晋南北朝时期，西北地带又出现乌桓、匈奴、鲜卑、羯、氐、羌等族，南方又有山越、蛮、俚、僚、爨等族，各民族之间经过不断的战争和迁徙、交往达到了大融合，成为统一的汉民族。

汉族地区的发展与分布

汉族祖先长时间来一直居住在以长安京都为中心的中原地带，即今陕、甘、晋、豫地区。东汉一两晋时期，黄河流域地区长期战乱和自然灾害，使人民生活困苦不堪。永嘉之乱后，大批汉人纷纷南迁，这是历史上第一次规模较大的人口迁徙。当时大量人口从黄河流域迁移到长江流域，他们以宗族、部落、宾客和乡里等关系结队迁移。大部分东移到江淮地区，因为当时秦岭以南、淮河和汉水流域的一片土地还是相对比较稳定。也有部分人民南迁到太湖以南的吴、吴兴、会稽三郡，也有一些迁入金衢盆地和抚河流域。再有部分则沿汉水流域西迁到四川盆地。

隋唐统一中原，人民生活渐趋稳定和改善，但周边民族之间的战争和交往仍较频繁。周边民族人民不断迁入中原，与中原汉人杂居、融合，如北方的一些民族迁入长安、洛阳和开封、太原等地。也有少部分迁入陕北、甘肃、晋北、冀北等地。在西域的民族则东迁到长安、洛阳，东北的民族则向南入迁关内。通过移民、杂居、通婚，汉族和周边民族之间加强了经济、文化，包括农业、手工业、生活习俗、语言、服饰的交往，可以说已经融合在汉民族文化之内而没有什么区别。到北宋时期，中原文献中已没有突厥、胡人、吐蕃、沙陀等周边民族成员的记载了。

北方汉族人民，以农为本，大多安定本土，不愿轻易离开家乡。但是到了唐中叶，北方战乱频繁，土地荒芜，民不聊生。安史之乱后，北方出现了比西晋末年更大规模的汉民南迁。当时，在迁移的人群中，不但有大量的老百姓，还有官员和士大夫，而且大多是举家举族南迁。他们的迁移路线，根据史籍记载，当时南迁大致有东中西三条路线。

东线：自华北平原进入淮南、江南，再进入江西。其后再分两支，一支沿赣江翻越大庾岭进入岭南，一支翻越武夷山进入福建。

东线移民渡过长江后，大致经两条路线进入江西。一支经润州（今镇江市）到杭州，再经浙西婺州（今金华市）、衢州入江西信州（今上饶市）；另一条自润州上到升州（今南京市），沿长江西上，在九江入鄱阳湖，进入江西。到达江西境内的移民，有的迁往江州（今南昌市）、筠安（今高安）、抚州（今临川市）、袁州（今宜春市）。也有的移民，沿赣江向上到虔州（今赣州市）以南翻越大庾岭，进入浈昌（今广东省南雄县），经韶州（今韶关市）南行入广州。另一支从虔州向东折入章水河谷，进入福建汀州（今长汀县）。

中线：来自关中和华北平原西部的北方移民，一般都先汇集到邓州（今河南邓州市）和襄州（今湖北襄樊市）一带，然后再分水陆两路南下。陆路经过荆门和江陵，渡长江，从洞庭湖西岸进入湖南，有的再到岭南。水路经汉水，到汉中，有的再沿长江西上，进入蜀中。

西线：自关中越秦岭进入汉中地区和四川盆地，途中需经褒斜道、子午道等栈道，道路崎岖难行。由于它离长安较近，虽然，它与外界山脉重重阻隔，交通不便，但是，四川气候温和，土地肥沃，历史上包括唐代以来一直是经济、文化比较发达的地区，相比之下，蜀中就成为关中和河南人民避难之所。因此，每逢关中地区局势动荡，往往就有大批移民迁入蜀中。而每当局势稳定，除部分回迁外，仍有部分士民、官宦子弟和从属以及军队和家属留在本地。虽然移民不断增加但大量的还是下层人民，上层贵族官僚西迁的仍占少数。

从上述三线南迁的过程中，当时迁入最多的是三大地区，一是江南地区，包括长江以南的江苏、安徽地区和上海、浙江地区；二是江西地区；三是淮南地区，包括淮河以南、长江以北的江苏、安徽地带。福建是迁入的其次地区。

淮南为南下移民必经之地。由于它离黄河流域稍远，当时该地区还有一定的稳定安宁时期，因此，早期的移民在淮南能有留居的现象。但是随着战争的不断蔓延和持续，淮南地区的人民也不得不再次南迁。

在南方入迁地区中，由于江南比较安定，经济上相对富裕，如越州（今浙江绍兴）、苏州、杭州、升州（今南京）等地，因此导致这几个地区人口越来越密。其次是安徽的歙州（今歙县地区）、婺州（今浙江金华市）、衢州，由于这些地方是进入江西、福建的交通要道，北方南下的不少移民都在此先落脚暂居，也有不少就停留在当地落户成为移民。

当然，除了上述各州之外，在它附近诸州也有不少移民停留，如江南的常州、润州（今江苏镇江）、淮南的扬州、寿州（今安徽寿县）、楚州（今江苏淮河以南盱眙以东地区）、江西的吉州（今吉安市）、饶州（今景德镇市），福建的福州、泉州、建州（今建瓯市）等。这些移民长期居留在州内，促进了本地区的经济和文化的发展，因此，自唐代以来，全国的经济文化重心逐渐移向南方是毫无异议的。

北宋末年，金兵骚扰中原，中州百姓再一次南迁，史称靖康之乱。这次大迁移是历史以来规模最大的一次，估计达到三百万人南下。其中一些世代居住在开封、洛阳的高官贵族也陆续南迁。这次迁移的特点是迁徙面更广更长，从州府县镇，直到乡村，都有移民足迹。

历史上三次大规模的南迁对南方地区的发展具有重大意义。三次移民中，除了宗室、贵族、官僚地主、宗族乡里外，还有众多的士大夫、文人学者，他们的社会地位、文化水平和经济实力较高，到达南方后，无论在经济上、文化上，都使南方地区获得了明显的提高和发展。

南方地区民系族群的形成就是基于上述原因。它们既有同一民族的共性，但是，不同民系地域，虽然同样是汉族，由于南北地区人口构成的历史社会因素、地区人文、习俗、环境和自然条件的差异，都会给族群、给居住方式带来不同程度的影响，从而，也形成了各地区不同的居住模式和特色。

民系的形成不是一朝一夕或一次性形成的，而是南迁汉民到达南方不同的地域后，与当地土著人民融合、沟通、相互吸取优点而共同形成的。即使在同一民系内部，也因南迁人口的组成、家渊以及各自历史、社会和文化特质的不同而呈现出地域差别。在同一民系中，由于不同的历史层叠，形成较早的民系可能保留较多古老的历史遗存。如越海民系，它在社会文化形态上就会有更多的唐宋甚至明清各时期的特色呈现。也有较晚形成的民系，在各种表现形态上可能并不那么古老。也有的民系，所在区域僻处一隅，地理位置比较偏僻，长期以来与外界交往较少，因而，受北方文化影响相对较少。如闽海民系，在它的社会形态中会保留多一些地方土著特点。这就是南方各地区形态中保留下来的这种文化移入的持续性、文化特质的层叠性，同时又有文化形态的区域差异性。

历史上，移民每到一个地方都会存在着一个新生环境问题，即与土著社群人民的相处问题。实际上，这是两个文化形体总合力量的沟通和碰撞，一般会产生三种情况：一、如果移民的总体力量凌驾于本地社群之上，他们会选择建立第二家乡，即在当地附近地区另择新点定居；二、如果双方均势，则采用两种方式，一是避免冲撞而选择新址另建第二家乡，另一是采取中庸之道彼此相互掺入，和平地同化，共同建立新社群；三、如果移民总体力量较小，在长途跋涉和社会、政治、经济压力下，他们就会采取完全学习当地社群的模式，与当地社群融合、沟通，并共同生存、生活在一起。当然，也会产生另一情况，即双方互不沟通，在这种极端情况下，移民被迫为了保护自己而可能另建第二家乡。

在北方由于长期以来中原地区和周边民族的交往沟通，基本上在中原地区已融合成为以中原文化为主的汉民族，他们以北方官话为共同方言，崇尚汉族儒学礼仪，基本上已形成为一个广阔地带的北方民系族群。但是，如山西地区，由于众多山脉横贯其中，交通不便，当地方言比较悬殊，与外界交往沟通也比较困难，在这种特殊条件下，形成了在北方大民系之下的一个区域地带。

到了清末，由于我国唐宋以来的州和明清以来的府大部分保持稳定，虽然，明清年代还有"湖广填四川"和各地移民的情况，毕竟这是人口调整的小规模移民。但是，全国地域民系的格局和分布都已基本定型。

民族、民系、地域在形成和发展过程中，由稳定到定型，必然需要建造宅居。宅居建筑是人类满足生活、生存最基本的工具和场所。民居建筑形成的因素很多，有社会因素、经济物质因素、自然环境因素，还有人文条件因素等。在汉族南方各地区中，由于历史上的大规模的南迁，北方人民与南方土著社群人民经过长期来的碰撞、沟通和融合，对当地土著社群的人口构成、经济、文化和生产、生活方式，礼仪习俗、语言（方言），以及居住模式都产生了巨大的影响和变化。对民居建筑来说，由于自然条件、地理环境以及社会历史、文化、习俗和审美的不同，也导致了各地民居类型、居住模式既有共同特征的一面，也有明显的差异性，这就是我国民居建筑之所以呈现出丰富多彩、绚丽灿烂的根本原因。

少数民族地区的发展与分布

我国少数民族分布，基本上可以分为北方和南方两个地区。现代的少数民族与古代的少数民族不同，他们大多是从古代民族延伸、融合、发展而来。如北方的现代少数民族，他们与古代居住在北方的沙漠和山林地带的乌孙、突厥、回纥、契丹、肃慎等民族有着一定的渊源关系，而南方的现代少数民族则大多是由古代生活在南方的百越、三苗和从北方南迁而来的氐羌、东夷等民族发展演变而来。他们与汉族共同组成了中华民族，也共同创造了丰富灿烂的中华文化。

我国的西北部土地辽阔，山脉横贯，古代称为西域，现今为新疆维吾尔自治区。公元前2世纪，匈奴民族崛起，当时西域已归入汉代版图。唐代以后，漠北的回鹘族逐渐兴起，成为当时西域的主体民族，延续至今即成为现在的维吾尔族。

我国北方有广阔的草原，在秦汉时代是匈奴民族活动的地方。其后，乌桓、鲜卑、柔然民族曾在此地崛起，直至6世纪中叶柔然汗国灭亡。之后，又有突厥、回鹘、女真等在此活动。12～13世纪，女真族建立金朝。其后，与室韦—鞑靼族人有渊源关系的蒙古各部在此开始统一，延续至今，成为现代的蒙古族。

在我国西北地区分布面较广的还有一个民族叫回族。他们聚居的区域以宁夏回族自治区和甘肃、青海、新疆及河南、河北、山东、云南等省、自治区较多。

回族的主要来源是在13世纪初，由于成吉思汗的西征，被迫东迁的中亚各族人、波斯人、阿拉伯人以及一些自愿来的商人，来到中国后，定居下来，与蒙古、畏兀儿、唐兀、契丹等民族有所区别。他们与汉人、畏兀儿人、蒙古人，甚至犹太人等，以伊斯兰教为纽带，逐渐融合而成为一个新的民族，即回族。可见回族形成于元代，是非土著民族，长期定居下来延续至今。

在我国的东北地区，史前时期有肃慎民族，西汉称为挹娄，唐代称为女真，其后建立了后金政权。1635年，皇太极继承了后金皇位后，将族名正式定为满族，一直延续至今即现代的满族。

朝鲜族于19世纪中叶迁到我国吉林省后，延续至今。此外，东北地区还有赫哲族、鄂伦春族、达斡尔族等，他们人数较少，但是，他们民族的历史悠久可以追溯到古代的肃慎、契丹民族和北方的通古斯人。

在西南地区，据史书记载，古羌人是祖国大西北最早的开发者之一，战国时期部分羌人南下，向金沙江、雅砻江一带流徙，与当地原住族群交流融合逐渐发展演变为羌、彝、白、怒、普米、景颇、哈尼、纳西等民族的核心。苗、瑶族的先民与远古九寨、三苗有密切关系，经过长期频繁的辗转迁徙，逐步在湖南、湖北、四川、贵州等地区定居下来。畲族亦属苗瑶语族，六朝至唐宋，其先民已聚居在闽粤赣三省交界处。东南沿海地区的越部落集团，古代称为"百越"，它聚居在两广地区，其后，向西延伸，散及贵州、云南等地，逐渐发展演变为壮、傣、布依、侗等民族。"百濮"是我国西南地区的古老族群，其分布多与"百越"族群交错杂居，逐渐发展为现今的佤族等民族。

我国西南地区青藏高原有着举世闻名的高山流水，气象万千的林海雪原，更有着丰富的矿产资源，世界最高峰珠穆朗玛峰耸立在喜马拉雅山巅，从西藏先后发现旧石器到新石器时代遗址数十处，证明至少在5万年前，藏族的先民就繁衍生息在当今的世界屋脊之上。

据史书记载，藏族自称博巴，唐代译音为"吐蕃"。公元7世纪初建立王朝，唐代译为吐蕃王朝，族群大多居住在青藏高原，也有部分住在甘肃、四川、云南等省内，延续至今即为现在的藏族。

羌族是一个历史悠久的古老民族，分布广泛，支系繁多。古代羌族聚居在我国西部地区现甘肃、青海一带。春秋战国时期，羌人大批向西南迁徙，在迁徙中与其他民族同化，或与当地土著结合，其中一支部落迁徙到了岷江上游定居，发展而成为今日羌族。他们的聚居地区覆盖四川省西北部的汶川、理县、黑水、松潘、丹巴和北川等七个县。

彝族族源与古羌人有关，两千年前云南、四川已有彝族先民，其先民曾建立南诏国，曾一度是云南地区的文化中心。彝族分布在云、贵、川、桂等地区，大部分聚居在云南省内，几乎在各县都有分布，比较集中在楚雄、红河等自治州内。

白族在历史发展过程中，由大理地区的古代土著居民融合了多种民族，包括西北南下的氐羌人，历代不断移居大理地区的汉族和其他民族等，在宋代大理国时期已形成了稳定的白族共同体。其聚居地主要在云贵高原西部，即今云南大理地区。

纳西族历史文化悠久，它也渊源于南迁的古氐羌人。汉以前的文献把纳西族称为"牦牛种"、"旄牛夷"，晋代以后称为"摩沙夷"、"么些"、"么梭"。过去，汉族和白族也称纳西族为"么梭"、"么些"。"牦"、"旄"、"摩"、"么"是不同时期文献所记载的同一族名。建国后，统一称"纳西族"。现在的纳西族聚居地主要集中在云南的金沙江畔、玉龙山下的丽江坝、拉市坝、七河坝等坝区及江边河谷地区。

壮族具有悠久的历史，秦汉时期文献记载我国南方百越群中的西瓯、骆越部族就是今日壮族的先民。其聚居地主要在广西壮族自治区境内，宋代以后有不少壮族居民从广西迁滇，居住在今云南文山壮族苗族自治州。

傣族是云南的古老居民，与古代百越有族缘关系。汉代其先民被称为"滇越"、"掸"，主要聚居地在今云南南部的西双版纳傣族自治州和西南部的德宏傣族景颇族自治州内。

布依族是一个古老的本土民族，先民古代泛称"僚"，主要分布在贵州南部、西南部和中部地区，在四川、云南也有少数人散居。

侗族是一个古老的民族，分布在湘、黔、桂毗连地区和鄂西南一带，其中一半以上居住在贵州境内。古代文献中有不少关于洞人（峒人）、洞蛮、洞苗的记载，至今还有不少地区保留"洞"的名称，后来"峒"或"洞"演变为对侗族的专称。

很早以前，在我国黄河流域下游和长江中下游地区就居住着许多原始人群，苗族先民就是其中的一部分。苗族的族属渊源和远古时代的"九黎"、"三苗"等有着密切的关系。据古文献记载，"三苗"等应该都是苗族的先民。早期的"三苗"由于不断遭到中原的进攻和战争，苗族不断被迫迁徙，先是由北而南，再而由东向西，如史书记载说"苗人，其先自湘窜黔，由黔入滇，其来久有"。西迁后就聚居在以沅江流域为中心的今湘、黔、川、鄂、桂五省毗邻地带，而后再由此迁居各地。现在，他们主要分布在以贵州为中心的贵州、云南、四川和湖南、湖北、广西等各省区的山区。

瑶族也是一个古老的民族，为蚩尤九黎集团、秦汉武陵蛮、长沙蛮的后裔，南北朝称"莫瑶"，这是瑶族最早的称谓。华夏族人中原后，瑶族就翻山越岭南下，与湘江、资江、沅江及洞庭湖地区的土著民族融合而成为当今的瑶族。现都分散居住在广西、广东、湖南、云南、贵州、江西等省区境内。

据考古发掘，鄂西清江流域十万年前就有古人类活动，相传就是土家族的先民栖息场所。清江、阿蓬江、酉水、溇水源头聚汇之区是巴人的发祥地，土家族是公认的巴人嫡裔。现今的土家族都聚居于湖南、湖北、四川、贵州四省交会的武陵山区。

我国除汉族外有少数民族55个。以上只是部分少数民族的历史、发展分布与聚居地区，由于这些少数民族各有自己的历史、文化、宗教信仰、生活习俗、民族审美爱好，又由于他们所处不同地区和不同的自然条件与环境，导致他们都有着各自的生活方式和居住模式，就形成了各民族的丰富灿烂的民居建筑。

为了更好地把我国各民族地区民居建筑的优秀文化遗产和最新研究成就贡献给大家，我们在前人编写的基础上进一步编写了一套更系统、更全面的综合介绍我国各地各民族的民居建筑丛书。

我们按下列原则进行编写：

1.按地区编写。在同一地区有多民族者可综合写，也可分民族写。

2.按地区写，可分大地区，也可按省写。可一个省写，也可合省写，主要考虑到民族、民居、类型是否有共同性。同时也考虑到要有理论、有实践，内容和篇幅的平衡。

为此，本丛书共分为18册，其中：

1.按大地区编写的有：东北民居、西北民居2册。

2.按省区编写的有：北京、山西、四川、两湖、安徽、江苏、浙江、江西、福建、广东、台湾共11册。

3.按民族为主编写的有：新疆、西藏、云南、贵州、广西共5册。

本书编写还只是阶段性成果。学术研究，远无止境，继往开来，永远前进。

参考书目

1.（汉）司马迁撰.史记.北京：中华书局，1982.

2.辞海编辑委员会.辞海.上海：上海辞书出版社，1980.

3.中国史稿编写组.中国史稿.北京：人民出版社，1983.

4.葛剑雄，吴松弟，曹树基.中国移民史.福建：福建人民出版社，1997.

5.周振鹤，游汝杰.方言与中国文化.上海：上海人民出版社，1986.

6.田继周等.少数民族与中华文化.上海：上海人民出版社，1996.

7.侯幼彬.中国建筑艺术全集第20卷宅第建筑（一）北方建筑.北京：中国建筑工业出版社，1999.5

8.陆元鼎，陆琦.中国建筑艺术全集第21卷宅第建筑（二）南方建筑.北京：中国建筑工业出版社，1999.5

9.杨谷生.中国建筑艺术全集第22卷宅第建筑（三）北方少数民族建筑.北京：中国建筑工业出版社，2003.

10.王翠兰.中国建筑艺术全集第23卷宅第建筑（四）南方少数民族建筑.北京：中国建筑工业出版社，1999.

11.陆元鼎.中国民居建筑（上中下三卷本）.广州：华南理工大学出版社，2003.

前 言

关于台湾民居之研究，可以推至 1900 年代的日治时期，日本以殖民政策统治台湾，为了有效推展政令及充分了解台湾的历史背景，早在 1903 年即组成专门研究单位"临时台湾旧惯调查会" 进行民间习俗及居住方式之调查，并出版《台湾旧惯调查报告》。当时之观察面甚广，连民居中之家具及灶房炊具亦曾调查。

至 1920 年代后期，少数日本学者提出研究台湾建筑史之计划，安江正直是其中一位，他对台湾的寺庙作研究及测绘，后于 1929 年为文指出要先研究中国南方建筑，再与台湾建筑作比较，并以著名的台北板桥林家宅第及花园作初期研究对象。紧接着 1932 年，日人高桥男以板桥林氏宅园为题，作较深入之调研，报告刊登在当时的杂志之上。1936 年，任教台北州立工业专科学校的千千岩助太郎，开始发表长期深入内山对原住民住居之调查报告，分期由台湾建筑会志发行专刊，从 1937 年至 1943 年，共出五辑。这些宝贵的一手资料后来由于太平洋战争爆发而中止，但"二战"之后，1960 年在日本由彰国社出版《台湾高砂族之住家》，即重印战前之研究报告而成。这本书总结了千千岩氏对台湾原住民建筑之研究成果，也是这个领域中最重要的著作。

1936 年，日本著名建筑史家伊东忠太抵台湾，在台北发表演讲指出研究台湾古建筑之道，并提及台湾的民居为台湾建筑重要内涵。受其影响，次年田中大作提出台湾建筑史的研究大纲，将台湾建筑分成高砂族、红毛人、汉族等系统。同年，建筑史家藤岛亥治郎来台，对西岸的古城市作 21 天的考察，后来于 1948 年在日本出版《台湾的建筑》一书，这本书可以说是简要地总结前人之研究，并较有系统地介绍了台湾的古建筑。其中，对民居之研究并非最主要的部分。建筑史家的注意力常忽略民居，而着墨于寺庙城堡较多。对台湾民居保持关心的日本人，还有池田敏雄的《台湾的家庭生活》及国分直一的《台湾的民俗》，皆是 1930 年代所作的调查。另外，日治时期的研究不能忽略的是 1941 年至 1944 年由金关丈夫主持的《民俗台湾》杂志，每期皆有数篇关于民居相关资料探讨之文章。1943 年由地理学者富田方郎所著的《台湾聚落之研究》，为地理学角度对村落之看法，是日治时期较稀少的研究。

1945 年"二战"结束之后，台湾民居的研究有一段长时期的荒废，战后建筑学者之研究心力多投注到新的住宅规划与设计。50 年代农村的复兴，政府曾提供一些标准图样，但由于农村缺乏资金，很少依据这些图样建造房舍。而 1960 年之后，台湾经济力量渐强，农村人口急速移入城市，许多传统民居遭到拆除或弃置，这时引起了东海大学教授的注意，其中萧梅与美籍的狄瑞德（Reed Dillingham）、华昌琳出版书籍，从学术研究角度来介绍台湾民居，《台湾民居建筑之传统风格》与《台湾传统建筑之勘察》二书引起学术界的兴趣，并产生影响力，相关的民俗调查，则有林衡道、洪敏麟等学者之研究作为文化背景支持。

终于在 1978 年李乾朗所著《金门民居建筑》与 1979 年《台湾建筑史》出版，80 年代又有王镇华、徐裕健、关华山及阎亚宁等学者投入研究，特别是古民居、古衙、祠庙与聚落之调查研究与修复再利用。随着台湾的《文化资产保存的相关规定》公布，法令与资金兼备，为推动实际的工作提供了基础。1990年代以来，包括澎湖、山地区域与金门、马祖等偏远地区的民居研究也有年轻一代学者加入。可以说至目前为止，台湾民居的研究成果超过1960年代以前的水准。而有志于此的学者们也联合起来，成立"台湾民居研究会"，经常参加中国大陆学术团体举办的研讨会及实地考察。我们相信，在田野调查资料全面完成之后，理论的分析与修复再利用，甚至转化为现代民居之创造所用，将是可预期的。

目　录

第五章　台湾民居聚落之形成与演变

第六章　台湾民居建造习俗

第七章　从大木结构探索台湾民居与闽粤古建筑之渊源

第八章　台湾民居之构造与施工

第九章 台湾民居之装饰

第十章 台湾民居与生活形态变迁

第十一章 台湾各地民居之特质

第十二章　台湾经典民居

第一章
台湾民居之渊源、类型及历史发展概述

第一节　台湾民居之历史发展概述

　　台湾开始进入中国的历史，可远溯自三国时代，孙权曾派兵征夷州，夷州可能即为台湾。较可信的是隋唐时期，史籍记载"流求国在泉州之东，有岛曰澎湖，烟火相望"。至宋代，台湾仍称为"流求"，澎湖已有汉人居住，近年出土为数甚多之贸易瓷器可为证。元代为了拓展贸易，对南海经略更为积极，于1361年设置巡检司于澎湖，隶属于泉州同安。

　　明末天启四年（1624年），荷兰人占据台湾，后不久驻菲律宾的西班牙人占据台湾北部，其为时才三十多年，建造了一些城堡及教堂。南明永

图1-1　1629年西班牙人在淡水建城，荷兰人予以改筑

图1-2　台湾汉人擅长农业技术

历十五年（1661年）郑成功收复台湾，结束荷兰的统治，开始设官分治，推行屯垦，引入中国的政经制度，建造文武庙，闽、粤的汉人陆续移居台湾。康熙二十三年（1684年）台湾归清版图，开始了清政府治理台湾的历史。清初由于海禁，限制移民渡台，但仍然无法阻挡闽粤汉人入台开垦。人口逐渐增加，经济力量为之提高，国防地位日益重要。至光绪十三年（1887年），台湾建省，刘铭传出任巡抚，治绩颇有贡献，对台湾现代化奠下良好基础。

　　光绪二十年（1894年）甲午战争，中国割让台湾予日本，开始了日本的殖民统治时期。日据时期引入明治维新的西化经验，台湾融入了日本及西洋的影响，文化更趋多元化，生活方式与建筑风格亦有明显的变化。

第二节　台湾民居之渊源与类型

　　台湾的原始住民可上溯自两万年以前的石器时代，数千年前的人类活动遗址也出土甚多。现存原住民主要是马来语系的九族，另有少部分的平埔族已渐渐融入汉族。九族大部分居住于山区，他们的居住文化充分表现了地域的色彩，产竹地区使用竹材，产石地区使用石片。

　　汉族自明末清初大量移台，使台湾汉化，成为大陆文化之延长。移民中以闽、粤居多，其中闽籍以泉州、漳州、汀州、兴化等四府为主。粤

图1-3　台湾汉人的熏烟楼

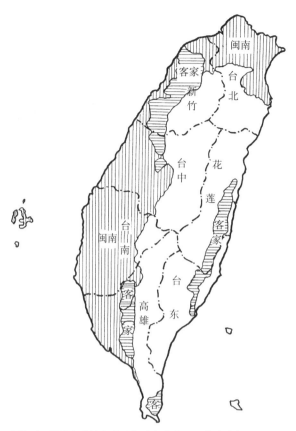

图1-4　1926年统计之台湾闽南与客家人居住分布概况

图1-5　闽南匠师渡台建屋展现优异技术

籍则以惠州、潮州、嘉应州等三府为主，他们的语言或腔调各自不同，风俗习惯略异。因之，在古代常有械斗事件发生。

　　台湾的幅员虽小，只有3.6万多平方公里，且多崇山峻岭，海拔超过3000米的高山达48座之多，只有西部形成台地、盆地及平原。所以早期汉族移民与原住民之间时有冲突，而漳泉及客家人之间的摩擦亦不断。台湾各地之民居，不但反映着地理气候之差异，也反映出各籍移民之文化差异。例如，北部因多雨潮湿，民居多用砖石构造，屋顶坡度较陡。而南部炎热干燥，民居多用竹木构造，屋顶出檐较深，屋顶坡度较缓。再者，泉州人多住港口或海边，擅长商业贸易与渔业。漳州人擅长农业，多居于内陆平原。而客家人擅长山区开垦，故多居于内陆丘陵地带，从客家山歌，如采茶歌，即可反映出来。

　　台湾的开拓，自17世纪中叶之后，汉人渡过台湾海峡登陆，将中国几千年累积下来的封建农业文化移入，历经300年之发展，完成了成熟

图1-6　新竹客家民居门楼

图1-7　台南麻豆林宅呈现闽南建筑风格

图1-8 台湾中部之木造房屋

图1-9 建于清初乾隆年间的台南麻豆郭宅

的中国社会。在 20 世纪之前，几乎台湾的文化即是闽粤社会之延长而已。台湾的寺庙与富商地主大宅第大都从闽粤运送材料建造起来。并且，工匠亦聘自大陆，泉州的大木匠师与漳州的泥水匠师最多。因而，上流社会的宅第与闽南、粤东民居几乎相同。

然而，一般平民或佃农的住宅却拥有台湾自身的特色，他们并没有足够的财力敦聘所谓唐山师父建造住居，大都采因地制宜与就地取材之策，并且培养起台湾本地的工匠，逐渐发展出台湾民居的风格。例如澎湖的民居，因土地贫瘠，风沙又大，当地匠师乃以海边珊瑚礁石去其盐分之后作为建材，屋顶低平可以防风，中堂之前设置亭子以遮阳。这种三合院之变体与福建及广东沿海民居略有不同。

另外，像台湾北部大屯火山群地带，盛产安山岩，质地坚固，色泽呈青灰色。当地居民为了适应陡坡地形，有时放弃三合院或四合院，而代之以长条形多开间之布局。据调查得知，有超过九间以

上者。在山腰上建屋，为防盗及防潮，利用山上所产之石材砌墙，成为这个地区民居之明显特征。

再如台湾中部及南部靠山地区，因竹材及木材甚易取得，民居多采用穿斗式构造，有时整座房子悉以竹材建造，屋瓦亦以剖开之半圆竹管构成。为防山区豪雨，其出檐甚深，以保护编竹夹泥墙。

据口述史料推测，大概在清代中叶约嘉庆及道光年间，台湾才开始产生本地的民居匠师，但为数不多。直到 19 世纪末叶的同治、光绪年间，台北、新竹、鹿港及台南几个大城市才出现实力坚强的匠师。有的替人们建寺庙，有的在乡下建民屋。至 20 世纪初，由于日本占领，台湾与漳泉之交流关系逐渐疏远，台湾本地工匠的数量大为增加，这些建民居的匠师有时受到日本建筑之影响，例如有些台湾匠师擅长建木板通铺及壁橱，皆为日本传统木造住居之特色。

回顾起来，台湾民居原有平埔族及九族之古老传统。但其人口不多，逐渐被汉人同化，民居亦逐渐消失，现在只能复建一部分，作为博物馆

图1-10 多用木柱的中部竹山民居敦本堂

图1-11 屏东佳冬杨氏家祠之月洞门

供人参观，在日月潭附近有九族文化村。

汉人的民居虽源自大陆，但经过300多年演变，除了少数官绅大宅完全模仿漳泉及粤东民居，大部分乡村农舍皆因地制宜，发展出地域性特色。至清末之后，又接受外来的影响。日据时期吸收日本民居的一些做法，融合而形成近代台湾民居之形态。

台湾原住民之民居依各族群之习性而异。有的居住于台湾中央山脉，海拔约在1000米左右；

有的居住在台湾东部之纵谷；也有如雅美族居住在兰屿岛上，每年夏天常有台风侵袭。因为各地自然地理条件不同，各族风俗不同，使民居亦形成很大的差异，泰雅族、雅美族、赛夏族、布农族等为父系社会，而阿美族与卑南族为母系社会。

九族民居的单元平面，较简单的为单室型，单室之中包含起居空间及卧室，少数有较细致的室内分划，将卧室、炊事间、起居间或门厅分别出来。这种平面反映出原始社会家庭成员之互信

图1-12　中部布农族之草编住屋

图1-13　屏东鲁凯族头目宅前石雕

图1-14　台南卑南族之少年会所为干阑式

图1-15　兰屿达悟族地穴式住屋

图1-16　台湾原住民之干阑式建筑

与亲密关系。在民居单元之室内，北部泰雅族有些采用半地穴式，兰屿的雅美族为防台风，也采半地穴式，从地面挖下数米，再以卵石砌挡土墙。另外像南部的排湾及布农族，也常使用浅穴，室内略低于路面。

阜南族及鲁凯族的公共建筑"少年会所"则采用干阑式，以数十根木柱支撑圆形的大空间，作为训练少年生存与战斗技能之用途。另外，各族的谷仓为防鼠害，亦多采高脚式。其结构颇具特色，但平面简单。

一般而言，九族民居之入口设于平面之长边或短边皆有之，门口空间铺石板，屋外尚有公共走道及其他公共设施。室内虽然不做明显的隔间墙，但借由室内支柱之阻隔，也可以分别出来床铺、灶或起居工作间。有的将谷仓设于室内，但厕所大都另设于屋外。据近代调查显示，排湾族牡丹社出现过汉化式的平面，即三开间平面，中为起居室，两旁为卧室。泰雅族也有一些例子显示室内男女之分，男性空间居后，而门口处为女性空间。另外一项较罕见的是居住于中部玉山一带的曹族，常采室内葬，在屋内挖墓穴，埋入死者后覆土，再铺以石板。

至于汉人的民居，其平面几乎皆是闽粤传统的移植，台湾清代社会保存浓厚的封建色彩，尊重人伦之序，重男轻女，似乎深受儒家礼教约束。因而，民居的平面多倾向于中轴对称，左右均衡布局。

图1-18　彰化节孝祠供奉妇女牌位

图1-19　台湾淡水李氏宗祠表现慎终追远的文化

图1-17　鲁凯族头目住居前之木柱有百步蛇及祖先雕刻

图1-20　都市土地开发过度，1980年代古宅被大量拆毁

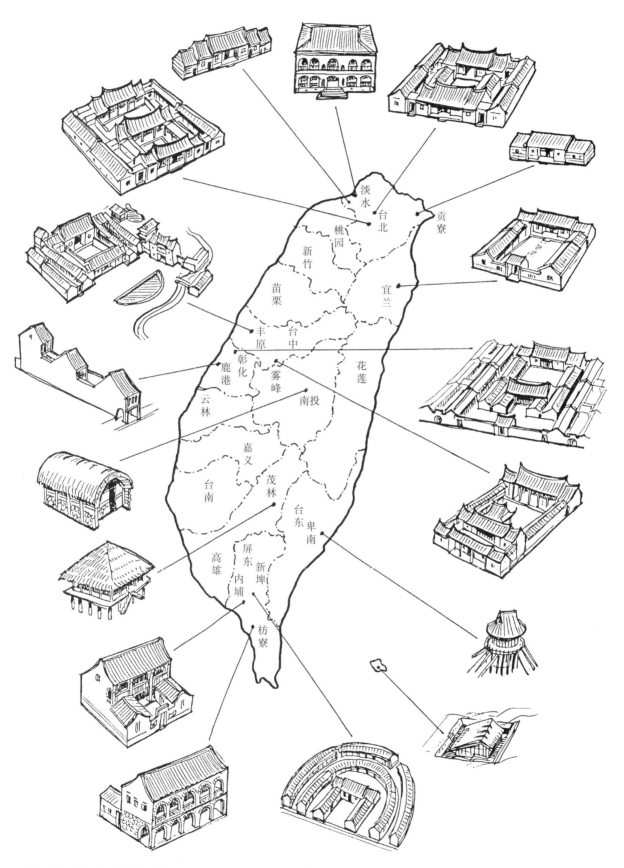

图1—21 台湾经典民居分布图

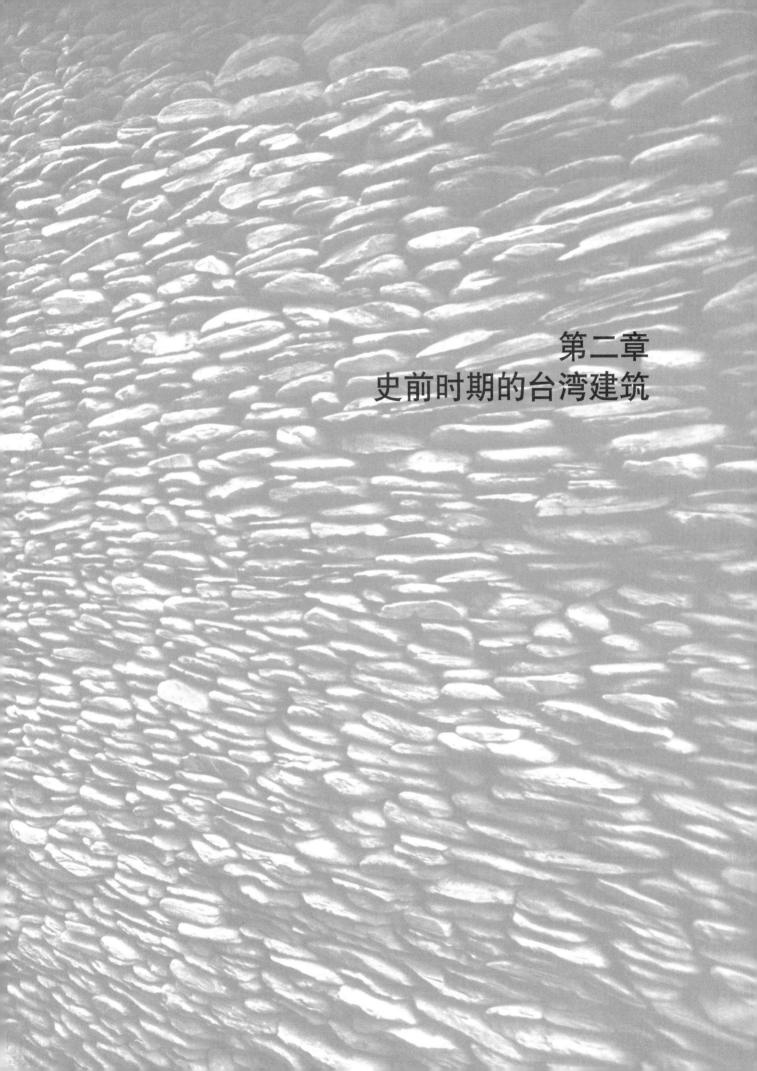

第二章
史前时期的台湾建筑

台湾岛的历史如果透过考古出土的文物鉴定，有高达几万年以前的出土物，台湾在二三万年前就有人类活动。问题是这些人是什么人呢？是不是今天我们所知道的平埔族或是住在山区的原住民？对此考古学界还有争论，但无论如何，台湾的建筑可以追溯到几万年前的实物。原始人常常利用自然的山洞作为住居，台湾目前所知最早的人类住居是台东长滨村的八仙洞，台湾的原住民是否原来就住在台湾也是研究重点之一。

有很多迹象显示，在台湾和亚洲大陆还连在一起的时代，岛上的人和中国大陆的人是互通的，这样的推测表示当时的台湾人可能是和华南一带早期的民族有密切的关系。当然也有另一派说法认为从菲律宾到巴丹岛、兰屿、台东这一带的语言、习俗非常接近，所以究竟是台湾的原住民往南到了整个南岛语系，或是南岛语系有部分的人从菲律宾北上进入台湾，尚未有定论。如果论及文献记载，中国在1400多年前就有古代的传说，隋炀帝大业初年即有中国人前往琉球探险，当时的琉球包括现在中国东海上的台湾、冲绳岛一带。其次，唐朝或宋朝，当时福建泉州的渔民到过台湾沿海，对于台湾也有所记载。陈第的《东番记》就描写他所观察的原住民生活情况。[1]

台湾的原住民建筑是很重要且极需投入工夫保存、调查与研究的文化资产。从20世纪初年有一些日本学者上山下海进入部落调查研究外，近年的研究反而退步。主要的原因是原住民汉化很快，汉人入台虽只有300多年，但以其优越的文化力量的扩散，原住民的建筑消失很快，或者失去其固有特色。

研究这个领域的学者大都认为台湾原住民文化同时表现出亚洲大陆与南岛两支系统之特色，哪一方面占的成分较多？也成为比较研究的课题。我们从泰雅、布农与赛德克诸族的深穴式建筑，可以找到亚洲及中国大陆相似的案例。再从达悟、卑南、排湾及平埔人的干阑式（也称为桩上住屋，及高架式）建筑来看，南洋菲律宾、印尼等地区也极普遍，台湾的石板屋也可在南洋见到相似之例。再者，据鹿野忠雄之研究，谷仓四支木柱上有圆板防鼠设计，在台湾很普遍，但在其他地区却少见。也许，台湾原住民也有独一无二的建筑。

有文化记载之前的台湾历史，要借考古遗址出土的证物来认识，史前的台湾有丰富的文化，从19世纪末日本学者开始注意并有系统的研究以来，至20世纪末已经累积了极为丰硕的研究成果。台湾的史前人类活动可上推至一万五千多年，甚至到三万年以前的旧石器时代，历经新石器及金属器时代。

一百年来的考古发掘，台湾地区的考古遗址几乎分布东、西、南、北与中央山脉地区。低海拔的如淡水河口的十三行遗址，只有几米高，高海拔的如苗栗的二本松遗址，达到1000多米高度，可见各种不同的地理环境都可能吸引人去居住，他们在那里生活、居住、耕作、狩猎、生产、战斗、防御，进行各种仪式或埋葬。这些生活的空间大

图2-1　20世纪初日学者森丑之助所摄之泰雅族妇女织布照片　　图2-2　日学者鸟居龙藏所摄之在石板屋前的排湾族战士

多会留下人工的遗迹，此即建筑行为。有了建筑行为，就留下建筑设施物。[2]

冰河时期的台湾，约距今 200 万年左右，台湾附近的海平面比今天低，台湾还有周围沿海岛屿，如澎湖、金门、马祖，当时都不是岛屿，而与亚洲大陆连在一起，甚至韩国也不是一个半岛，是跟整个渤海湾连在一起。距今约一万八千多年到一万五千年左右，冰河时期结束，地球的气温上升，于是海平面随之升高，使台湾成为一个独立的岛。距今一千年以前的文化，包括十三行文化，2000 到 3000 年前的有芝山岩文化、圆山文化、凤鼻头文化、卑南文化，距今超过 4000 年以前到 5000 年上下，是一个非常重要的承上启下的转接点，即台北观音山麓的大坌坑文化。它可以上接到万年以前的长滨文化，从考古出土的遗物可以看出台湾古代文化的分布颇广。

如果从当时所用的器物来说，大坌坑是一个重要的转折点，属于新石器时代的文化。大坌坑文化之前就是旧石器时代文化，之后的圆山文化、芝山岩文化所用的工具就进步了。

圆山文化是研究台湾考古史非常重要的地点，日本统治台湾之后的第三年（1897 年），日本学者发现了圆山贝冢，此冢的发现使得台湾科学性的考古学开始发展起来。淡水河口另有十三行遗址，它的年代在大坌坑文化与芝山岩文化之后，距今 1700 年左右到 12、13 世纪，时间约为 300～1300 年十三行文化出土文物发现唐朝的铜钱。换句话说，十三行文化可能和唐、宋、元有过接触。[3]

台湾的原住民一般来说分为平埔族与高山族，我们比较熟悉的是高山族的部分，从北部的泰雅族、新竹的赛夏族、中部的布农族、阿里山的邹族、日月潭的邵族、南部的鲁凯族和排湾族、台东的卑南族、花莲的阿美族以及兰屿的达悟族。平埔族经过几百年的汉化，现在要找到他们的建筑或遗迹比较不容易，像十三行文化的凯达格兰族就属于平埔族，平埔族在北部主要是凯达格兰族，宜兰是噶玛兰族，在新竹、苗栗一带有道卡斯族，嘉义、台南有西拉雅族。在清代文献里，

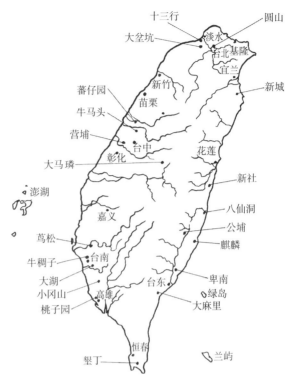

图2-3　台湾史前遗址分布图

图2-4　鲁凯族之石板屋

对平埔族有较多的描述，当时以汉化的程度区分，汉化深者被称为熟番。

第一节　自然岩洞为住居

台湾的史前考古遗址，年代最早的是东部的长滨文化，距今约在 5000 年至 3 万年之前，其次为距今 5000 年到 7000 年左右的大坌坑文化，分布在西部各地。距今 3000 年至 4000 年的，北部有芝山岩文化及圆山文化，中部有牛骂头文化，南部有牛稠子文化。距今 2000 年前的，北部有植

物园文化，中部有大湖文化，南部有凤鼻头文化，东部有卑南文化与麒麟文化等。距今 1000 年前后的，则有淡水河口的十三行文化，南部有茑松文化。

史前人类常利用天然洞穴作为居住之所，台东靠太平洋海岸的长滨乡八仙洞为台湾最早的旧石器时代居住遗址，它是一种海蚀的自然岩窟，海拔只有数十米，岩洞本身非常巨大，高达 10 余米，洞口亦宽敞，洞内可以容数十人居住，洞内发掘出土许多石器，多呈尖锐形，可能作为武器之用。

台湾新石器时代的代表遗址为大坌坑文化，主要分布于河边或近海地带，北部以台北县八里的观音山麓为代表，他们使用手制的粗绳纹陶，石器则有石斧、石簇与石棒等。从他们的工具显示已知道农耕生产与狩猎渔捞技术，因而推断应有定居的聚落与住屋，但其布局与建筑形态则尚未明朗。

至新石器时代中期，包括芝山岩文化、圆山文化、牛马头文化与牛稠子文化等地，他们使用的工具较为进步，据学者研究，可能与中国东南沿海的新石器文化有来往，使用绳纹红陶，器物造型亦较多样，包括石斧、石锄、石刀等，应有较进步的农耕技术。他们的聚落规模较大，也懂得种植水稻，可能已有简单的灌溉技术。当时的建筑形态所知不多，但葬礼可能颇为隆重，南部垦丁一带曾出土石棺，石材加工颇为精细。

新石器时代后期，以台北的芝山岩文化、植物园文化、彰化的营埔文化、南投的大马璘文化、台南的大湖文化、高屏溪口的凤鼻头文化、台东的卑南文化以及花莲一带的花冈山文化、麒麟文化为代表。从出土文物显示，他们有些已运用青铜器，学者认为与中国大陆沿海的浙、闽有密切关系。其生产工具进步，农耕技术可能亦有很高水平。

聚落的人口数量较多，以台东卑南遗址而言，它的遗址面积约有 60 余万平方米，附近并设置墓葬区，墓葬以石板为棺，陪葬的玉器饰品加工极为精细。芝山岩文化出土的陶器则有美丽的彩绘，反映当时的美学要求。东部的遗址所出土的巨型岩棺则是以整块石雕成，两侧有凸出物，可能便于搬动。[4]

第二节　干阑式建筑

距今 400 年至 2000 年之间的台湾史前 * 文化，包括淡水河口的十三行文化、中部的番仔园文化与大邱园文化、南部的茑松文化与北叶文化等，已经大量地运用金属器。十三行文化的考古显示，已经具备冶铁技术，并且发现不少木柱洞的遗迹，推测他们可能建造一种干阑式高床构造的住屋。十三行文化在 1990 年代因政府建造污水处理设施而大部分遭到破坏，所幸经考古学者紧急抢救一小部分，近年在现场附近已经设立博物馆，展示出土的文物。从出土的地下柱洞看，柱子呈圆断面，应属自然树干，但柱洞分布呈不规则状，无法研判地上建筑物的平面形式。至于其墓葬区与聚落相邻，骨骸显示为屈肢姿势，可能系其特殊信仰或仪式产生的结果。

在这个阶段的史前遗址中，出现较多山区高海拔的聚落，以苗栗泰安的二本松遗址为例，它在海拔 1000 多米的山上，同时聚落的规模也比前期扩大许多。

台湾的原住民在人类学或考古学的研究上都被视为是一种南岛语族。南岛语族包含范围很广，地理上被称为大洋洲的部分是最主要的，但事实上也包括很南部的新西兰，很东部的太平洋大溪地、复活岛，西到非洲附近的马达加斯加岛，当然大本营还是集中在中国台湾、菲律宾、婆罗洲、马来半岛、苏门答腊、爪哇岛、新几内亚、所罗门群岛这一带，甚至包含夏威夷，范围广大分布在太平洋与印度洋，所以或可推测在古代他们就有很好的航海技巧，足以航行这么远的距离。但南岛民族究竟始于何处，前已述及这是一个值得研究的课题。有学者认为台湾是一个集散点，在台湾会合后，再往南、东、西分布。台湾岛面积虽然不大，但包含的原住民种族甚多，所以从文化的角度来看，台湾的原住民拥有非常丰富的建筑文化，值得深加研究。[5]

---

　* 编者按：本书作者称，台湾史前时期一般是以 1624 年荷兰人占领台湾作为分界。

第三节 石造建筑

如果从考古出土的文物来探讨台湾原住民的建筑，就不能忽视在台湾南北各地都曾经发现的石棺。台湾北部的苏澳地区、中部的埔里附近、南部的高屏、东海岸的卑南都有石棺出土。石棺有整块石头雕成的，也有四片或五片围成的，石棺出土包含了一些陪葬物，如石雕的骨器或玉器。死者的葬姿也值得探讨，例如采取侧卧或曲膝葬，这是信仰的缘故。原住民常以居住地附近的高山，如北部的大霸尖山、中部的卑南山，当成圣山，他们认为当人死了之后，灵魂会回到圣山，所以在棺木里的脸或姿势是朝向圣山，以石头做棺木使得遗骨及陪葬可以留到后代。

东海岸花莲附近有几米高的巨大石柱，台东卑南也有扁平而巨大的石柱，都是很少见的巨石文化。这些巨石在当时究竟是建筑物的一部分？部落的标志？或是宗教信仰上的象征，今天无法探知。但是把一个巨大的石构造立起来被视为是一种严肃且具备难度的建筑行为。

探讨台湾原住民的建筑，很重要的从他们当时的部落遗址来观察，因为人是群居的动物，原住民很少有独立家屋，通常是几座、几十座，甚至几百座房屋，他们有一定的社会结构，所以在部落里除了居住建筑外，也可见到其他的服务性质的、宗教性质的或公共性质的设施，许多不同类型的建筑构成一个生活的空间。

第四节 聚落之选址

有些遗址靠近海边，如十三行遗址在淡水河口，海拔很低，只有几米高，当时可能利用平原及靠海优势较容易渔猎，另外也有位于高海拔的高山族，例如有 1500～2000 米高度的部落。或居高能避免传染病，比较能够保持卫生，另外也可能为了安全，部落与部落间可能有一些冲突，也可能是为了某种食物的取得。不过超过 1500 米到 2000 米的聚落，到冬天会下雪，气候非常

图2-5 史前卑南文化出土之石棺

图2-6 阿里山邹族建筑之木制阶梯

恶劣，要在这么高的地区建造建筑物及聚落来共同生活一定有其理由。

这种聚落建筑尚可见遗址保存至今，我们看到的多是断垣残壁。居住遗址有他们选址的理由，他们的智慧反映到所用的器物，像陶器、骨器及建筑空间之经营，跟他们的生活空间之间有密切的关系。甚至在居住遗址附近也常常有墓地，死者也有特定地区来埋葬，有些甚至葬在室内，成为室内葬。为举行各种葬礼或庆典仪式，也会有一些公共广场空间。

以十三行遗址的出土物来看，地面上有一些柱洞，今天我们看不到十三行的建筑物，但是凭这些柱洞我们可以推测它是一种高床式，地板架

高，也称为干阑式的建筑。原住民也有自己的信仰，像西拉雅族有公廨，公廨在部落里是一个非常重要的公共建筑物，即是拜壶的小庙。[6] 台东一带的麒麟文化，麒麟遗址曾发现由巨大的石头所围成的空间，这些石头排列得井然有序，推测可能是一种宗教仪式的建筑。

在台东的长滨文化，主要内容是一个自然的山洞的出土物，山洞选在距离人类可以渔捞或狩猎比较方便之处，它是由太平洋侵蚀形成的海蚀洞，旧石器时代的人类利用海蚀洞作为庇护之所，住在山洞里面，它虽然不是人工建筑，而是自然山洞，但是有利于他们遮风挡雨，获取食物。其次，谈到旧石器与新石器时代原住民的遗址所反映出来的可能建筑物形态。谈到建筑，我们也要注意到材料与工具，依据十三行文化、茑松文化，在这些遗址里曾经出现很多陶器，甚至还有金属器。石器是最普遍的，这些陶器做成的瓶瓶罐罐是他们生活中每天都使用的器物。在十三行文化出土的文物里，甚至出现冶铁的工作坊，也就是他们

图2-8　屏东好茶村鲁凯族住居

图2-9　鲁凯族以石板为柱

图2-10　鲁凯族有百步蛇图案之陶器（台东文化馆所藏）

图2-7　台东卑南族之巨石文化

图2-11　嘉南平原出土之平埔族西拉雅陶器（南科所藏）

已懂得制造铁器，这种铁器有可能发展成为战斗的武器，也可能可以制造为建筑工具，包括斧头、砍劈的刀子或简单的凿子、铁锤，这些工具可以增进他们的建筑技术，建造出比较精良的建筑。

注释：

[1] 中国古籍中对东海上的台湾曾出现过一些记载，但是否即指今日的台湾，或指的是琉球，则未有定论。最古可溯自《尚书》禹贡的岛夷。《史记》中为蓬莱、方丈、瀛洲三仙岛，这些只是传说。《汉书》地理志谓"会稽海外有东鳀人"，是否指台湾原住民？《隋书》载流求人习俗与台湾土著习俗相近，可信度高。南宋的文献称澎湖为平湖，并有中国人居住。较详细的记载，应属元代汪渊的《岛夷志》，谓"彭湖，岛分三十有六，巨细相间，坡陇相望，乃有七澳居其间，各得其名。自泉州顺风；二昼夜可至。有草无木，土瘠不宜禾稻，泉人结茅为屋居之。"参见曹永和：台湾早期历史研究续集。台北

联经，2001。

[2] 宋文熏. 台湾的考古遗址. 台湾文献, 1961, 12（3）.

[3] 刘昌益. 台湾的史前文化与遗址, 台湾省文献委员会, 1996, 台湾史迹源流研究会。

[4] 据伊能嘉矩 1896 年《平埔族调查旅行》，对北部毛少翁社（北投）之调查，房屋为木造，从屋顶、墙壁及地面皆使用木材，屋不高，可屈身而入。地面挖深 3 尺，室内木板上铺盖草席。另外对搭搭攸（Tatayu）社（松山）房屋描述，屋顶用竹枝编成有如汉人舢板船的圆盖。对宜兰方面平埔族屋顶之描述，以大木凿空，倒覆为盖，上下贴茅，撑以竹木，两旁皆通小户，前别筑一间。屋状如覆舟，实指屋顶为半圆筒形，有利于排雨水。见杨南郡译. 平埔族调查旅行. 远流出版社, 1996.

[5] [日] 中村孝志. 吴密察、翁佳音、许贤瑶编译. 荷兰时代台湾史研究. 上、下卷, 台北：稻香出版社, 1997.

[6] 西拉雅族的有祭拜壶（瓶）之传统风俗，祭拜的壶（瓶）即象征神灵（或祖灵），安置于公廨或家中。

第三章
原住民诸族的建筑

我们谈到这些史前的建筑跟我们今天在山区原住民山区聚落看到的建筑是否有前后延续发展的关系？这也是一个不容易解决的问题，不过台湾考古学界曾经对史前出土的文物，特别是金属或石器、陶器，与今天所看到台湾的平埔族、高山族及兰屿的达悟族原住民作比对，发现存在一些对应，考古学界认为部分是有关系的。

刘益昌教授举出几个比对的类型，认为在1000多年或2000年前的十三行文化的对应除了北部的凯达格兰族，还包括噶玛兰族或道卡斯族，高雄方面的茑松文化可以对应到平埔族的西拉雅族及马卡道族，东部的静浦文化可以对应到阿美族。如果按照这样的对应，也许可以建立起线索，发展一脉相承的关系。

其次要探讨的是20世纪初期，由日本学者逐渐调查出来的台湾原住民的建筑及空间规划的成果，就各族来讨论。各族在台湾岛上居住的领域有明显的界线，平时他们之间互相尊重，当越界时透过族里的头目长老来排解，并且在境界线附近埋下石头证物，以区分两族的界线，就像国界的关系，但各族之间并不是长期和平相处，偶亦互相对立的，所以各族建造警戒的瞭望台，甚至据险而守，将聚落建在高地或悬崖边，防范他族的侵犯，因为纬度、海拔、社会组织不同，各族间的建筑也有明显的差异。

第一节　泰雅族建筑

泰雅族在今天原住民里是占地范围最广且人数最多的，因为他们大部分住在台湾北部500米到1000米海拔的山区，在清代的文献里称为"北番"，分布地包括台北、宜兰、花莲太鲁阁、新竹、苗栗到台中与南投一带。建筑物大都在山坡，选择比较平缓的山坡建造房屋，形成聚落，一点点缓坡可能有利于排水，维持部落的干净卫生。建

图3-2　台博馆珍藏的台中岸里社头目宅第

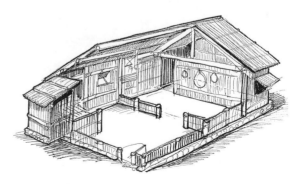

图3-3　泰雅族全竹造住屋

图3-1　台湾原住民居住分布区域概况图

筑物采地穴式，主屋的室内地面比外面低，有深穴及浅穴之分，由木材、竹子做成的梁柱，以木片、竹片、竹材、草来围墙壁，屋顶材料大部分是茅草或桧木片当作瓦片。室内为了御寒，设有火塘。

依日本学者调查，有北、东、西及中部四种类型，平面及构造略有差异。主要的室内空间用法是长方形的建筑平面，靠近墙壁的部分摆床，床的附近开小窗可采光。屋内后边为尊位，多为老年人所用。入口内部则为妇女工作空间。

建筑类型除了住居外还有其他必要的设施，包括贮存、收藏的仓库，通常是架高约1米，有的甚至再高一些的干阑式建筑物，屋顶为斜坡式或略带平顶，主要以遮蔽雨水为主。在四根柱子的结构与上部建筑物之间，柱子上置有防鼠板，为略带弯曲的木板，目的是防止老鼠翻越到仓库上面。

墙壁以竹子和山区的石头混用，竹子当成围篱，竹子上砌厚的卵石即成墙壁，这种方式可增加墙壁厚度并且用竹子来框住石头，可以有效御寒。屋顶除了用竹子和茅草外，有时用竹竿搭防护的屋顶构架，有时用粗的麻绳把屋顶的茅草捆住，当台风来临时，屋顶不致于被掀开，这些都是加固、防护的技术。泰雅族在部落边缘选择一个制高点建造瞭望台，可作警戒之用，也属干阑式构造，但柱子非常高，可以高达二三层楼的高度，旁边有简单木造阶梯可登，平时派人在瞭望台上守望，让视野更辽阔。

泰雅族在台湾中北部分布很广，随着地理条件之变化，各地住居的变化很大，大体上可分为中部、西部、东部及西北部四类型，所用材料包含石、木、竹及茅草等。以瑞岩社的竖穴式民居为例，它的平面呈长方形，室内地面向地下陷入约1米，可取暖，内部无隔间。地面上的墙体以横木上下并成，内外夹以木柱，这种结构有点类似井干构，但交角处并不相交。它的屋顶为双坡覆草顶，桁木架在弯曲如弓的大梁上，两端山墙则以扁木板为柱，构造极为简洁有力。

类似这种半地穴式的建筑，泰雅族的亚族赛

图3-4　泰雅族瑞岩社半地穴式住屋

图3-5　泰雅族住居之屋顶结构

图3-6　泰雅族住屋以曲梁支撑屋顶

图3-7　泰雅族眉原社半筒形屋顶住屋外观

图3-8 泰雅族赛德克半地穴住屋檐下有支柱

图3-10 半筒形住屋内部

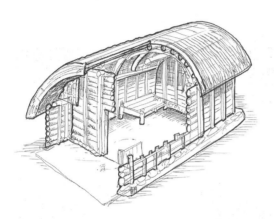

图3-9 泰雅族眉原社单室式半桶形屋顶之住屋剖透图

图3-11 泰雅族赛德克万大社住屋

德克（Sedig）在南投万大社住居，墙体亦作横置积木式，可有效防风，室内地面降入地下1.3米之多属于深穴式，木梯规定为四阶。屋顶附石板，另外值得注意的特色是屋檐下有类似擎檐柱之成排支柱，据说可防雨，并可置柴火。

另外，泰雅族眉原社的半筒形屋顶住居，外观非常优美，平面呈长方形，入口设在短边，墙体为典型的横积木式，内外再以扁木柱夹柱，构造坚固。它的床用四根短柱支撑，置于角落。最大的特色是利用巨大弓形构成屋顶，外表覆以经过整修的茅草，入口上方也以茅草编成一个可以遮雨的半月形盖。

在泰雅族的建筑中，最能利用地理特色来营造房屋者，以泰雅族南投万大社深地穴式房屋最受注意，入口内要架木梯向下走才到室内，虽然不方便，但显然有一定的理由。据日本学者鹿野忠雄在1940年的研究，在南岛民族中虽极少见，他推断应来自亚洲大陆，而且时间极古老，主要优点是可以避寒取暖。

图3-12 进入半地穴住屋时使用木梯

我们从万大社住屋的建筑，可以发现它必须建在干燥的山坡，虽然向下挖了1米多但并不潮湿。其次是石头叠砌挡土墙，再包以木柱，有如一种土木桩，这是很坚固的木石混合构造。在这深地穴的房屋内，人有如听到土地的呼唤，重新回到母亲的怀中。

第二节　赛夏族建筑

赛夏族分布在新竹、苗栗山区，部分人口迁移到比较接近平地的丘陵地带，所以汉化得比较普遍。其社会为父系继承制度，赛夏族人口较少，居住范围也不大，跟泰雅族接近，采用火耕，所以农作物收成也是相近的。

按照早期日本学者研究，建筑物也采用长方形平面，屋顶用茅草做成人字形。不过受汉人影响较深，房舍内有隔间，成为复式平面，中央为起居室，旁边为寝台或炊事房。赛夏族最著名的文化是矮灵祭，相传古代有一群外地来的小矮人，与赛夏族祖先发生纠葛，后来用计将小矮人驱逐，这个传说至今仍成为赛夏族的祭典文化的一部分。

第三节　布农族建筑

布农族是一个分布比较广的族群，可以分成六个部族，各有严密的社会组织。分布在台中的山区，有部分在台东及高雄，部落所在的高度与泰雅族一样，喜欢居住在海拔1000米以上的高山地区，采火耕技术，当然原住民大部分是粗耕，他们擅长于狩猎，猎捕野鹿、山猪。

布农族有一首祈祷小米丰收歌，在音乐史上公认为是值得研究的歌曲，和声十分优美。

布农族的建筑较精致，因为是大家族制，规模比较大，一般以石板、木头搭成，墙壁多用石板，但室内的梁柱用木材，部分用石材、竹子。最明显的特色是房子的中央地带设置一个贮存收成谷物的空间，周围才是睡觉的床铺。使用石板，

图3-13　赛夏族谷仓外观

图3-14　苗栗南压村赛夏族于1990年建之谷仓

图3-15　赛夏族竹造住屋室内隔间

部分构造与南部排湾、鲁凯族有些类似。常可见在主屋室内与外面院子铺以平坦石板，非常干净。并且有左尊右卑之区别，老人常使用左边房间。

图3-16　布农族的草顶住屋

图3-17　布农族的石板屋

图3-18　布农族多纳社谷仓

图3-19　布农族的石板屋外观

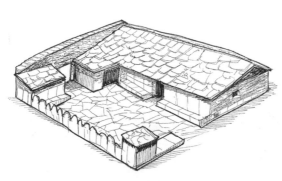

图3-20　布农族南投加年端社头目住居

图3-21　布农族南投加年端社头目住居

　　布农族最具代表性的建筑为1880年南投加年端社头目住居，这座民居里里外外布满了黑色的石板，屋顶覆以石板，地面亦铺以石板，墙体亦皆为石板所构成。宅的平面包括主屋、工作房、猪舍及鸡舍，并以围墙包围起来，形成独立的院落。

　　主屋呈长方形，入口设在长边，室内中央设所谓"神圣的粟仓"，将收成储存于此，粟仓的空间亦以石板围出来。睡觉的石板床则分布于左右角落，似乎也象征着保护粟仓。

第四节　邹族建筑

　　邹族分布在嘉义、台南与高雄的山区，也就是在清代文献里提到的阿里山番。邹族建筑有其特点，平面除了长方形外，也爱用椭圆形或卵形，屋顶常做成圆形，像一顶斗笠，用茅草覆盖，非常厚，可抵御雨雪。

部分建筑物也是干阑式构造，特别是供男子用的集会所，面积可以达四五十坪（1 坪约为 3.3 平方米，下同），屋顶做成圆锥形，地板高架，在斜坡上立起长短不一的柱子，可以避潮气，这种集会所只当成公共用途，所以没有墙壁，实例可在阿里山达邦社见之。

第五节　阿美族建筑

阿美族多分布在台湾东部的平原地带，主要在花莲，人口较多。按照其分布的地区，可分为五个主要族群，且为台湾原住民部落中少见的母系社会，即由妇女主导家庭的生产活动并掌控主要财产。因为阿美族多居住于平地，因此不用火耕，而是进行较精致的耕作，主要种植的作物有小米、芋头、笋子、番薯以及槟榔树。此外，阿美族的手工艺也相当发达，会制作陶器，如陶壶等器具或生活用品。

因人口众多，所以建筑物规模也较大，通常室内都有 20 坪或 30 坪以上的面积，平面长方形。至于梁柱则用藤条捆绑固定。建筑物的墙壁多用竹子或木板等材料，少用石材。有的是使用巨大的木头砍劈而成梁架，或用密编的竹子做成类似竹篱笆式的构造。屋顶为两坡式，即人字顶，通常覆盖茅草且多厚达 2 尺或 3 尺，因较厚的屋顶可使室内冬暖夏凉。阿美族谷仓的屋顶也覆盖着很厚的茅草，甚至还使用竹子跟绳索来捆绑固定

图3-23　阿里山邹族祭祖建筑内部

图3-24　邹族建筑之木雕阶梯

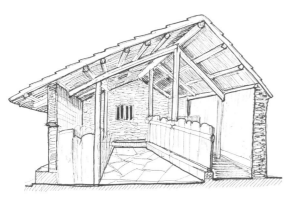

图3-22　布农族住屋室内中央为神圣的粟仓

图3-25　阿里山邹族邦达社祭祖建筑

着茅草，出檐可深达半米以上，具有避雨的功能。另外，谷仓采干阑式构造，其室内地面高出外面约0.5～0.6米左右。住所旁若是附有二座或三座谷仓，可表示此处主人为富人，而随着家庭的财富多，其建筑也可较为豪华。此外，建筑的前后皆留有一处很大空地，常建围篱，再配上周围

图3-26 排湾族之石板屋

图3-27 排湾族住居内部

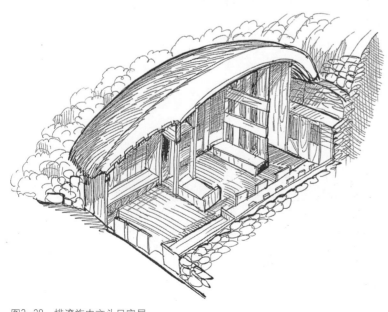

图3-28 排湾族内文头目家屋

的槟榔树、谷仓或公共建筑、集会所等，可形成一个部落空间。

第六节 排湾族建筑

排湾族也是属于人口数较多的族群，分布在台湾南部的山区地带，海拔在500米～1000米以上。村落附近除了易守难攻的地形外，也要接近水源。包括高雄、屏东，北边接到布农族的领域，东边则接到卑南族。其社会组织严密，并有阶级制度，各个部落是由贵族所统治。

排湾族的建筑种类众多，住居建造主要是使用石板，即台湾南部山区所产的一种页岩，除了墙壁可用石板筑造之外，甚至屋顶的瓦片也用石板替代。而用石板筑墙的优点是冬可御寒夏可防热，还可以在墙上留设壁龛，以放置日常的生活器具。而室内的结构是用木头，其木头的加工度很好，有些头目住居的门楣或室内中央的"祖柱"都施以精致的雕刻，如百步蛇的图腾或是祖先像，这种精致雕刻还可见雕在屋檐内的柱子上。

排湾族头目的房子还包括前面周围的石板院落，有一种环境规划的倾向，非常明显。住居的周围种植着槟榔树，而前后则有用石片所铺成的宽广庭院，周边还有石椅，在院落的四周还有谷仓，早期的猎人头风俗时，庭院的一角还设有骷髅架来放置猎得的首级。此外，排湾族也有室内葬的习俗，在住居室内的地下，即石板底下挖一竖穴，将家中逝世者埋葬于此穴中。另有一说是只有寿终正寝者才可葬于家中的地下，若是因战斗逝世者则不能回到其旧居去。

从建筑角度来看，排湾族为注重建筑装饰的一族。在室内的祖柱上雕有百步蛇图腾或祖先像，认为这些图样可以为这个家带来平安，并带有能量可支撑着房屋的结构，多见于有地位之人或是头目的居所。

在屋顶构造方面，使用石板建成的屋顶，因每片石板皆有重叠，所以可发挥防水的功能，但也有些用茅草编成屋顶。而在头目住居或室内木

板上常雕有许多精美的图腾，有如壁画一般，壁龛里则放置陶壶，这些陶壶被视为很珍贵的财产，因为通常是历代祖先相传下来的，所以排湾族人将之视为珍宝。头目的住所前通常会有特别的标记，即在木板或石板上雕出百步蛇图腾或是祖先像，前院有略高起的司令台。日本学者千千岩助太郎在1930年代的调查，将之分为内文社、牡丹社、太麻里社等区域。头目家有巨大木板制成的谷仓，并有前后室之分。总之，排湾族为台湾原住民族群中的一个大族，其建筑技术与建筑的审美表现都是可圈可点！

第七节　卑南族建筑

卑南族分布于台东附近的地区，基本上住在平地，在早期的研究中，因其紧邻排湾族和鲁凯族，所以它的文化常被列为与排湾族相近。卑南族是先有母系社会，但是父权的权力还是很高。其建筑与排湾族、鲁凯族很接近，但少用石板建屋，多用竹子、木以及茅草。

早期也实施室内葬，但后代另建新屋。室内有祖先木雕巨柱，最重要的建筑物是一种很高的集会所，即少年会所。卑南族很重视儿童的教育，在儿童到一定年龄时，就要到这个会所接受如求

生或战斗技能等训练，会所的高度可高达10米，约2～3层楼的高度，屋顶常为圆形，主要为木竹结构并使用捆绑的技巧来建造，底下的柱子很密集，多达20余根，且为了巩固会所使之不致摇晃，在四周设置45°斜撑柱，将高达10米的会所支撑住。另外，茅草屋顶上又用竹子压着，防止屋顶被风吹垮。室内中央设火塘取暖，周围才放床位。

第八节　鲁凯族建筑

鲁凯族分布在台湾南部高雄、屏东的山区，其范围的北边与布农族相邻，南边则与排湾族相接。其社会受到排湾族长期的影响，所以一些风俗或习惯较近于排湾族，例如皆采室内葬的方式或是运用石板建造房屋等。著名的聚落以好茶与雾台为代表，沿着山坡等高线配置石板屋，每座主屋前铺石板前埕，成为道路，非常干净。

室内早期为单室，后期改建为复室，中央有"祖柱"，以巨木雕百步蛇与祖先像成为守护神柱，石板墙凹入成壁龛，放置祖先留下来的陶器宝物。鲁凯族善于利用石板建材，不论是墙体或屋顶多用石板，而加固墙体的支撑柱也用石板，室内的床、地板及灶台亦皆用石板。

阿礼社头目住屋的平面为长方形，室内的一端设灶台，旁边围起猪舍，男人的石板床设在门边，女人的床则设在另一边，厚墙留出壁柜，收纳生活器物。千千岩助太郎在屏东大武社所调查的头目住居，建于1870年，室内除了石板床外，

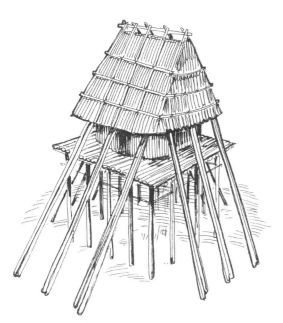

图3-29　卑南族青年会所

图3-30　鲁凯族屏东大武社头目住居

图3-31　鲁凯族住屋木头施雕，并以石板作斜撑

图3-34　大南社会所之室内，梁柱皆施雕刻

图3-32　鲁凯族谷仓

连柜子也全用石板制成。中梁之下以扁木柱支撑，上面并浮雕祖先像及百步蛇图腾，为典型的鲁凯族石板构造民居。

另外，鲁凯族的"大南社会所"在1937年由台北州立工业专科学校千千岩助太郎调查发现，它在台湾原住民古建筑中确属极为珍贵的作品。不论在建筑构造之精良或内部空间组织之合理性，皆达到一个成熟而完美的程度，值得我们细加了解。

鲁凯族喜将祖先像及百步蛇图腾雕在木板上，成为室内装饰重点。大南社会所的平面呈长方形，一面设入口，另三面以石板封闭，但室内围以三面的木制高床，床的高度近一人高，所以架木梯以利登上，居中的一面也同样做法。屋顶中脊的下方特别树立两根扁形巨柱，柱身亦雕以祖先像及百步蛇，柱子背后地面砌

图3-33　鲁凯族阿礼社头目住居

图3-35　鲁凯族大南社会所

出正方形一圈石椅，提供部落中领袖会议之用。

　　分析这座建筑，扁木柱兼有结构与空间分划两种作用，而柱身上雕以祖先像与百步蛇，成为精神柱，围塑出神圣的空间，扁木柱的作用介于柱子与屏风之间，视线在遮挡与通透之间，使室内空间的流畅性为之提高，确为高明之举。

第九节　达悟族建筑

　　达悟族过去称为"雅美族"，居住在兰屿。因其不住在台湾本岛上，而是在台湾与巴士海峡间的一个珊瑚礁岩小岛上，所以引起学者的重视。经学者研究后发现达悟族的文化、语言及习俗与菲律宾的巴丹群岛相近，而且达悟族的古老传说也是说他们从巴丹群岛一带北上移来，但究竟是由南往北移，还是由北往南移，则有待研究。

　　达悟族的工艺精良，可以制造几十个人乘坐的大船，但并非独木舟，而是使用多片的木材、精确的尺寸与细密的结构技巧所制作出来的船。这种船可以在海中航行，所以达悟族用它来捕捉飞鱼，因此是一种具有生产作用的船。不过，船体的雕刻与色彩也表现出达悟族优异的艺术能力。另外，将银熔化后制成的圆锥形头盔或银甲，也显示出其精巧的手工艺。

　　达悟族的建筑具有多项特色，他们的聚落大多在靠海的斜坡地上，四周有石头围墙。房屋有高有低，高的房子采干阑式建筑，高于地面1米以上，作为工作房、凉台与谷仓之用，设有简易木梯可供人攀爬。低的房子则属一种竖穴式，大多皆低于地平面，因兰屿附近常有台风侵袭，低于地平线可避风，而且也设了良好的排水系统，使竖穴内不会淹水。建筑物除了住居、凉台、晒鱼架、草地前埕、靠背石与谷仓之外，还有工作室、产房或船屋等。主屋内部地面呈阶梯形，前低后高，后室为卧房，屋檐低可避风。

第十节　原住民建筑的外在影响因素

　　台湾原住民各族居住地之分布，虽然大体上有其特定的领域，除了兰屿的达悟族外，其他各族或多或少曾有迁徙之情形，不但古代有迁徙记录，特别至近代迁徙的更明显。以花莲的阿美族为例，据人类学者研究，其祖先有一支起源于猫公山，依据语言发音的特征，认为阿美族有北群、南群互相移动之现象。有些研究甚至认为南洋的波里尼西亚语可能为中国台湾东海岸阿美族语向南扩散的结果，也有些学者较大胆地推论台湾是所有南岛民族的原乡，不过台湾原住民与古代亚洲大陆东南地区有关系却是众所承认的看法。

　　原住民在台湾的数千年历史中，各族曾有规模不等的迁徙，因此我们或可推论他们的建筑势必受制于地理条件。易言之，产竹子的地方用竹子建屋，产页岩的地方自然多取用石材。当聚落大举迁移时，有可能改变海拔高度的情况。迁移的原因很多，除了生产条件改变，战争或政治压力也是原因。例如阿美族在清末光绪初年支持平

图3-36　兰屿野银达悟族地穴住屋

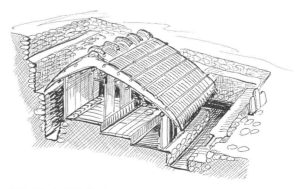

图3-37　达悟族住居

埔族加礼宛事件，部分族人对抗清政府，时为钦差大臣的沈葆桢进行所谓开山抚番，原住民受到压力而反抗，部分阿美族人迁徙他地，并且建造不同的聚落与建筑，迁至平原地区者受到汉人的影响较明显，屋架的梁柱加工度较高，甚至到了20世纪初期，还接受日式雨淋板木材外墙做法。台湾原住民数千年来虽然固守在这座岛屿上，但四周环海的台湾，海洋反而是内外交流的通路，外来的建筑文化影响极为明显与普遍。[1]

第十一节　平埔族的建筑

一、17世纪的平埔族聚落

浙江人郁永河在清康熙三十六年（1697年）来台湾探采硫磺，在台湾停留十个月的所见所闻，记录在《裨海纪游》书中。他从台湾西部嘉南平原北上，经彰化、新竹到达台北盆地的北投。《裨海纪游》对平埔族，包括新港、麻豆、佳里兴的西拉雅族，诸罗山、打猫的洪雅族，半线的巴布萨族，大甲、吞霄的道卡司族与南崁、八里、台北盆地一带的凯达格兰族生活面貌有较多的记载。对于我们了解台湾西部平原诸族的建筑与聚落形态有所帮助，郁永河路经新港（今新市）、目嘉溜湾（今善化）、欧王（今将军）及麻豆社所见居民多为平埔族，且房屋整洁有序。

当时的人口，据1656年荷兰人统计，超过千人的大社包括兰垄社（1439人）、麻豆社（1380人），接近千人的有新港社与目嘉溜湾社，其余的社可能只有数百人。以台中大肚社为例，据《台海使槎录》载，约有300多人。平埔族人的生产与经济情况，据《皇清职贡图》描述为"彰化县属土番，滨海倚山，种类蕃杂，共五十社。其大肚等社皆以渔猎为业，善镖、箭、竹弓、竹矢传以铁簇。亦勤耕作，番妇则携食饷之，暇日或至县贸易"。由于平埔族主要以渔猎及农业为主要生产方式，故其商业活动有限，市街之形成条件不足，我们不论从文献史料或遗址皆不易见到市街。

当汉人大量入垦时，与原住民争地争水之冲突日增，至18世纪乾隆年间，漳州移民进入台中大肚社一带后垦，压迫原住民，他们遂相牵远迁至南投的埔里，这是很著名的集体迁移事件。[2]

二、平埔族善用竹材

台湾的地理气候条件适合产竹子，竹材遂成为极为普通的建筑材料，普通运用于房屋建筑与聚落、城市之防御。众所周知的竹堑城，即环植刺竹于城周，具军事防御作用。早在17世纪荷兰时期的记载，原住民平埔族也是竹材的爱好者。郁永河《裨海纪游》与《诸罗县志》皆述及番社四围植竹木。《番社采风图考》谓台南四社"廪囷圈围，次第井然，环植刺竹至数十亩"。六十七的《番社采风图考》谓"土人皆环植屋外以御盗，今城四周遍栽之"。[3]

植刺竹不但可防御，且兼具防风作用，故广为民居及聚落运用，有不少地名被称为"竹围"。台湾中北部散居式民居之背后及左右侧常植刺竹，除了防风外，也符合风水之说，意谓后有山为屏障，左青龙与右白虎拱卫。嘉南平原及屏东六堆客家地区则多集村，数十座民居聚成小村庄，其四周亦植竹林，也有的密植槟榔树，形成非常明显的地理景观。

至于台湾北部，在汉人进入之前，散村似乎也很少。据《裨海纪游》载，郁永河从竹堑走到南崁近百公里的路途中，未见到房舍建筑，只见鹿、獐等野生动物成群。他从八里分社渡过淡水河乘坐"莽葛"，应是凯达格兰族的独木舟，后来汉人写成"艋舺"，且成为台北盆地早期汉人落脚之港口。[4]

郁永河对平埔族建筑之描述并不多，且未分辨南北各族之差异。谓"番宝效龟壳为制，筑土基三五尺，立栋其上，覆以茅，茅檐深远，重地过土基方丈，雨旸不得复，其下可春可炊，可坐可卧，以储笨车、网罟、农具、鸡栖、豚栅，无不宜。室前后各为牖，在脊栋下，缘梯而登。室

中空无所有，视有几犬。为置几榻，人唯借鹿皮
择便卧，夏并鹿皮去之，借地而已。壁间悬葫芦，
大如斗，旨蓄毯衣纳其中。"从这段记载，我们
无法确定为哪一族的建筑，不过可以确定的是其
构造与形态，所谓仿龟壳的屋顶，应是四面斜坡
或椭圆式尖顶，这种形式在康熙年间所绘台湾地
图或清巡台御史六十七的《番社采风图考》仍可
见之。至于地面抬高成三、五尺之台基，则各族
并不一致。据《台海使槎录》谓："填土为基，
高可五、六尺，编竹为壁，上覆以茅"，指的是
南部的西拉雅族。有些则以干阑式构造为之。由
于屋顶盖茅草，为防日晒雨淋，出檐深远。干阑
式室内地板抬高，所以栋梁之下架以木梯方便上
下。这种木梯据山地原住民实物来看，乃以一根
完整的木头凿成阶级状而成。

建屋的技术，《番社采风图考》中有一种"乘
屋"颇值得重视。乘屋即是将屋顶预制完成，再
纠合众人之力将它抬起，架在柱上而成的技术。

三、从清代文献中所见的原住民建筑

《番社采风图考》是清巡台御史六十七在乾
隆年间所出的一本有关台湾原住民生活习惯的
书，特别值得重视的是书中使用数幅精细描绘的
图。在18世纪尚未有照相机的时代，这些图样
可谓是令我们了解当时原住民习俗、生活情景、
服饰、发型、生产、休闲、聚落与建筑形式等极
为有价值的史料。

其中许多幅与建筑有相关的描绘，例如揉采
一幅，题为"诸邑麻豆霄垄目加溜湾等社熟番至
七八月揉采名曰采摘"。图中所见的西拉雅族住
屋显示几项特征：

（1）四坡式的草顶。

（2）竹子编成的墙体。

（3）使用较粗的竹子当立柱。

（4）墙面向外倾斜，使室内空间如斗状。

（5）建筑物立在高及人腰的土台之上。

（6）有斜板连接地面与室内地坪。

图3-38　清代六十七所著《番社采风图考》内之糖廊

至于西拉雅人村落中，还有公廨，作为求神
问卜或头人会议之所。

近人兰伯特（Lambert van der Aalsvoort）
所著的福尔摩沙见闻录《风中之叶》，收录许多
西方人所描述的台湾古代历史，其中对于嘉南平
原西拉雅族人的居所，有一张精美的铜版画，呈
现出完整的住居外貌。它具有四坡斜式茅草顶与
高台基的特征，并且可见到墙体为木或竹子所构
成，入口设木梯，并有栏杆。屋顶中脊并置一座
像花草的装饰。这座房屋若与六十七的《番社采
风图考》比较，内部平面不得而知，但至少外貌

是极为相近的。

　　清初康熙年间所绘的《台湾舆图》与康熙五十三年（1714年）派遣西洋传教士雷孝思来台测绘台湾地图，是早期最正确的古地图。在康熙的《台湾舆图》中对台湾西岸的村落描绘较多，其中建筑形象被统一为一个符号，大体上绘出草顶白墙的小型住居，每座辟有一个大门。我们无法分辨南北各地原住民建筑的差异。

　　从康熙、雍正至乾隆年间所绘制的台湾地图中，除了住屋的描绘外，还有一种望楼，它树立

图3-39　达悟族凉台

于聚落之一角，作为警戒用途。这种干阑式并覆草顶的警戒用建筑，事实上，在近代原住民聚落中仍可见之，兰屿的达悟族凉台形式颇相近，他们作为休息之所。

　　另外，清代文献《番俗六考》中谓"凿山为壁，壁前用木为屏，覆以茅草"，指的可能是近山区域，有地穴或半地穴式的住居，平埔人与山区原住民之建筑方式相近。[5]

注释：

　　[1]台湾史前文化与原住民文化之间有些对应关系，或可进一步探讨几万年前到19世纪时居住台湾的人类活动之历史，见刘益昌.台湾的史前文化与遗址，台湾省文献委员会，1996.

　　[2]刘泽民.大肚社古文书，台湾省文献委员会，2000.

　　[3]明末万历三十年（1602年）陈第的《东番记》，比较清楚地记载台湾的情况，谓"东番夷人不知所自始，居澎湖外洋海岛，中起网港加老湾，历大员尧港、打狗屿、小淡水、双溪口、加哩林、沙巴里、大帮坑、皆其居也。断续凡千余里，种类甚蕃，别为社，社或千人或五、六百。无酋长，子女多者众雄之，听其号令，性好勇喜斗。"这是一位汉人对17世纪初台湾平埔人之描述。

　　[4]日本地理学者在1943年首先提出台湾南部多集村，北部多散村。见台湾聚落之研究.收于《台湾文化论丛》第一辑，清水书店。

　　[5]据《淡水厅志》卷十一风俗考谓："今自大甲至鸡笼，都番生齿渐衰，村墟零落。其居处、饮食、衣饰、婚嫁、丧葬、器用之类，半徙汉俗，即谙通番语者十不过二三耳"。《淡水厅志》成书于19世纪中叶同治年间，可证其时台湾北部原住民汉化之深已达一定程度。而鹿港、彰化地区的汉人社会趋于成熟，书院、寺庙增多。

第四章
台湾民居的格局及聚落之布局

第一节　台湾民居的格局

民居格局就大的尺度而言，应包含住宅及其周围环境，亦即住屋与基地环境之关系。台湾汉人民居基地之选取受到地理风水理论之指导。台湾在清代汉人的开发始自西部平原，闽、粤移民多选择坐北朝南或坐东朝西的方位建造家屋，一般的理由都认为：

1. 坐北朝南，向阳门第春无限，通风采光两利。

2. 坐东朝西，俗谚"坐东朝西，赚钱无人知"，实亦受台湾东高西低地形之影响。

3. 坐西朝东，旭日东升，紫气东来，采光良好。

4. 坐南朝北，较忌讳此向，俗谚"向北遭衰"。

事实上，所谓好风光的地方往往也是地势平坦，前面开阔，后面有遮屏的地形。俗谚"前水为镜，后山为屏"即是指的这种好地形。再进一步分析，所谓好风水的基地，从现在住居条件来看也是很好的，不但方位有利于采光、通风、挡雨，

而且临近水源，草木生长茂盛，当然也适合人们居住。

传统上为了让居住者安心，风水先生又创出许多理论来加强其说法，因而风水学几百年来的演变，也自有其各家各派的系统，例如所谓"三合"、"三元"、"九星"等。又有所谓"东四宅"、"西四宅"，一般人难窥其深奥道理。

在《通书便览》中记述一些规矩供人遵循，例如动土"先查年月大利全章"，即择日。起基定磉则"屋宇之于起基犹如人身之初生无异也"。竖造上梁则"凡造之法，惟动土，如人之受胎。下基，如人之初生。上梁，如人之加冠。"此种看法似乎显示出中国古代的传统，将建屋视如人的生命之形成。

再如安造门楼，《通书便览》亦谓"门乃屋之咽喉，出入开关之处，所系最重元辰。正门当避坐宅神煞，若修则论向，如修左右偏门，须当方道也"。门为一屋之主入口，被当成咽喉。而且因季节之变，对造门亦须看时。有"春不做东门，

图4-1　台湾山区平溪之民居前有水圳

图4-2　聚落中民居围绕着水塘

图4-3　正堂前有廊可遮阳挡雨

图4-4　南投民居出檐深远，可挡雨水

图4-5　门厅之木雕屏墙可遮挡部分视线

图4-6　北部客家民居宽阔的步口廊

图4-7　新竹客家民居正身为二楼之例

图4-8　嘉义山区之木造二楼民居

图4-9　屏东客家民居之楼房

夏不做南门，秋不做西门，冬不做北门"之习俗。

另外，再如造灶，所安修厨灶，厨灶为使用火的地方更受重视。传统上认为灶门"阳年宜向北，阴年宜向南，忌向西，向东凶"。

第二节　常见的住宅平面格局

一、一条龙式

只有正身，即正堂及左右房或边间厨房、柴房等。通常人口较少的家庭可采此型，当人口增多时，可加建两侧的护龙。

在山区陡峭地形，无法建造合院式，所以采用一条龙式较多，北部山区多可见之。

二、单伸手式

伸手即护室之别称，在闽南及台湾都称之为"护龙"，取其很长之意。客家地区则称为"横屋"，

图4-10　新竹客家民居之独立门楼

图4-11　嘉南平原之一条龙式民居，步口廊宽大

图4-12　南投地区之一条龙式民居

图4-13　桃园民居之正身带护龙三合院

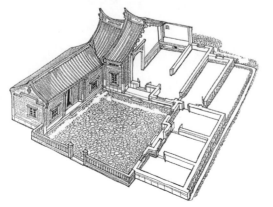

图4-14　三合院剖透图，可见厅堂殿后

意指与正身呈90度直角，方向不同。单伸手式即是只有单边护室，常常为地形限制或迈向三合院之前的过渡形式。其平面呈"L"形，又称为曲尺形，除了地形限制因素，曲尺形平面也是一种过渡，当人口增加后才完成"口"字形平面。

三、三合院式

台湾对于三合院平面民宅，俗称为"正身带护龙"，即拥有正身，并带左右护室。有的三合院前还有围墙，并设墙门或门楼，以别内外。三合院多出现于乡村，农宅多用之，前埕可作晒谷场。

据近年我们在北部及南部高雄、屏东所作调查，三合院的左右护龙并非完全平行，而是略呈夹角，向内包进一点小角度，匠师俗称"包护龙"。从此可见，传统民居之平面配置也暗藏了一些规矩，其作用据说为"向心"及"聚财"之象征。

四、四合院式

在三合院之前建屋，构成"口"字形平面，谓之四合院。在台湾一般匠师屋主并不如此称呼，他们惯用"正身护龙两落起"，意即前后有两进，左右有护室。从清代以来，四合院多为官绅阶级或富商地主所喜用。其格局较大且较严密，四合院围住了宁静的中庭，与开放式的农宅三合院不同。

图4-15　台北深坑山区砖石造民居

图4-16　新竹新埔刘宅

图4-17　台中潭子林宅

图4-18　台中大甲杜宅为四合院平面

图4-19　新竹新埔刘宅

五、多护龙式

在三合院或四合院左右两侧增建数列的护龙，在台湾颇常见，通常农村大宅多采此种扩建方式。宅的优点为居住成员不必经由中轴大门出入，可直接由护龙的"过水门"进出，得方便之利。

多护龙式要具备土地宽广之条件，辈份较高的愈靠近中轴正身，血统较远的旁支只居于外缘的护龙。在新竹新埔及枋寮一带，我们调查过左右各有三列护龙之实例。

在护龙与护龙之间，为了内部交通，狭长的天井中常建有亭子，亦被称为"过水亭"。它连着各列护龙，并可通往正身之步口廊。护龙间之天井亦常凿井，供应饮用水。宽广的院落配置提供了较充足的日照及通风，通常这种格局为大家族所喜用。在彰化马兴的陈益源大宅即属这种多护龙格局之典型代表，房间多达50间，可容纳百人以上居住。

图4-20 桃园民居可见左右各二护龙之例

图4-21 彰化月眉之多护龙式民居

图4-22 台中雾峰林宅顶厝全景

第三节 台湾村落形成之自然地理背景

台湾村落的形成与发展，影响因素非常多，然而自然地理条件却是不容忽视的主要因素。自明末清初汉人入台开拓始，几乎大部分的平埔族聚落及汉人聚落都分布于平原上，尤其是西部平原。另外，台北盆地、台中盆地、日月潭盆地、埔里盆地以及宜兰冲积扇平原亦为村落之主要分布地区。

村落的人口增加后，可能发展为乡镇或城市。分析台湾西部平原之村落，可以看出"河港"、"内陆"及"山麓"三种层次的区别：

1．河港村落：清初即已发展，与大陆漳泉船只往来便利，商业性质逐渐浓厚，有的拜腹地深广之赐，遂形成城市，如淡水、梧栖、鹿港、笨港及盐水。

2．内陆村落：处于内陆或盆地之中心，原多为农产品集散中心，后因交通要津地位形成，渐渐发展为政治、经济或文化之重镇。如台北艋舺、新竹、台中、彰化、凤山、嘉义、屏东及恒春等。

3．山麓村落：多位于河流出山口处，早期多为汉人与山区原住民交易地点，或山产之集散中心。亦是清代所谓之"隘勇"线，如新店、三峡、大溪、竹东、南庄、东势、集集、玉井、及旗山等。上述这三种层次的村落及城镇，在清代陆路交通不发达情况下，三种村落常常联结为上、中、下游之共生关系。

三线城镇之关系常以河流流域为共生关系，其人文背景亦相近。易言之，长期的发展，使上下游的村落因经济来往而结合成共同利害关系，这种共同利害关系甚至超越过祖籍或语言之差异所产生的冲突。例如淡水河下游为泉州人村落，上游则分布着漳州人村落大溪或客家人的三坑村。苗栗中港溪上游为客籍的南庄、北埔与峨眉，下游的竹南、中港则有漳泉居民。

地理因素除了河流外，地形因素亦不容忽视。我们分析台湾的地名即可得证。凡是村落位于起伏之小丘，则出现坪、崎、仑、崁、墩等地名。平坦之地则用埔、湖、脚。在河流边则用叉、坑、港、溪、洲、沟、垅、涌。另外在河流弯曲处则用月眉，曲尺等。

中国的古城，位于河流北岸的城市常取名"阳"，即"山之南，水之北"谓之阳。而在中国台湾地区，河川与村落城市之关系则较自由，因台湾自然地理形势较复杂，有时北岸不见得有平坦之地，而且气候温和，向阳（南）或向阴（北）

皆无妨。如宜兰城的河川在西北边，艋舺台北之河川在西侧，松山（锡口）之河川在北边，淡水（沪尾）的河川在南，鹿港的河川在西南，朴子的河川在北边，新庄的河川在东边。

第四节　村落之形态及空间组织

村落之形态与地形、交通、方位、寺庙以及村落性质有密切关系。早期只具备较简单的商业功能或农村，其街道多呈"一"字形或弯曲的"S"形。街之两端或设栅内、隘门，作为防御措施。发展起来之后，人口增多，街道延长，可能有横巷出现，即街道每间隔一段设防火巷，以免火灾时蔓延整个村落。

其次是发展为"T"字形成"十"字形街道。在街落功能多元化，商业机能充实之后，寺庙成为村落中不可或缺的公共建筑，有时为地缘寺庙，有的为血缘性的家祠。不论如何，祠庙皆为居民内聚力之中心。寺庙常在街的端点，或丁字路口上，具有镇守与保佑之象征意义。

村落从简单的"一"字形街道发展成"十"字形之后，如果交通条件充足，即有可能发展城镇。此时加进了行政及文化的功能。再增大时，民间可能自筑土堡，或官府设县城了，它的街道朝棋盘格子迈进。但是据实例调查分析，台湾的城镇如果为棋盘格子街道之组织，亦呈不规则状。

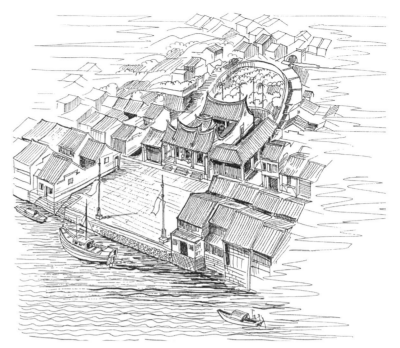

图4-23　淡水福佑宫，前为码头

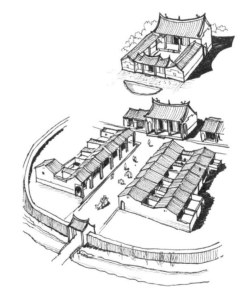

图4-24　聚落布局与合院平面有相似性

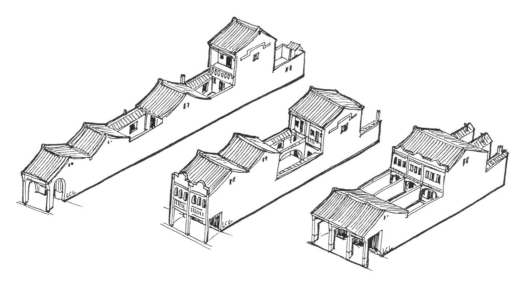

图4-25　街屋形式

图4-26 台北山区坪林古街，街头尾皆有庙镇守

图4-27 鹿港街屋

易言之，并非严密规划之产物。这种情况只能解释为长期发展之结果，也有人认为受到地形或风水理论之影响。俗谚"曲巷冬暖"，弯曲的街道听说不但具较高防御性，且能防风，能藏风聚气，民俗上认为能纳祥降福。地理学者研究台湾的村落，喜将它们分成集村与散村。并谓北部因水源较多，故多散村，而南部多集村。事实上，集村与散村南北皆有，分布量多少有别而已。一般认为：

1. 防御观念，汉人之间的摩擦或与原住民之冲突使然。

2. 水源之多寡与分布。

3. 明郑时期屯田制度。

4. 清代开垦方式，大租户、小租户及佃农之关系。

5. 自然地理因素，如地形气候之影响。

6. 闽粤之古老传统，地缘或血缘村落之因素。

这几项因素决定了台湾村落的布局与空间组织。

第五节　亭仔脚与骑楼

一、亭仔脚与骑楼之差异

台湾市街两旁的店铺住宅大都留设步口廊，俗称为"亭仔脚"，最早之实例可追溯至清道光年间的淡水、鹿港及北港等地。在街屋前面留出较深的出檐，我们称之为"步口廊"。若这个空间本身有独立的两坡式屋顶，那么传统上被称为"亭仔脚"。

这座亭子也可能是两层楼，因而也可以被称为"骑楼"，指"楼"跨在地面行走空间之上也。查考清代及日治时期有关文献，多用"亭仔脚"一词。严格地从字面分析，骑楼应该指的是具备二层楼或更高，只有一层时仍以"亭仔脚"称呼较精确。决定亭仔脚或骑楼的形态，应该是街道。不同的城市需要不同的街道，而不同性质的街道有不同宽窄的亭仔脚。

从台湾的实例调查，靠近海边的城市才出现"不见天"的街道，不见天就是街道加盖屋顶，为的是防风砂及防御，同时也便于酷暑或雨季的商业活动。"不见天"实即两排街屋共用轩亭，俗称"暗街"，街道因盖屋顶而遮蔽阳光，白天甚至以油灯照明，鹿港古市街的"不见天"即为著名之例。在夏天里骤下西北雨时，让行人可有一连通的避雨空间，同时商业活动可继续进行。再者摆在店窗口的货品也可避免日晒雨淋，利人利己，何乐而不为。

图4-28 亭仔脚

图4-29 桃园三坑仔木桁亭仔脚

其次，是就街屋本身的空间而言，店面退缩后，二楼夹层可以获得开口机会，以收通风采光及视线之效，其作用是很明显的。通常在入口门楣上方，再辟小窗，有的地方称之为防盗窗，形状有圆、方、八角。另外，还有一种二楼式的街屋，二楼亦退缩，留出阳台并辟门窗，同样有这种效果，嘉义朴子街及太保乡民居可见实例。

到了光绪年间刘铭传劝导江浙富商在台北城内投资兴建西门街及石坊街，已开近代台湾街屋及街道空间之先河。在二楼式的街屋下，留设较宽的骑楼，宽度至少都在 2 米以上，最宽者约可达到 4 米。日治时期，日人颁布亭仔脚留设标准时，各大城市虽未统一规定，但至少都在 3.5 ~ 4 米之间。"亭仔脚"或"骑楼"定型化及普遍化，终于成为台湾市街空间的特色。

二、传统亭仔脚与骑楼的构造

传统骑楼的构造是街屋构造的延伸或它的一部分。据调查显示主要有砖石承重及木竹骨架两种。砖石造的分布地区较广，几乎每个地区都有，而尤以新竹以北及宜兰地区为多，南部以高雄、

图4-30 嘉义太保半楼木造栏杆亭仔脚

屏东客家地区为多。而木竹骨架构造以台中、南投、彰化、嘉义及台南为多。这一带气候较干燥，且盛产竹材是主要原因。

图4-31　嘉义朴子木造亭式骑楼

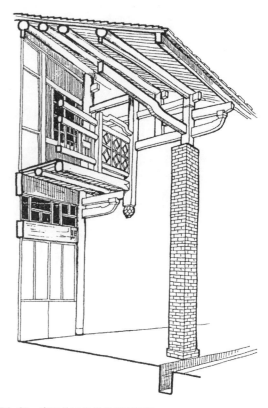

图4-32　嘉义朴子半楼栏杆亭仔脚

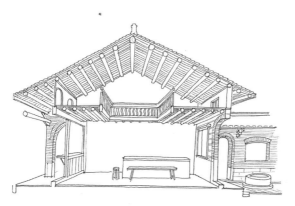

图4-33　商店住宅之半楼设计，上面可储存货物

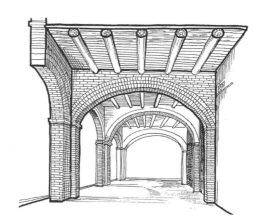

图4-34　西式砖造拱廊之亭仔脚

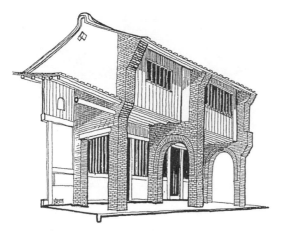

图4-35　台北深坑民居以火库出挑之砖拱骑楼

砖石构造的特点在于如何让每一户骑楼之贯通性提高，半圆拱是合理的好办法，但仍有很多地区使用巨大的木梁，上面再砌土墼砖，桃竹苗及高屏客家地区出现率特别高。砖拱的形式接近于西洋建筑之拱廊，骑楼空间明暗层次交替，在广州、汕头及厦门也有相似之实例，皆20世纪初年才出现。砖柱有方有扁，有些地方如淡水、士林及台北，在扁柱上留出长方形洞，有如双柱。旗山骑楼的拱是石砌的，外柱还砌成扶壁式，上窄下宽，构造非常稳定。

　　至于木竹构造，使用"穿斗"或"抬梁栋架"，竹材用穿斗式，比较考究的则用所谓瓜柱叠斗，犹如寺庙做法，在嘉义大林，还有的做成卷棚式。木竹构造的缺点在于外柱容易腐朽，近代都以砖柱替换。最引人注意的是一种"吊柱悬挑夹层"的骑楼，二楼阳台突出于门楣外，两侧以穿斗式屋架及垂花柱吊起，这类做法大都分布于云林、嘉义及台南三县，而尤以嘉义朴子及太保一带所见最多也最为精美。

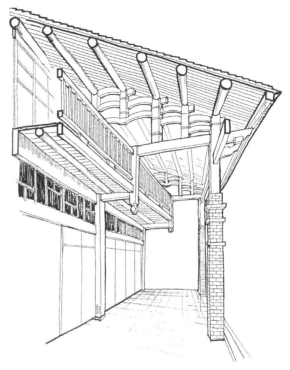

图4—36　嘉义之半楼栏杆亭仔脚

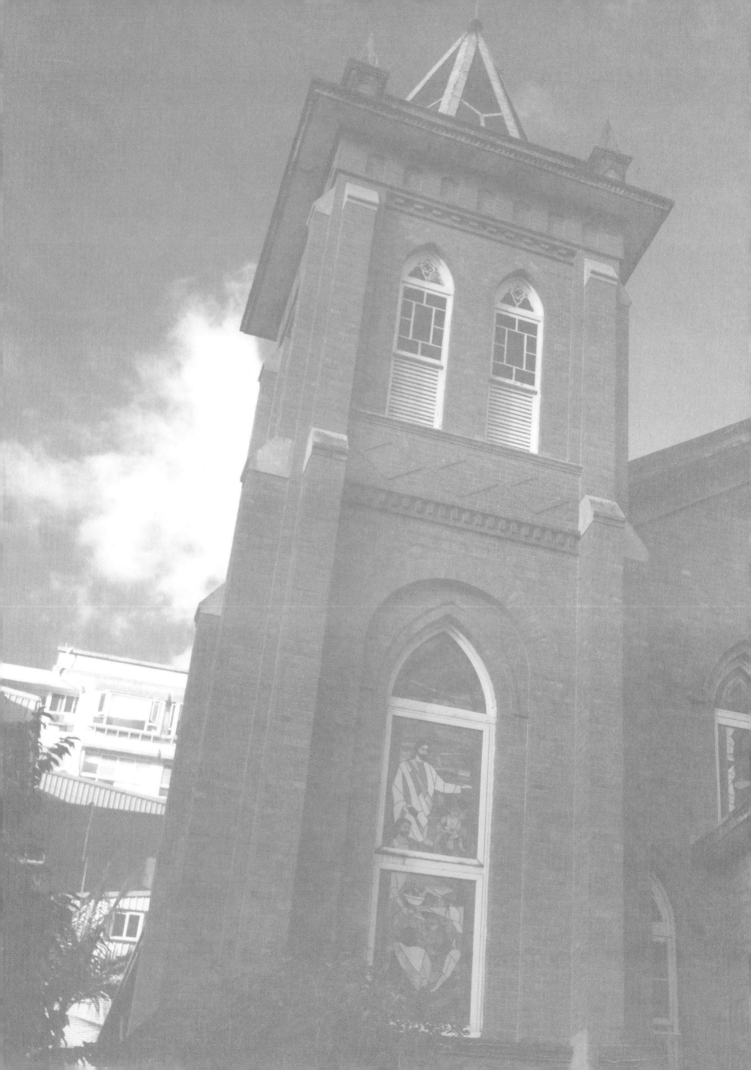

第五章
台湾民居聚落之形成与演变

传统聚落形态演变过程中，可以反映在聚落的外部空间形态转变上，透过这些变迁文脉解析，除了可以了解实质空间变化肌理外，并可配合历史学、民俗学等学科整合，发掘聚落非物质文化的轨迹，聚落的物质与非物质讯息的解读，可以作为聚落保存的重要基础。本章将分别就环境与选址、城市、庙埕与广场及移民社会与聚落等说明。

第一节　环境与选址

风水（堪舆）也称"相地"，主要是对周围环境与地景（Landscape）进行研究，强调用观察的方法来体会、了解环境面貌，寻找具有良好生态和美感的地理环境。在选址中，民间风水师往往起了今天规划师的作用，风水师对于筑城基地的地势选择、城门、护城河的位置，城内外重要建筑的位置和方向首先提出意见，供知府、县官及士绅们讨论，然后进行一系列有关风水方面的改良和修补。

一、龙脉

风水思想的基本思想之一，是龙脉思想。所谓龙脉，是指山的起伏连绵，"地脉之行起伏曰龙"。自古以来，中国以昆仑山为天下的主山，由昆仑山发端出五支龙脉，其中有三支在中国，两支向欧洲方向延伸。[1] 这三支分别是通过黄河以北的"北干"，黄河与长江间的"中干"及长江以南的"南干"，而台湾的龙脉即是"南干"经由福建两条枝干而来。根据方志记载，从大陆到台湾的龙脉经路有二，一支经由福州；另一支经由泉州。[2]

第一支由福州的"鼓山"，由闽江河口"五虎门"入海，经海上的关同、白畎二山，由台湾海峡抵达台湾北部的"鸡笼山"。按《台湾府志》记载："台湾山形势，自福省之五虎门蜿蜒渡海；东至大洋中二山曰关同、曰白畎者，是台湾诸山

脑龙处也。隐伏波涛，穿海渡洋，至台之鸡笼山，使结一脑。"[3] 综上所述，鸡笼山为全台祖山，台湾龙脉以此为发源地，串联中央山脉流经全台。

另一支经由泉州的龙脉，以泉州"清源山"为发源地入海，经澎湖群岛北端岩礁处，由吉贝岛到达北山屿的"瞭望山"。

在澎湖尚未建城之前，勘舆家对于澎湖厅城的地理脉络有两种说法，按《澎湖纪略》记载："大山屿形如莲花，其余诸屿则荷叶田田，于理为近．至于起祖发脉，至今未经论辨．每闻渡洋老船户俱云：北礁一道沙线，直通西北至泉州崇武澳；东南洋面，舟或寄椗其上，水比他处较浅。因悟形家云：泉州清源山一支向东南入海，即如《台郡志》称，台湾自福州鼓山发龙；殆非无据。或以澎湖吉贝与金门之料罗对面，谓澎岛发脉于金门太武山者，此又一说。"[4] 其中提到"至于起祖发脉，至今未经论辨"，说明在未筑城前，并无龙脉的说法。

到了光绪十三年建澎湖厅城之后，官方所作《澎湖厅志》已有肯定的说法。《澎湖厅志》记载："澎湖屹峙巨浸中，自泉郡清源山发轫，蜿蜒至东南入海，一线隐伏波涛中，穿洋潜渡，至澎之北礁隐跃水面，形如吉字，俗名北礁；缭绕而南，始浮出水，曰吉贝屿，是过脉处；复伏水中三十余里，至北山屿之瞭望山，起高阜十余丈，周二三里，是龙脉起处。"[5]

二、空间原型

风水思想将自然要素归纳为"龙、砂、水、穴"四类，根据本身的条件及相互关系决定城市基址与位向，其反映在地理五诀中，即所谓的"龙、砂、水、穴、向"。[6] 综上所述，即能勾勒出一个理想的山水模式。

风水观念的理想城市模式，应背山面水，坐北朝南，背靠绵延千里的来龙；左青龙、右白虎成左右肩臂环抱，外围护山；前有河流环绕，水流的出口有水口山把守；对面是秀丽的远山近丘，

而案山与左右余脉相连以封闭前方。

堪舆师在选择聚居位置时，往往认为蕴藏山水之"气"的地方是最理想的。首先注意环境中各要素的相互关系，为了达到"聚气"的目的，提出要素组合的理想状态。例如：山峦要由远及近构成环绕的空间（因环绕的空间能使风停留，包含气）。在限定的范围内，要求有流动的水（说明气的运动）。并强调环绕区域外部环境的临界处比较狭窄，利于藏气和防护。[7]

三、城市风水

据清代方志的记载可知，传统地方城市的城址选择皆依照空间原型的配置方式，说明清领初期的台南府城、诸罗县城与凤山县旧城因同时设置，由木冈山为祖山分散出来。而第二期（1723～1809年）设置的淡水厅城、彰化县城与澎湖厅城，则依设置的位置各自发展出不同的原型。台湾东部设置的第一座城噶玛兰厅城，则因与西部相背，而须有把祖山过脉的圳头山出现。光绪之后设置的城市，虽有请专人卜址，但已没有相关空间原型的记载说明。

风水对台湾城市于方志中皆有记载，清代在台设置了14座官方城市，于城市建置文献中有关风水思想的名词如下：

（1）全台祖山：串联大陆渡海而来的龙脉，再分支流向全台各地。

（2）太祖山：祖山的祖师爷。

（3）祖山：山脉的起始山。

（4）少祖山：经过祖山后，在主山之前。

（5）主山：位于城址后方的山，又称坐山、枕山。

（6）肩：位于主山左右两边的山。

（7）臂、翼：为城址左右两旁的山，固定说法是东为青龙，西为白虎，然而风水又有左青龙、右白虎（后玄武、前朱雀）之说，并未固定东西南北方向。青龙、白虎被视为左右腕，又常叫做"左臂"、"右臂"或"左翼"、"右翼"。

（8）外辅：位于肩及臂的外侧的山，又称护山。

（9）案山：离得较近又不太高的山，相当于四神中的朱雀，位置居前，因为它与主山相对，也称为"宾山"。

（10）朝山：离得远些而又高些的山。

（11）水口山：城址前方、水流去处的左右两山，隔水相对。

台湾清代14座城市空间原型表　　　　　　　　表5-1

	祖山	少祖山	主山	邑治之背	右肩	左肩	右臂	左臂	案山	朝山	过脉
台南府城	木冈山										
诸罗县城	木冈山	大遯山	大武峦山	牛朝山	大福兴山 覆鼎金山	阿里山 大龟佛山	业仔林山	玉案山			
凤山县旧城		大乌山	大冈山		蛇山	龟山	打鼓山	半屏山			
淡水厅城	五指山	金山			南河山 茭力埔山	三湾山 葫芦堵山					
彰化县城	大乌山	集集山	望寮山							观音山	
澎湖厅城	瞭望山	大城山					金龟头	风柜尾山	小案山	纱帽山	
凤山县新城		大乌山									
噶玛兰厅城		大湖山									圳头山
恒春县城			三台山		虎头山	龙銮山			西屏山		
台北府城											
大埔厅城											
台湾府城											
云林县旧城											
云林县新城			大尖山								

参考书目：清代方志全　　　　　　　　　　方志无记载

四、聚落与农田水利

台湾传统聚落有风水记载，但不似大陆地区讲究，聚落通常依环境设置。反而是和农业生活特别有关的水利，对聚落影响更为重要。台湾地理环境位置使得日照、温度、风量、雨量等都很丰富，大部分地区属副热带气候，但从平地到高山由于气温递减，包括热、温、寒三带不同变化。台湾的地形为中央山脉南北纵走构成本岛脊梁，河川东西分流；地势高峻，山多平地少，河川流路短促、水流湍急，以致河道水流量无法保持均匀稳定。

台湾的季风为控制雨量的主宰，加上地形的因素，以致降雨量分布不均，高山多于平地，东岸多于西岸。西岸至中央山脉间，雨量随高度之增加而递增。

明清时期，台湾以农业为经济主轴，同时也是台湾历史风貌变迁的主要推手。土地开垦与水利开发乃奠定农业发展之基石，借由水利的开发，提高土地的价值，因此在台湾的开发过程中，农田水利一直都扮演着重要的角色。

17世纪初的荷兰治台时期，为增加蔗糖的产量，鼓励汉人移民台湾，同时引进较先进的农业生产技术。水利开发主要以井为主（红毛井、荷兰井），并集中在台南，其功能主要是饮用而非灌溉，此乃台湾最早的水利开发。

明郑时期，为解决粮食匮乏的问题，厉行屯田政策，重视粮食生产，积极从事垦殖，于是开辟许多"官田"。当时水利设施的功能逐渐转为灌溉使用，以小型的陂为主要水利设施。

台湾于隶清之初，糖、米相克，垦民以糖价好，竞相插蔗。及康熙四十年后，因"迭际凶荒"，梯航日增、生齿日众，粮米的商品性价值提高。从此，激起水利开发的诱因。垦民进入北线以北，寻找溪流水源，开发大型陂、圳水利，圳的开发逐渐超过陂。同时，在水利开发的技术上，也获得了重大突破，掀起台湾耕地的水田化运动。

从时间上看来，清代水利开发，集中在康熙、乾隆、嘉庆、道光和光绪数朝。灌溉面积多的大型陂圳，集中于道光及以前，道光以后的开发属小型的陂圳较多。从空间上来看，康熙年间的浊水溪、大肚溪；雍正年间的大甲溪、九芎林溪；乾隆年间的淡水河；嘉庆年间的兰阳溪；道光年间的高屏溪，是水源利用密度高，也是灌溉面积广的大型陂圳设施之所在。[8]

清代，移垦人口增加，水利设施从康熙末年至道光年间，有进一步的发展，不但数量增多，规模也扩大（彰化平原的施厝圳、台中的葫芦墩圳、猫雾捒圳、台北瑠公圳），也有各埤圳组织。道光、咸丰年间，由于对米粮的扩大需求，导致更进一步的埤圳修筑，其中高雄因曹公圳开发而有突破性发展。

清代的水利建设多半是民间投资，有独资开凿者、合伙投资者、业佃鸠资合筑者、全装众业佃甲摊分合筑者、众佃合筑者、官民合筑者、汉人与平埔族合作开筑者、平埔族开凿者。

日治时期，有鉴于过去的私设埤圳制度，不仅缺乏管理，且常引发垄断、剥削等弊端，于是公布台湾《公有埤圳管理规则》，凡有关公众利害者，皆认为公共埤圳，不再是私有，并由政府监督管理。至于工程规模较大者，由官方经营。明治35年（1902年），日人将钢筋混凝土的建筑技术引进台湾，1907年试验成功后随即应用在农田水利的设施上，这是台湾水圳发展上的一大进步与转折点。1908年，制定官设埤圳规则，举凡一切水租的抽取、结定、取水纷争、区域认定等皆由行政官厅负责。官设埤圳颁布后，日人以8万公顷为目标，陆续开设棘子埤圳、狮子头圳、后里圳、桃园大圳、嘉南大圳、白冷圳等重要水圳设施。

a.圳边农作物

b.圳边农作物

c.圳边农作物

d.圳边农作物

e.水圳设施

f.水圳设施　　　　　　　　　　　　　　　　　　图5-1　水圳设施图

第二节　城市

清代台湾的城市由于执政者的态度与地理位置的特殊性，使得筑城的背景与中国其他的城市不太一样，且多为民间自主、自资筑城。本节主要探讨受当时社会变迁、防御需要、官方需求、人口膨胀等因素影响，台湾14座城市的道路系统、城门方位、城垣外形、重要公共建筑物。

一、道路系统

（一）清代道路系统

清代台湾城市的主要道路系统可分为一字

形、十字形、双丁十字形及其他。十字形不单指两条道路，而是只有两条明显的主要道路称之。双丁十字形分左右或上下十字组合而成。其他类则是不易以一个具体的形状形容而称之。

地方城市主要道路系统示意表　表5-2

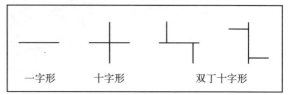

| 一字形 | 十字形 | 双丁十字形 |

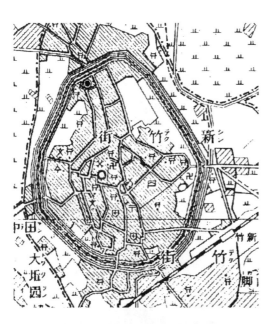

图5-2　1904年新竹堡图，城墙并未拆除（资料来源：《台湾堡图》）

图5-3　1904年台北堡图，城墙已拆除辟建三线道路（资料来源：《台湾堡图》）

图5-4　1904年台南堡图，因城市往西发展，故西边城墙已拆除（资料来源：《台湾堡图》）

图5-5　1911年台南市区改正计划图，道路规划呈放射形（资料来源：台南厅报689号）

（二）日治计划性道路

日治时期，政府对台湾城市施行多次市区改正工事及市区计划，其中针对道路系统发布许多市区计划，逐渐将清代不规则的道路系统规划整治，并将阻碍发展的城墙拆除，传入近代化的规划系统，以达到近代殖民政策。

1. 城墙拆除

日治时期的道路系统多延续清代主要道路，尤其日治初期的城市，多有城墙围绕，渐渐阻碍城市发展，明治37年（1904年），测绘全台地形，集册成《台湾堡图》，堡图里面还有城墙的城市只剩台南、新竹、嘉义、彰化、澎湖、恒春及凤山与左营一部分城墙。观察日治政府统治程序，首先规划城内道路，并把政治中心移至城外空地，渐渐将人口与都市重心外移，而城墙成为居民交通上的阻碍，故拆城墙成为都市发展的一项必要策略。

2. 道路系统

观察日治时期城市道路系统，发布的市区计划多将道路规划为棋盘式道路系统，而城墙拆除之后则多演化成环绕城形之道路。比对个案后依发展影响因素将台湾城市发展常见之道路系统列述如下：

（1）受市区改正计划影响：放射形道路系统、格子形道路系统

（2）受旧城墙所影响：环形道路

（3）受铁路或地形影响：斜线形道路系统

二、城门方位

道路是点与点之间的连接空间，中国城市更把城门视为重要地标物，使道路与城门的关系更为显著。清代台湾城市中的主要道路系统，多是由相对的城门相连而构成的。

三、城垣外形

若城市的城垣外形为几何形，其城内道路系统较规则，但若为有机形或特殊形城垣，道路系统变化较多且复杂，城垣外形影响着道路的整体配置形式。

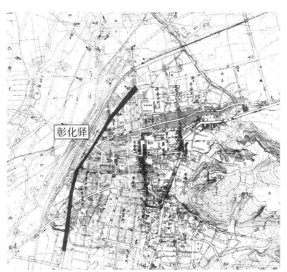

图5-7 1935年彰化市街图，道路系统受铁路影响呈斜线发展
（资料来源：台湾文献馆）

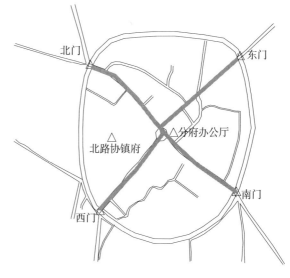

图5-8 清代埔里厅城复原图，主要道路为十字形

图5-6 1914年埔里社市区改正图，城墙改成环形道路
（资料来源：台湾文献馆）

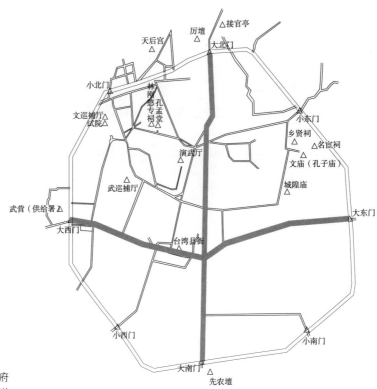

图5-9　清代台湾府
城复原图，主要道
路为十字形。

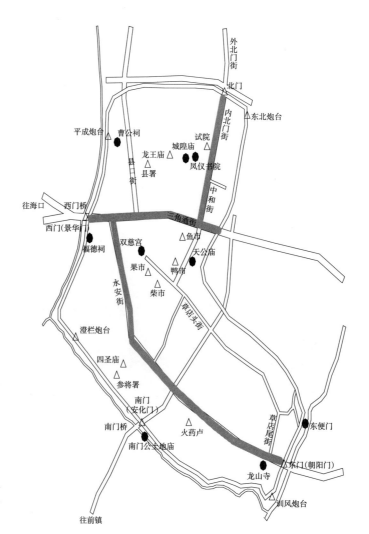

图5-10　清代凤山县
新城复原图，双丁十
字形道路

清代台湾城市主要道路表　　　　　　　表5-3

	城名	主要街道系统	街道名称	
1	台南府城	一字形	大井头街、枋桥头街、大人庙街、龙泉井街、圣君庙街、东门大街、武庙街、曾振明街、弓箭街、鞋街、针街、岭头街、庙前街、保西宫街、砖雅桥街、大南门街、开山王街、大埔街	
2	诸罗县城	十字形	十字街、太平街、镇安街、中和街、总爷街、内外城厢街、四城厢外街、新店街	
3	凤山县旧城	其他	兴隆庄街：在县治内，即后来的县前街	
			县前街、下街仔、大街、南门口街、总爷口街、北门内街	
4	淡水厅城	其他	东曰东门街、暗街仔、武营头、井仔头 西曰西门街、义学口、后番车路 南曰南门街（文兴街）、巡司衙街 北曰北门街、太爷街	
5	彰化县城	双丁十字形	东门街、南街、大西门街、暗街仔、总爷街、打铁街、新店街、北门街	
6	澎湖厅城	其他	仓前街、左营街、大井头街、右营直街、右营横街、太平街、东门街、小南门街、渡头街、海边街	
7	凤山县新城	双丁十字形	外北门街：外北门内	寅饯门街：仁寿街东
			和安街：内北门内	大老衙街：参将署前
			顶横街：县署东数武	中和街：寅饯门街东
			县口街：县署前	庆安街：中和街东
			登瀛街：县署东南数武	任和街：大东门内龙山寺前
			大庙口街：县署南数武	下横街：任和街东
			永安街：西门内	打铁街：小东门内
			仁寿街：登瀛街角南	
8	噶玛兰厅城	十字形	十字街，对四座城门：城内正中	北中街、坎兴街、北门街：城北
			三结街、衙门口、东门街：城东	四结街：城东南
			圣王前街：城西北	武营、武营后街：城西南
			圣王后街：城东北	
			妈祖宫、米市街、振南街、土地宫后：城南	
			十字街头、桥仔头、文昌宫、米仓口、镇西街：城西	
9	恒春县城	其他	东门街、西门街、南门街、北门街、县前街	
10	台北府城	其他	东门街、西门街、南门街、北门街、小南门街、石坊街、文武街、府前街、府直街、府后街、书院街、抚台街	
11	大埔厅城	十字形	北门街	
12	台湾府城	十字形	东人墩街、新庄仔街	
13	云林县旧城	其他	林圯埔街（大街）、横街	
14	云林县新城	其他	斗六街、东和街	

四、重要公共建筑物

　　每个城市之中都有其必要且作用相同的建筑物，而这些主要建筑物往往形成城市中的基本要素。台湾城市的重要公共建筑主要分为行政、文教机构、礼制祠祀场所以及社会救济设施，分列如下：

　　1. 行政机构

　　（1）衙署

　　（2）公馆

　　（3）仓库

　　（4）营盘

　　（5）教场

　　（6）军事后勤设施

　　2. 文教机构

　　（1）儒学部分

　　（2）义学

　　（3）社学

　　（4）书院

　　（5）考棚

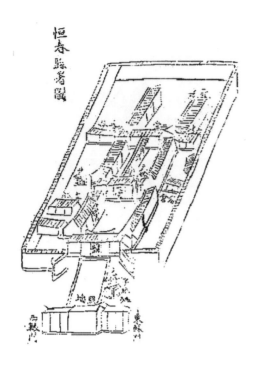

图5-11　恒春县署图

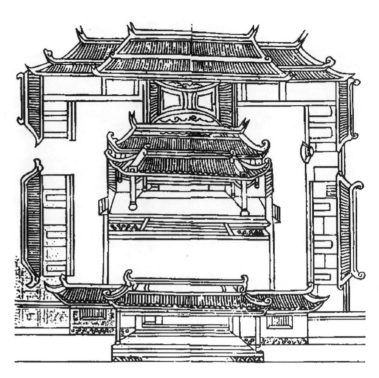

图5-12　彰化白沙书院图

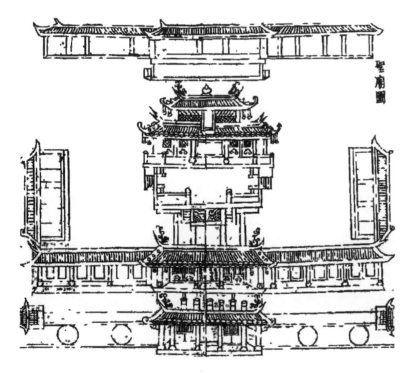

图5-13　彰化圣庙图（孔庙）

3. 礼制祠祀场所

(1) 文庙

(2) 武庙（关帝庙）

(3) 城隍庙

(4) 文昌祠

(5) 天后宫

(6) 先农坛

(7) 山川坛

(8) 社稷坛

(9) 厉坛

(10) 神祇坛

(11) 八蜡庙

4. 社会救济设施

(1) 养济院

(2) 育婴堂

(3) 普济堂

(4) 留养局

清代台湾城市重要公共建筑统计表　　　　　　表5-4

		府	县厅			府	县厅
行政机构	1. 衙署	3	11	礼制祠祀场所	1. 文庙	3	6
	2. 公馆	1	2		2. 武庙	2	8
	3. 仓库	2	10		3. 城隍庙	3	11
	4. 营盘	1	2		4. 文昌坛	1	7
	5. 教场	2	6		5. 天后宫	3	10
	6. 军事后勤设施	2	6		6. 先农坛	3	7
					7. 山川坛	3	6
					8. 社稷坛	3	6
					9. 厉坛	3	7
文教机构	1. 儒学	3	8		10. 神祇坛	0	1
	2. 义学	1	5		11. 八蜡庙	0	1
	3. 社学	1	2	社会救济设施	1. 养济院	3	5
	4. 书院	2	8		2. 育婴堂	2	4
	5. 考棚	3	2		3. 普济堂	1	1
					4. 留养局	1	1

日治时期导入近代都市政策，相关重要公共建筑也相继设立。因着近代化设施导入，空间分化日益明显，城市性质由清代的单纯化转为日治时期之多元化。日治时期建筑物可分为行政机构、文教机构、金融机构、营利事业、公共设施、庙宇建筑等六项。

日治时期重要建筑物分类　　　　　　表5-5

行政	文教	金融	营利	公共	庙宇
台湾总督府	小学校	劝业银行	专卖局	公园	三山国王庙
州厅	高等小学校	商工银行	专卖局出张所	运动场	城隍庙
州会	公学校	储蓄银行	邮便所	行启纪念馆	天后宫
市役所	女子公学校	台湾银行	电力会社	市场	观音亭
郡役所	第一公学校	商业银行	水利组合	图书馆	兴济宫
街役场	男子公学校	彰化银行	电信通信所	公会堂	灵佑宫
法院	师范学校附属公学校	融通通信组合	会馆	博物馆	赤崁楼
法院出张所	中学校	共通组合	农会	市民馆	广安宫
民事调庭	第一高级中学		青果同业组合	演武场	武庙
登记所	高等女子学校		台厦郊实业会	戏院	北极殿
庄役场	高等普通学校			卫戍病院	天坛
税务所	师范学校			医院	总赶宫
营林所	商业学校			驱霉院	东岳殿
变电所	家政女学院			普济院	延平郡王祠
配电所	女子技艺学校				妈祖宫
侧候所	商工学校				孔庙
刑务所	农林学校				神社
军司令部	高等工业学校				高野寺
宪兵队	商业专修学校				光明寺
日军步兵联队	水产补习学校				弥陀寺
重炮大队	医学专门学校				南禅寺
警察署	中央研究所				东本院寺
放送局	东京帝国大学附属演习林				西本院寺
税关支署	盲哑学校				天主教
消防					平等院
盐务总馆					布教所
电话交换局					武德殿
递信部					天主教
卫生试验室					基督教

五、住宅

台湾传统聚落中，住宅多位于巷弄里，面向主要道路除公共建筑外，大多为商店，形成了街屋形态的复合型建筑。

第三节 庙埕与广场

广场在聚落（城镇）中主要是用来进行公共交往活动的场所。广场的有无以及在聚落中发挥作用的大小，事实上也反映出人们生活习俗中所表现的差异性，导致这种差异性的原因可由文化、宗教信仰、商业、交通等找到答案。

台湾传统聚落中的广场，除少数依附于庙宇、宗祠外，绝大多数都是由于集市交易、转运或堆

图5-14 鹿港街市配置图

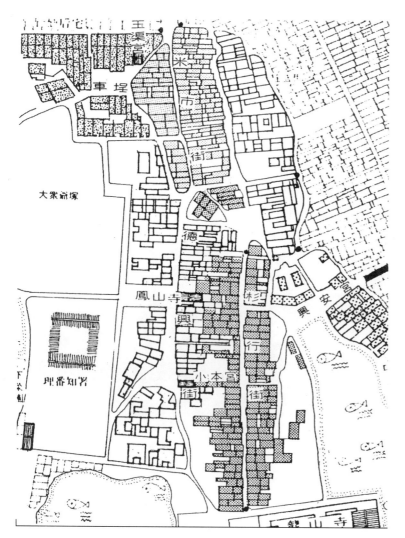

放货物等实际需要而自发形成的。依附于庙宇、宗祠的广场主要是用来满足宗教祭祀及其他庆典活动的需要，这种广场并非完全出于自发形成，而是在兴建庙宇或宗祠时就有所考量。

一、庙埕

台湾汉人的传统宗教信仰因没有严格的教义与信徒组织，与西方的单一教主或宗教领袖较不同，因此庙宇便成为最重要的信仰核心，亦因传统汉人文化中的神灵信仰，以及深受移民垦殖等因素的影响，几乎有汉人移民村落的地方，就有庙宇的建立，庙宇即成为聚落发展的中心[9]。

在台湾的都市空间里，庙宇是人们供奉神明，膜拜的宗教信仰场所，而庙埕空间是依附在庙宇前面的宗教性广场。"埕"原指近海的田地，但在闽南、台湾一带称民宅合院前的广场为"埕"，庙宇亦有类似说法。庙埕为寺庙前的庭院，是依附庙宇而衍生的空间[10]，亦可视为都市空间中的一种。庙埕在平时作用并不明显，主要是形成一种严肃的氛围，作为由世俗环境向宗教环境的过渡空间。按照台湾传统习俗，庙会既是宗教信徒的节日，又是民众进行各种交易的一种集市形式，另外还兼具各种喜庆娱乐等活动，庙埕这时才真正地表现出它的多种功能与作用。而依附于宗祠的庙埕与庙宇的庙埕的情形十分相似，宗祠主要是用来祭祖的，由某种意义上说就是一种"家庙"，由于供奉者仅限于一家族，且功能比较单一，所以庙埕规模亦受到一定的限制。

依孙全文教授的《台湾传统都市空间之研究》，提出庙埕空间与市街常见的分布关系。就庙埕空间位置而言，它通常位于庙宇正殿前方，信仰者由市街经过庙埕空间的缓冲，在进入庙宇时，达到祭祀、崇拜的虔诚心意。

庙埕是寺庙的一个附属空间，也是闽南、台湾一带的庙宇建筑中，一个极具地方特色的日常生活的公共空间。民间信仰中，许多重要的民俗节庆活动与祭典仪式，常透过庙宇在人力、物力

图5-15　屏东六堆天后宫庙埕

图5-16　嘉义北港朝天宫庙埕

图5-17　金门东溪郑氏家庙庙埕

图5-18　彰化员林游氏宗祠庙埕

上的组织运作而完成。而且，民间信仰具有扩散性、普及性的特质，因此与信徒的日常生活有非常紧密的结合，所以庙埕除成为重要的宗教信仰活动场所外，也因而衍生出多种的生活机能[11]。除了本身所具有的迎神、庙会等宗教性活动之外，更有了集结社群的功能，成为了聚落、社群里的重要生活空间中心，而庙埕空间的功能大致可分为七类[12]：

1. 宗教性功能

在庙宇兴建后，宗教性活动可谓庙埕空间的最主要功能，一般的活动如：祭祀、迎神、进香、普渡、作醮、演戏等。而每当有重要祭典节庆来临时，更以庙埕为节点，作环绕大街小巷的游行活动。

图5-19　嘉义北港朝天宫庙埕位置

2. 商业性功能

庙埕空间的商业性功能，常以摊贩、市集的形式出现，早期的庙宇有庙会活动时，摊贩便自然来此摆设，进而使人潮聚集。而另一种商业功能市集亦是如此，因庙前的庙埕空间，最早先是聚落的生活中心，便自然衍生出市集来，为早期传统庙埕空间的商业性特色。

3. 休憩性功能

早期的庙埕广场为聚落中必需的场所，为居民工作之余的活动空间重心，如谈天、休息、交谊等生活娱乐之活动。另诸多庙埕的大树下，更是地处湿热亚热带气候的台湾，一个重要的休憩场所，将庙埕与树木作为聚落的中心或标志，并用建筑环绕着它围合成庙埕广场，于广场中设置戏台（如彰化鹿港龙山寺）、照壁等，平时可以在这里进行农副产品交易，或供民众在树下休憩，到了节日则可举行各种庆典活动。

4. 交通性功能

早期的庙埕常是各路车、马聚集之所，各类车辆皆到此停留、休息，而成为交通工具的集汇点。

5. 政治性功能

台湾地处偏僻地带，在清代时期多数地方并没有设置官府，故一般村落采自治形态，自然庙宇便成了地方的中心，庙埕更成为当时可以公布官方消息的场所。部分聚落亦将庙埕广场与钟、

图5-20　彰化鹿港龙山寺戏台

图5-21　嘉义朴子配天宫钟、鼓楼

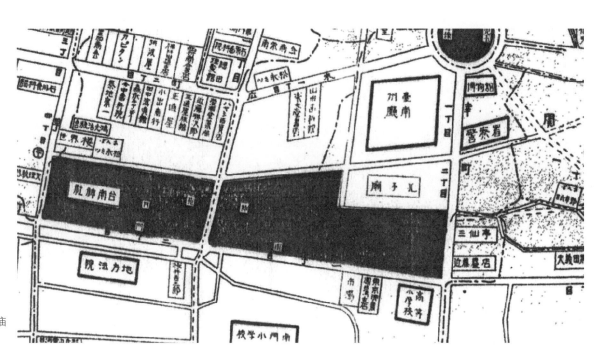

图5-22　台南孔庙庙埕位置

鼓楼结合，举凡聚落中大事由此昭示于村民，这样的庙埕广场便成为村民集会的场所。

6. 社会性功能

庙宇设立后常是地方的精神中心，庙埕空间往往是聚落中唯一较大型的开放空地，自然成为许多集会与社交活动的场所。

早期各类传统的都市开放空间里，如商行前的广场、码头、车埕等，因社会的日渐变迁，存在功能的消逝，而纷纷跟着没落。但因庙宇的建立，产生庙埕空间，不管社会如何变迁，庙宇并不会因此而消失，而庙埕空间也因为庙宇的存在，亦完整地被保留下来，因此当庙宇兴建之后，庙埕空间往往具备了集结社群及多种复合型功能之活动特性，且成为都市空间中最具有丰富记忆性的场所。

二、广场

综上，庙埕广场深受文化、宗教、信仰、习俗等影响，因而多带有浓厚的地方色彩。除此之外，诸多公共建筑前亦设置广场，形成公共性的空间。

前述提及的主要用来进行商品交易的集市性质的广场，除了部分依附在庙埕外，更多是与市街结合。由于商品交换是人们日常生活中所不可缺少的一部分，这种类型的广场便带有更多的公共性，几乎遍布于各村镇中。这种广场主要是与街道相结合，即在主要街道相会的地方，扩展街道空间从而形成广场。面积虽然不大，但区位的选择却十分重要，若规模较大，常成为露天的集市（如艋舺下崁庄集市），将有助于吸引更多的摊贩和顾客来此活动。

第四节　移民社会与聚落

移民的定义，广义的来说，一个人的居住地由一个地区迁到另一个地区，即为移民。若按地理范围分类，则可分为国际迁徙（International migration）及境内迁徙（Internal migration），前者为超越国界的迁徙，后者为迁徙范围未超越国界者。[13]

一、背景

台湾的开发，是中国大陆沿海经营的延伸，属境内的迁徙。明代虽实行海禁政策，但不曾禁绝大陆滨海居民的捕鱼活动，台湾与大陆之间的交流亦不曾间断。明中叶，台湾海峡的鱼场已拓展至台湾沿岸一带，并与当时的原住民建立汉番交易，其中虽有少数汉人居留台湾，惟人数不多，真正奠定汉人移民台湾的基础，则是在郑成功驱逐荷兰人之后。

顺治十八年（1661年），郑成功率军驱逐荷兰克复台湾，建立反清复明的基地，招纳因清廷迁界政策所导致的游民，实行屯田驻兵政策，确立以农业为本的社会基础，一方面承袭荷兰时代的"王田（官田）"，一方面则由镇营之兵自耕自给，是为"营盘田"，并大举招垦佃农从事开发，是为"私田"。以台南为中心，继续开拓诸罗（嘉义）、凤山等地，再扩及中部半县（彰化）、大甲、林圮埔（竹山）及南部琅峤（恒春），台北盆地虽已开拓若干地区，然聚落的分布仍以南部为主。前后随郑氏来台的汉人约在六万人上下，加上荷兰领台时期的移民，台湾的汉人约有十余万人。[14]

康熙二十二年（1683年）福建水师提督施琅攻克台湾，同年八月施琅率众由鹿耳门入台，台湾回归清廷管辖，将郑克塽及族人、刘国轩、冯锡范等人的眷口、明宗室监国鲁王世子朱桓等人，均载回大陆。清廷将台湾收回版图后，设台湾府，隶属于福建省，辖台湾、诸罗、凤山三县。但对于治台，却采消极的态度，对渡台者加以限制，极力防范台湾的人口增加，次年（1684年）即颁布渡台禁令，来台者不得携带家眷，导致人口性别比例的严重不平衡，并严格禁止广东的移民入台，使得在台的广东籍移民人口数较福建籍相对较少。此时为明郑治台后，台湾人口首次发生"社会减少"的情形。[15]但就移民而言，此时正是移垦台湾的良机，台湾"人去业荒"使得移民更容易取得土地的所有权。因此，清廷虽颁布渡海禁令，但闽粤移民仍突破各种限制，积极入垦台湾。

雍正十年（1732年）清廷开始允许携眷至台湾移垦，至此以后移民大增，开发陆续向新竹、台北、基隆、恒春等地区进行。乾隆二十五年（1760年）清廷取消渡台限制，移民大量涌入。至乾隆末年，台湾的西部平原均有汉人聚落分布，而台湾东部，因交通因素，迟至嘉庆十六年（1811年）才开发完成，此时汉人的人口已达194万多人，而花东地区则迟至光绪元年（1875年）才设置行政区。[16]至光绪二十二年（1896年），台湾人口总数已达257.7万人。[17]

中国自古以农立国，移民突破各种限制东渡来台，无非是为了取得更适合耕作的土地。而农业社会的发展，与人口结构、土地制度更是密不可分。

（一）人口结构

由于明郑时期入台者多以军队为主，男性远多于女性，纵使郑氏要求官兵至大陆原籍迁移家眷来台，但男女人口不平衡的现象，仍相当明显。其后清廷实施渡海禁令，偷渡来台的移民，自是不敢携带家眷，男多女少的情形更为严重，使得移民与原住民女子通婚成了唯一的成家方式，加上平埔族是母系社会，汉人可借由与原住民通婚取得土地，虽然清廷曾明令禁止汉人与原住民通婚，但由于行政力量有限，并无法禁止这种现象。

（二）土地制度

清代汉人移垦台湾，土地形态有沿袭荷兰时期的结首制；有实行明郑时期的官田与屯田制；亦有实施"垦首制"。所谓垦首制，即垦户向官府申请土地（垦照）再招来佃户，将土地划分为若干块，租给佃户开垦。垦成之后，佃户缴纳一定的租金给垦户。而开垦的初期，垦户需供给种子、农具或其他必需品予佃户，尤其是开圳筑埤方面，使旱田迅速水田化，垦户更可收取庞大的"水租"。[18]此种以资本家为主的垦首形态，可说是汉人早期开拓台湾的最主要形态。

虽清廷初期严禁偷渡，但18世纪（康熙四十年）以前，中国的人口已达一亿五千万，已然饱和，形成全国性的人口压迫现象，成为一股人口外移的"推力"。雍正年间，台湾知府沈起元曾谓："漳、泉内地无籍之民，无田可耕、无工可傭、无食可觅，一到台地，上之可以致富，下之可以温饱，一切农工商贾，以及百艺之末，计工授直，比内地率皆倍蓰。"[19]由于台湾是个新开发的地区、地理位置近便，且此时的政治局势趋于稳定、农产有丰厚的利润，自然形成一股吸引移民的"拉力"。在推、拉力的交互作用下，谱成了台湾汉人的移民开发史。[20]

原乡移民来台渡口　　　　　　　　　　　　　　　表5-6

渡口		移民祖籍	原乡路径	备注
主要渡口	蚶江口	晋江、惠安、安溪、永春、德化	晋江水系	
		南安		副港为安平港
	厦门港	华安、长泰、龙溪、南靖、平和	九龙江水系	
		漳浦、云霄、诏安		赴厦门赴转运
	汕头港	海阳、揭阳、揭西、丰顺、普宁	榕江（榕南河）水系	
		梅县、五华、兴宁、平远、蕉岭	梅江接韩江水系	
		大埔	梅潭河接韩江水系	
		长汀、上杭、永定、龙岩州	汀江接韩江水系	
		饶平	黄冈河出海	
次要渡口	五虎门	福州、闽侯、闽清		
	涵江口	兴化府的莆田、仙游		
	神泉港	惠来		
	汕尾港	陆河、海丰、陆丰		

二、移民拓垦路径

移民来台,渡海乘船是唯一途径。清廷在取得台湾的次年,即康熙二十三年(1684年),就颁布了禁止沿海人民偷渡台湾的禁令,从康熙五十七年(1718年)至乾隆五十一年(1786年)的近70年间,清廷严格限制移民渡台,期间虽有短期的放松,但基本上属于禁渡时期。其中自

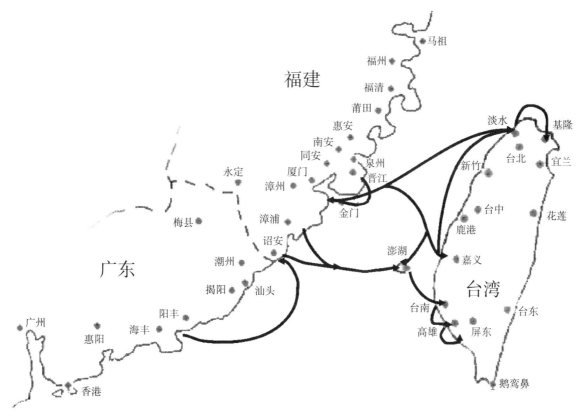

图5-23 明代大陆原乡至台湾移民路线图[25]

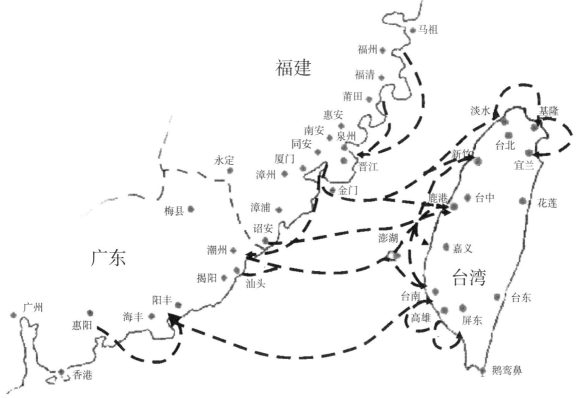

图5-24 清代大陆原乡至台湾移民路线图[26]

乾隆三十六年（1771 年）至乾隆五十一年（1718年）这一阶段，是禁渡逐渐趋向松弛的时期。[21]

在严禁时期，偷渡来台的移民虽然不少，但在弛禁时期，渡台的人数当然更多，于是以南安、石井、同安刘五店、晋江石浔、围头等地作为偷渡的口岸，[22] 直至乾隆五十三年（1788 年），福康安请奏清廷，正式设立官渡，开放彰化的鹿港与泉州的蚶江口对渡；以及淡水的八里坌与福州的五虎门对渡[23]。而后又陆续有铜山及粤东移民利用汕头、神泉、汕尾等港口渡台。这些渡口主要提供的移民范围包括：[24]

移民渡台开垦，一是以澎湖为中继站转进台湾；一则横越台湾海峡直接入台。清领初期实施海禁政策，移民偷渡路线是随机的、并无固定的，而海禁解除之后，主要的登陆口岸则为北部的八里坌、中部的鹿港与南部的安平、笨港，后期再扩及西部沿海的打狗、盐水、大安、中港、南寮等口岸。

乾隆海禁开放前后以至嘉庆年间，是移民运动的最高峰时期，道光至光绪年间也维持一定人口的继续投入。只不过早期的移民登陆口岸和迁徙是随机的，经过百余年的发展而逐渐稳定，后期移民则是较有目标的依附在前期移民，在其基础上发展。

三、移民祖籍与分布

既往讨论移民原籍在台的分布时，多以泉人先至，占得西部沿海平原；漳人次之，占得内陆平原；粤人最晚，仅得于丘陵开垦。但施添福先生认为："清代在台汉人的祖籍分布和各籍移民来台的先后顺序，并无多大的关系。决定清代在台汉人祖籍分布的基本因素是：移民原乡的生活方式，亦即移民东渡来台以前，在原乡所熟悉的生活方式和养成的生活技能。"[27] 按此，欲了解台湾移民祖籍的分布情况，必须由开发史、移民路径及原乡的生活方式等着手。

清廷领台初期，采取"为防台而治台"[28] 的消极政策，乾隆二十五年（1760 年）虽取消海禁政策，东渡至台开垦的移民也不断增加，但官府基本上仍维持原有的编制，并没有积极地治理台湾，随着移民的增加与垦殖范围的拓展，在官府无心且无力的因素下，不仅汉人与原住民的冲突不断，甚至是汉人之间的纷争亦此起彼落。按徐宗干《答王肃园同年书》："各省吏治之坏，至闽而极；闽中吏治之坏，至台湾而极。"[29] 当时清廷对台湾施政与制度的腐败，可见一斑。这种仅为控制台湾的消极治理心态，造成人民对官府的不信任，地方政府无法有效地控制社会秩序。因此，人民一遇纷争，往往诉诸暴力，进而扩展为更大规模的分类械斗。

移民入垦台湾，开辟草莱，需要大量的人力，基本上是通过同乡、同族的关系，结伴来台，但对原本就生活在台湾的原住民而言，无疑是一种侵犯土地的行为，尤其是移民人口的急速增加，更是直接威胁到原住民的生存空间。清廷为了避免汉人与原住民之间的冲突，采取封山政策，划定"土牛沟"[30] 作为"番界"，禁止汉人越界拓垦。但官方的禁令并无法有效地阻止移民继续的拓展，持续在原住民的土地上开垦。因此，清廷多次画设新番界，使得原住民的活动区域逐渐受到压缩。移民为了取得土地，常与原住民产生纷争，并发展为武力冲突，于是便组成较具规模的开垦组织，逐次向内山推进。

随着移民的增加，土地分配趋于饱和，在资源有限的情况下，移民之间产生了利益的冲突。"台之民不以族分，而以府为气类；漳人党漳、泉人党泉、粤人党粤，潮虽粤亦党漳，众则数十万计。"[31] 由于政治未上轨道，每逢人民间的冲突，地方政府皆无法有效地制止，故使移民必须成党结派，借以维护自身的利益。

按《诸罗县志》和《彰化县志》之风俗志，杂俗："土著既鲜，流寓者无其功强近之亲，同乡并如骨肉矣。疾病相扶、死丧相助，邻里皆躬亲之。贫无归，则集众倾囊襄事。虽坚者亦畏讥议。诗云：凡民有丧，匍匐救之，此风较内地犹厚。"[32]

即同籍的移民，在来到台湾之后，自然会集结成群，互相扶持、共同开垦，而虽在大陆部分地区亦有此种现象，但台湾移民的祖籍认同现象，却更为显著。

群体的组成，基本上是以祖籍为主，相同祖籍的移民在生活习惯、生产方式及使用的方言皆相同，自然容易成党结群，开垦之后，这些同祖籍的人就顺理成章地居住在一起。这种以地缘或血缘关系组成的群体，一方面互助合作经营农业，另一方面团结成为村落以抵抗"番害"及其他人群的欺侮。

移民来台后，会依偏好与熟悉的方式认同人群、建立村落。后来者与先来者大多会有血统、友谊、邻居或广义的同乡关系[33]。而台湾汉人社会本就有强烈的祖籍意识[34]，再加上械斗的事件频繁，愈使同一族群的移民愈集中发展。而以祖籍分类的械斗，往往会引起移民在岛内的大规模迁徙，[35]更使得移民祖籍的分布趋于集中。

"台湾汉人之村落居民构成，祖籍是一重要的界线，似乎不同籍的移民，尤其是处于械斗状态下者，很少有混居的情形。"[36]另外也有以姓氏和职业分类的械斗，但闽客斗、漳泉斗及泉州内部分类的械斗，仍是发生频率最高的。[37]直至1860年代后，分类械斗才逐渐消失。

按日治时期大正十五年（1926年）《台湾在籍汉民族乡贯别调查》[38]统计，当时在台汉人的人口数共计3751600人，祖籍福建省者占83.1%（3116400人），祖籍广东省者占15.6%（586300人），其他地区仅占1.3%。其中祖籍为福建省的汉人中，绝大部分为泉州、漳州二府，泉籍移民占汉人总数的44.8%，漳籍则占35.2%，并且同一族群有明显的集中现象。

祖籍广东省的汉人，全部来自潮州、惠州、

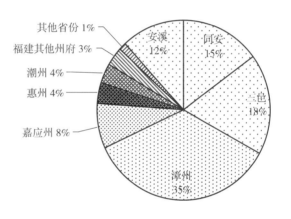

图5-25 1926年台湾同胞府县的祖籍分布图[39]

1926年台湾汉人祖籍分配表		表5-7	
祖 籍	总 数	人口数	百分比
福建省总人数		3116600	83.1
福建省	泉州府	1681400	44.8
	安溪县	441600	11.8
	同安县	553100	14.7
	三邑（南安县、惠安县、晋江县）	686700	18.3
	漳州府	1319500	35.1
	汀州府	42500	1.1
	福州府	27200	0.7
	永春府	20500	0.6
	龙岩州	16000	0.4
	兴化府	9300	0.4
	其他州府	115500	3.2
广东省总人数		586300	15.6
广东省	嘉应州	296900	7.9
	惠州府	154800	4.1
	潮州府	134800	3.6
其他省份		48900	1.3
合计		3751600	100.0

嘉应州三府，其中来自嘉应州者皆使用客语，而潮、惠两府移民则并非皆使用客语。但因资料缺乏，又潮、惠二府移民在地区的分布上，有和嘉应籍移民联合出现的倾向，故潮、惠、嘉应三籍移民常被泛称为粤籍或客家籍。

1926年台湾本岛共有257个街、庄及行政区[40]。

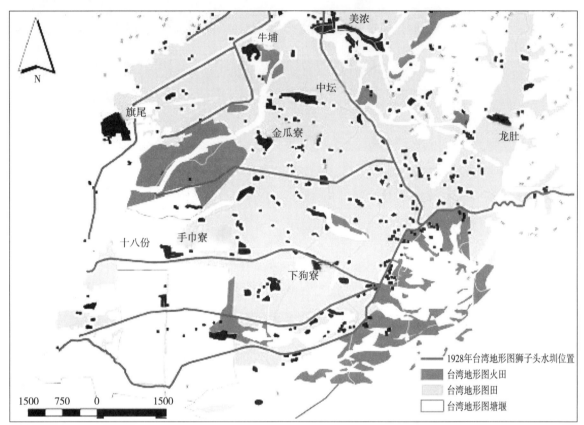

图5-26　1928年美浓狮子头水圳与土地利用图[41]

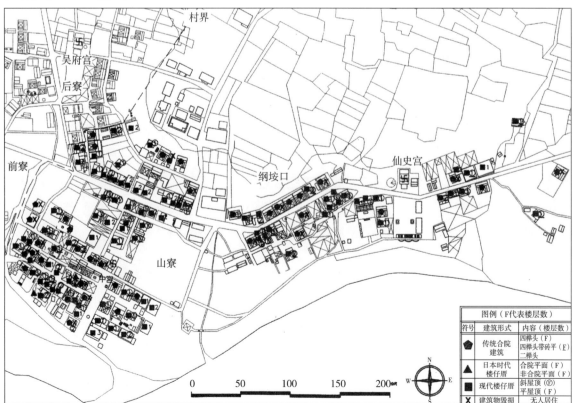

图5-27　澎湖望安东安村住屋分布图[42]

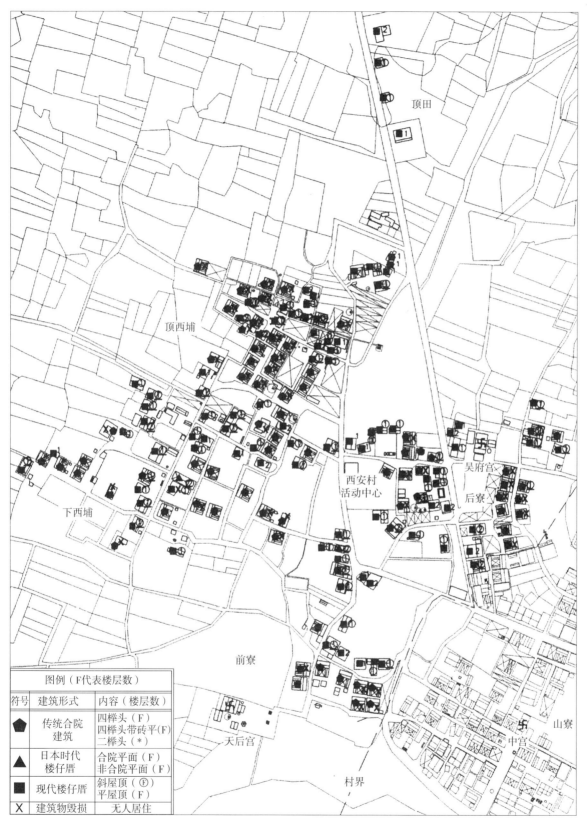

顶田

顶西埔

下西埔

西安村活动中心

吴府宫

后寮

前寮

天后宫

村界

山寮

中宫

图例（F代表楼层数）		
符号	建筑形式	内容（楼层数）
⬟	传统合院建筑	四櫸头（F）四櫸头带砖平(F)二櫸头（*）
▲	日本时代楼仔厝	合院平面（F）非合院平面（F）
■	现代楼仔厝	斜屋顶（Ⓕ）平屋顶（F）
X	建筑物毁损	无人居住

图5-28 澎湖望安西安村住屋分布图[43]

这些行政区中，各籍人口比例悬殊，除数个较具规模的市街外，明显可以看出同籍移民集居的现象。同样以1926年的调查来分析，泉籍移民人口数占优势的行政区主要集中在西部沿海平原与台北盆地一带。漳籍移民则在西部平原、北部丘陵和兰阳平原占优势。粤籍移民人数较少，分布的范围亦小，主要集中于北部和南部的丘陵、台地或近山的平原地带。此现象的形成，则是与移民祖籍、生活习惯、生产方式、使用的方言有关，而分类械斗造成的族群迁徙，亦是影响移民祖籍在台分布的重要关键。

认同的心理和态度，常促使人们与同样或同类族群的接近，以及对另一族群的排斥，但随着交流的环境不断的变化进行调整。移民初期的祖籍认同观念，已逐次转变为对台湾本土的认同，由漳州人、泉州人，转变为台南人、彰化人的认同。

移民的迁徙，不单纯只是人口的移动，更是一种重要的文化移动。移民由大陆原乡迁徙至台湾，将原有的生活经验、价值观植入新居地，由原乡移入台湾的建筑形式亦同样如此。

移民入垦之初荜路蓝缕，基本上，并无多余的财力聘请匠师兴筑屋宇，在因陋就简的情形下，多凭记忆中对于原乡建筑的印象，自力兴筑。早期的农业社会，兴筑屋宇是一件众人合作的行为，透过同乡亲友的协助，于是产生了一座座与原乡风格相仿的建筑，移民中若有营建工匠、或较熟悉建筑工作者，自然就成了兴筑工作的领导者。这种"以原物为师"的概念，虽无文字上的直接证据，但仍可在台湾许多的聚落中，发现这种现象。

四、聚落的形成与发展

台湾聚落的形态，日籍学者富田芳郎从地理学的角度分析，认为北部为集村型、南部为散村型、中部则为迁徙型；若按聚落的形成因素，北部多为地缘型聚落、南部为血缘型聚落。

汉人自 17 世纪以来，陆续东渡来台，明郑时期大规模的招募移民入垦，台湾的聚落便在此基础上积极发展，大致在 19 世纪末趋向定型。每个聚落的发展，均可视为独立的个体，但依各地发展与产业的不同，基本上可分为市街与村落两种。

（一）市街

台湾开发之初，水路的口岸、津渡；陆路的重要节点，自然成为货物的集散中心，因此各交通的据点，逐渐发展成重要的市街，如台南安平、鹿港、艋舺等。

（二）村落

大部分的移民带着原乡的生活方式、技能来台，自然选择与原乡相似的地理环境发展，故移民来台后，多优先选择适合原乡生活经验的地区，发展农渔业。

第五节　台湾传统移民社会的建筑特质

由明末至清代的台湾，是一个具有动态变迁特质的移民社会，即便在 1895 至 1949 年的这段时间，和中国大陆也保持密切的联系。传统的中国文化与社会组织，借着移民的脚步在台立足生根以至于繁衍发展。建筑是社会体系中的一个次体系，这段期间建筑在台的引入与变迁，可以经由基型与衍化的模型进行观察[44]；其内容则包括前形的引入、衍化的过程、洋风式样的影响以及成熟与蜕变等四方面。

一、前形的引入

闽南粤东是台湾移民的原乡，移民现象基本上也是一种文化迁移；引入的原乡建筑则是台湾建筑的前形。背景是原乡的分布情况，过程是移民的方式，结果则在于前形如何引入台湾。

（一）原乡的分布与自然环境的关系

既往对于台湾移民祖籍的称谓，一般多以福建、广东作概括性的描述，类似的说法也有如闽南、粤东、福佬、客家等。若再作进一步的探究，则出现以行政区划作为标地的概念，如泉州、漳州、潮州、惠州等，真正的落实在县或乡里的籍贯，只有在族谱或墓碑神主上才会载明。

这个现象可以多少反映了过去研究上的偏差，一厢情愿的由人为的行政区划中去寻找形式风格的特质；忽略了自然环境与行政区划的差异，所能作的也只是一种大现象概括性的描述而已。

按调查,台湾汉人祖籍中有 83% 来自福建(泉州府 45%,漳州府 35%,其他 3%),16% 来自广东,1% 来自其余各省。[45] 基本上闽粤两系移民占了台湾移民的绝对多数。

闽粤多丘陵,沿海冲积平原腹地不深,山区大多数的移民必须借着水路交通到达沿海主要口岸才能转渡来台。原乡的山系、河道、港口,构成了移民运动路径的主要影响力量。

移民对祖籍的观念,相对的也反映了研究区域的设定。由概括性的福建、广东(闽南、粤东),府州级的漳、泉、潮、惠,到县级的南靖、同安、蕉岭、大埔,以至于乡镇级的车田、崇武、茶阳、枫溪等,正也是原乡建筑形式的基本层级。概括性的省或府州的观念,并不能反映因自然地形引起的差异,因此对应的区域应最少落在县的层级,如可能更应掌握沿海、丘陵、水系等自然的差异,进展到以乡、镇为准的基本范围。

(二)移民的方式

原乡移民来台的主要方式有二,一为直接由原居地到达渡口转渡来台,另一是在闽南、粤东先经过一段迁移后再行来台;移民方式不同,在迁徙过程中的文化脉络也有所差异。

1. 直接渡台

由原居地经陆路或水路抵达渡口来台,是移民主要的移动方式,在族谱中记载有关各族先祖来台多有类似"原居"、"自祖籍"、"自地"、"原籍"以及"渡海来台"、"渡台"、"渡来台湾"等字眼,这些都可以视为是直接渡台的例子。如:

《蓝家祖谱》:"昔者吾十四世祖昭哲自祖籍漳州府樟埔(漳浦)县渡海来台,携有祖谱壹册,辗转迁徙,而后即定居于礁溪竹高厝。"

《杨氏祖谱》:"来台开基祖十二世祖子庆公……于康熙年间自广东省饶平县元高都大英社渡台。"

《彭氏祖谱》:"彭氏廿四世祖(来台祖)维顺公及维腾公,原居地广东省陆丰县(惠州府)五云洞之五碑寨……于咸丰戊午年间自该地携家族迁居台湾。"[46]

2. 辗转迁徙后渡台

移民中亦有部分在渡台前,即已在闽粤原乡进行内部迁徙,因移动过程衍生的文化影响也是探讨原形时所必须注意的[47]。

新竹郑氏:

源自四川,后入闽,先居仙游,转于漳浦定居。明末东南沿海动乱,居漳浦田中央新楼仔的郑初(怀仁)和夫人陈氏赴金门投奔外家,时约在康熙十四年(1675 年),后于乾隆二十五年(1760 年)前,三世孙国周兄弟渡海来台。郑氏祖谱名《浯江郑氏家谱》,以初公为一世祖,进士郑用锡应试履历上以同安为原籍,咸丰三年(1853 年)返金门建家祠,都说明了郑氏已将金门(浯江)视为原籍的心态。[48]

草屯炖伦洪氏:

宋代一世祖仁遂居吴县阊门,祥符九年(1016 年)登进士后,于真宗乾兴元年(1022 年)入闽任长泰知县(墓与祖祠仍在)。二世文宪迁龙溪,十一世承度迁海澄,十六世君志移漳浦车田下营。十八、十九世起或移往广东潮阳,或移台湾。草屯洪氏为车田十七世原璋裔孙,并有二十六世涩(大斌)于雍乾之际,二十七世秉正于嘉庆十五年(1810 年)等来台记载。目前每年清明台湾和福建各地洪姓子孙,仍有返回长泰史山祭祖之举。[49]

(三)由移民直接引入的原形

移民入台之初荜路蓝缕以启山林,为了求生存必须克服许多外在的压力,稍事安定后才能顾及营建安身立命之所。即便是寄托心灵庇佑福祉的神明,在拓殖伊始,也多止于草寮、简陋小祠等临时性屋宇而已。

在因陋就简的情况下,早期移民并没有太多的能力建筑豪宅大院,多半就地取材沿用记忆中故乡原有样式兴建房舍。早期农业社会中,建筑是一种人群集体合作的行为,透过乡里邻舍的互相支持,一座座和原乡相近的房舍相继建起。移民中或有建筑较为熟悉的工匠,自然成为工作中的领导者。人们在其指挥下,运用和原乡一样的合作模式工作，原乡的建筑形式在这种情况下逐步进入台湾。

这种设想虽然没有文字上的直接证据，但是台湾有相当多的早期聚落中，却可以清楚地看出这种现象。例如草屯一带许多来自漳州山区移民，建筑采用土角、土坯砖、灰砖、灰瓦等材料，山墙作生土粉刷，屋面作悬山大出檐；彰化永靖一带的饶平籍移民，建有源自故乡"四马拖车"式建筑；来自嘉应州的客籍移民，在东势与内埔一带建筑类似围龙屋的住宅等，都可以反映移民初期原形引入的事实。

（四）由秀异分子引入之原形

秀异分子（Elite）指的是社会精英，他们人数虽少，但因拥有特殊技能或社会资源，对社会有着相当大的影响力。在原乡建筑移入过程中，主要秀异分子是士绅阶级与工匠。

当移民社会逐步稳定且经济能力也能配合时，士绅阶级（商人、士、地主、庙宇执事等）对于原有简陋的屋舍，自然产生更新的念头；在他们的主导下，返回原乡延聘具水平的工匠来台，也就是一种顺理成章的举措了。

基本上工匠的选择受执事者影响甚大，其中最主要的因素除了具有高明的手艺外，就是有关原籍的考虑。相对于台湾的快速变迁，这些工匠在大陆的工作区域仍属于较为封闭的社会；他们应聘来台，所带来的当然也是自身所熟练的原乡形式，与时间先后并没有绝对的关联性。

非常遗憾的由于匠师在传统社会中的身分地位并不高，这些来自原乡的匠师，一般都以唐山师或偏名称之。因此很少在早期文献上见到有关匠师师承或名讳的记载，然而由实物中，可以了解早年的台南的三山国王庙（1742年）、台北的大龙峒保安宫（1805年）、彰化的圣王庙（1733年）、鹿港龙山寺（1776年），到中期的新竹郑进士第（1838年）、草屯炖伦堂（1830年）、登瀛书院（1846年），都具有浓厚的原乡风格，即便是较晚期兴建的大肚磺溪书院（1888年），台南两广会馆（1875年），也都是由原乡匠师来台主持的佳作。

图5-29　新竹郑氏家庙

图5-30　金门郑氏家庙

图5-31　郑氏家庙

图5-32　草屯炖伦堂

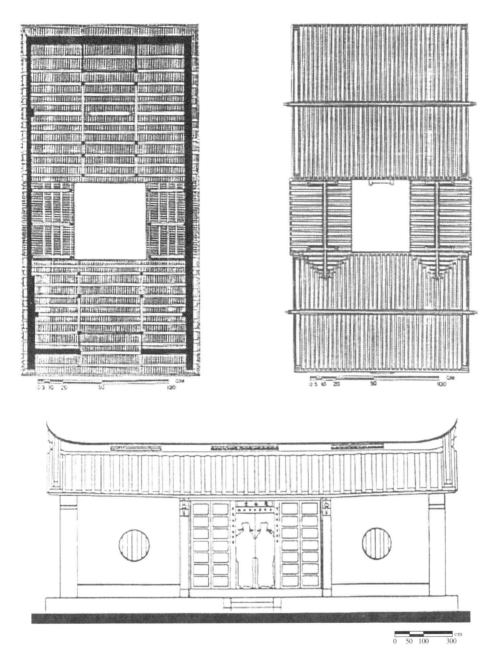

图5-33　草屯炖伦堂平面、立面图

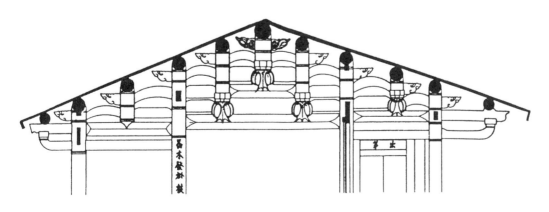

a. 山区纵剖面

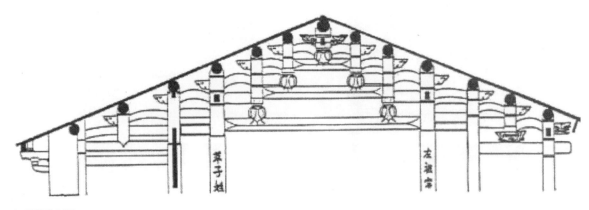

b.正殿纵剖图

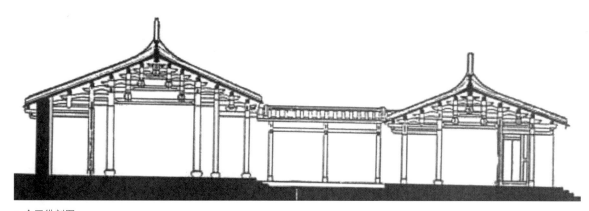

c.全区纵剖图

图5-34 草屯炖伦堂剖面图

a.著名的溪底派大木匠师王益顺

b.王益顺生前最后作品，厦门南普陀寺大悲殿，1930年木构
完成后未即封顶王益顺即返回惠安原籍，旋病故

c.溪底村王氏族人为纪念王益顺，特仿大悲殿形式，制作木造缩小模型一座，现安置于村内祠堂中

图5-35　大木匠师王益顺及其作品

二、衍化的过程

原乡传统建筑的前形形式各异，随着不同移民引入台湾后，因着不同族群的接触融合，增加了相互间交叉影响的机会，由移民初期的原形引入建立基型，到不同形式间的排斥吸引，明显的是一种文化变迁的推拉作用，形式的衍化过程也就是人类学中所称的"综摄运动"。

探讨台湾移民社会建筑的衍化过程，主要的内容包括了衍化的动力、现象及其特质等三部分：

（一）衍化的动力

移民社会的建筑衍化变迁，与一般传统社会最大的差异点在于移民社会的动态本质；亦即除了客观环境是一个充满变数的新土地之外，主观上移民具备的开创性和不局限于传统的生活观念，促成了衍化的主要力量。

1. 多样性的接触与刺激

相对于原乡近乎封闭的社会，台湾是一个相当开放且多样性的新土地。原本不相往来的各籍移民，以随机的方式移入台湾，产生了不同形式间的第一类接触。受生存条件的影响，移民在台湾进行了多样性的内部迁徙，人群的流动也为建筑形式的交流带来第二类接触。持续性的移民及聘自原乡的工匠，将原乡的形式继续投入变迁中的社会，是衍化过程的第三类接触。19世纪中叶以后西洋文化大量的引入，造成了传统建筑的第四类接触变迁。

前四类的接触与形式变迁，基本上是建构在台湾移民社会动态本质之上。移民文化投入之前，并不存在一个明显的强势文化或建筑形式，因为人群的移入与移动，相当自然地进行不同形式的交流。衍化的动力源自于人群接触的机会，社会快速开发的过程增加了刺激的产生，原乡传统力量持续投入与外来文化的影响，为建筑的变迁提供了适时的养分。这种多样性的接触与刺激，正是台湾移民社会所特有的文化动力。

2. 移民的开放心态

明代中叶的早期闽粤沿海人士来台，多只作以渔贸为主的短暂停留，明末以后的入台则逐渐转变以农耕拓殖为主的移民了。

原乡人士既已作了移民入台的决定，在心态上必然不能再存着旧有的保守观念；面对新的环境，在想法和做法上也就必须学习，如何在保持传统的同时，又能以新的观念来求生存。械斗与信仰是很好的观察点。原本在大陆相当普遍的闽粤械斗或漳泉械斗，随着移民也进入了台湾，但在咸丰年间以后就已快速减少。早期以故乡守护神为凝聚力的移民社会,也因为共同神祇的崇拜(妈祖、观音、关公等)，打破人群的藩篱重新结合。[50]

族群祖籍与神明信仰的融合，可以作为移民在心态上开放的表现，对于建筑形式上的选择，自然也不再墨守成规。第一代移民按原乡形式建筑基型之后，因为交流机会的增加，为建筑形式提供了多样性的选择机会，此时形式上是否合于基型传统，已不再是唯一准则，基于求新的开放心态，出现不同形式的交叉融合也是一种必然之举了。

3. 建筑的需求增加

随着移民人口的成长与市街城镇的逐步建立，以至于日治时期执行都市计划，社会对于建筑的需求自然大增。另一方面传统建筑的主要材料以木、砖、石为主，在台湾潮湿多雨又复有地震、台风长年侵袭的环境下，30年一小修、50年一大修的情形相当普遍；若再加上因经济能力改善，

对建筑需求的压力与修建频率则更为明显。

需求的增加，为建筑行为提供了最好的动力，特别在整体社会经济水平提高的时期，建筑活动更是特别明显。日治时期大正年间中期以后的十年间（1915—1925年），是台湾经济明显的高峰期，而这段时间的庙宇兴修改建的例子也最为普遍。不同派别的工匠借着大量的工作机会在台立足发展；多样化的接触刺激与不拘于传统的心态，使得工匠们在形式上有了更多的表现与创新的机会。

（二）衍化的现象

在一个随机性变迁特质性高的移民社会中，建筑的衍化现象也呈现着复杂的多样性。基于衍化现象是相对于基型的下一个发展过程，必须有新建或修建的行为发生，并经由具有特殊技艺的工匠方能完成，因此可以透过传统建筑的营建背景、工匠组织等方面观察移民建筑的衍化现象。

1. 以原物为师

延续旧有的形制与风貌，是衍化过程中的诸多现象之一，文献里常可见到的"因其旧制"、"延其旧貌"等字眼指的就是这种现象。

由于缺乏直接的数据佐证，我们只能推测以原物为师很可能基于下列几项原因：

（1）工程规模不大，只需要做局部修葺而不必作大规模修（改）建。

（2）限于经济能力，不扩大规模并尽量使用原有材料。

（3）格局与规模受到限制，无法作大规模的

图5-36　台南武庙壁锁

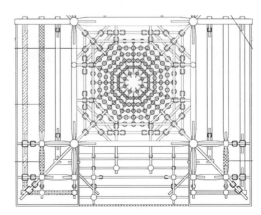

图5-37　鹿港龙山寺戏台藻井

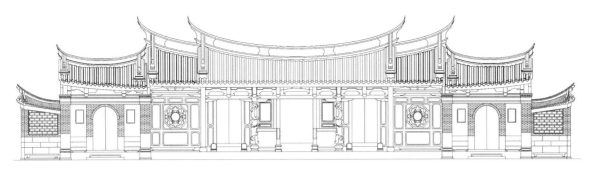

图5-38　鹿港龙山寺五门

改变。

（4）手法相近的工匠采用类似的方法营建。

台南孔子庙创建于明万历十九年（1591年），至今已达300余年，期间重建达19次之多；但主要建筑大成殿山墙上，仍保存清代初期的重要构建"壁锁"[51]。同样位于台南始建于明万历年间的祀典武庙，受市街发展所限，在康熙末年改建后规模即未改变，正殿山墙上同样留有壁锁构件。

创建于乾隆七年（1742年）的台南三山国王庙，是台湾现存唯一完整的潮州式建筑，稍后于左右增建的天后宫、韩文公祠（乾隆三十七年，1772年）和山门、客房（乾隆四十一年，1776年），也都以原物为师采用潮州式建筑手法兴建。

草屯炖伦堂是漳浦车田下营洪氏入台营建的宗祠，道光十年（1830年）兴建，至今因经济问题只进行少量的修缮，目前仍保持始建原貌。

乾隆五十一年（1786年）兴建的鹿港龙山寺，虽然经过道光九年（1829年）以降的多次修建，厢廊和后殿已改变原貌，但山门、五门、戏台、拜殿、正殿等建筑的主要部分却仍保持原貌。

基本上以原物为师的建筑行为，并不一定涵盖整个建筑群，很可能只发生其中部分几栋，主要的影响因素仍在于建筑条件与经济能力的考量。

2. 匠师的传承与分布

传统匠师对于技艺的延续，多采口传心授方式。徒弟拜师入门后，一般都需要经过三年四个月的训练过程，经过师傅认可后才可以出师。早年匠师收徒多以本姓子侄或亲戚为主外姓者较少，有名的惠安溪底王氏大木匠派，甚至有在族内设立集中的养成教育，习满后外出与族人共同工作，60岁后退休返乡抽公份吃祠堂的严密组织。[52]

第一代来台的匠师将他们的手艺，按着传统的习惯向下延续，逐渐形成在台湾工匠体系。较著称的包括大木的王益顺、陈应彬、叶篱、叶金万、海师，凿花的李克鸠、石雕的张火广、土木的李璋瑜、剪黏的柯云、洪华、何金龙，彩绘的邱玉波、吕碧松、潘春源等系统。[53]

匠师的分布基本上有着大致的特定区域，如王益顺匠派在金门，陈应彬匠派在台北，李克鸠匠派在鹿港，叶篱匠派在澎湖等，但他们的工作范围则可能遍及全台。另一方面也有因匠师来台工作后在工作区域内扩大授徒层面，或同一工种匠师组合的关系，造成地方性匠派的特性，如八

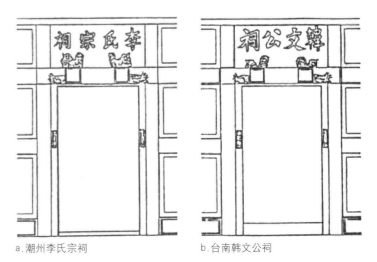

a.潮州李氏宗祠　　　　　b.台南韩文公祠

图5-39　石质门框、门楣石印、转角鱼龙、立框香插、石狮座等皆为潮州建筑特色

卦山系的大木匠派，嘉义的交趾烧，永靖的剪黏，宜兰的土水等。

借着匠师的传承与工作磨练，来自原乡的建筑技艺在台逐渐扎根，新一代的匠师一方面延续传统，另一方面吸收新知，开始运用工作手册、机械制图等方式，将原本口传心授的知识记录下来。受到整体大环境变迁和匠师不拘于传统的观念影响，第一代匠师代表的原乡传统形式，在代代传承中已然逐渐淡化，并产生了新的转变。

3. 匠师相互的影响

在台湾工作机会的增加与地域观念的逐渐开放，不同流派的匠师在台湾有较多的相互观摩与同场竞技的机会，借着作品的参放与影响，刺激了匠师间的求变与发展心态，进而带动了建筑的衍化。"对场"是一个很好的例子。

对场又称拼场，传统社会中匠师们为了争取工作机会，多有同一工种或不同工种如大木、凿花（木雕）、石作等匠师，集结为小型工作团队；除了独自承揽工作外，也常发生不同队在同一个工地上"对场"的机会。

两帮匠师在营建前先议定大部格局与基本尺寸后，随即依中轴线或前后殿等方式，划分工作范围进行各项备料制作等工作，等到完成后再于中轴在线合榫接卯，届时不同工匠的作品就同时呈现在一座建筑物之上。虽然制作期间为避免抄袭，常有将工作场地分开或以布幔围起的举动，但落成之际作品终究成为观摩的对象。

在台湾较为著称的对场有，台北保安宫正殿1917年陈应彬与郭塔左右对场，三重先啬宫1925年吴海桐与陈应彬左右对场，桃园南崁庙1925年徐清与廖石成对场，桃园景福宫前殿1926年吴海桐与陈己元对场，万丹万惠宫1931年陈己堂与郑振成对场，鹿港天后宫正殿1936年吴海桐与王树发前后对场，新庄地藏庵1937年吴海桐与陈应彬左右对场等。[54]吴海桐匠师因与陈应彬、王树发等不同匠派同场切磋，在工作上吸收两家之长并融入自己的作品。同样的情形也会发生在第二、三代弟子之中，廖石成匠师是

承继陈应彬的第三代匠师，除深得彬司技艺之真髓，又吸收溪底派之特点，融会于自己的作品之中。

匠师间借着相互观摩而交流影响的情形，愈到后期愈为明显，第一、二代匠师或许还存在着门户之见，不作大的改变，但是在后起的再传弟子出师之后，或再有带艺技师，或再专研创新，已然在衍化过程中逐渐挣脱习艺之初形制的束缚了。

4. 主事者的影响

当建筑物需要兴修改建时，主要的执事人员也扮演着相当重要的角色。他们除了要筹集庞大的资金以外，更必须选择能工巧匠来负责实质营建工作。

早期对于工匠或建筑形式的考虑，多以较保守的原乡原形为主，随着社会变迁发展，狭隘的地域观念逐渐被打破，工匠的质量、价金的高低、工作的时间等都成为重要的决定因素。一座原本风格单纯的建筑经过不同匠派修建后，很可能成为同时间存在两种或两种以上风格的风貌。

始建于嘉庆八年（1803年）的屏东县潮州六堆天后宫，是屏东地区客家籍移民的主要信仰中心。建筑形式原为一座潮州的式样建筑，道光二十九年（1849年）修建，"规模悉仍旧制，弗感稍更；其柱则易木以石，至于栋宇欂题则踵事而增华矣"，[55]其后并有1931年、1947年等两次记录不详的修建。由现存建筑观察，庙宇前殿前步架与拜亭为漳州龙溪、同安一代风格，前殿后步架为漳浦、诏安一带风格，而正殿则存有始建时的潮州地区建筑风格。兼有三种不同风格应为不同时期不同匠师所致，而客家籍移民庙宇在修建中选用非原籍式样的例子，也说明了主事者不以原籍为唯一考虑的事实。

新庄市台北盆地上的主要河港，因着米、茶、樟脑等贸易成为市况繁盛的街镇；闽粤各籍人士毗邻而居拥有各自的守护庙宇，并建有合境信仰的慈佑宫奉祀天上圣母妈祖。

慈佑宫自康熙二十五年（1686年）创建后历经多次兴修。目前保存的建筑呈现四种不同的风

格分别为：

（1）山门：1966年改建为仿木作构架，具陈应彬匠派风格。

（2）正殿：嘉庆十七年（1812年），修建后的木架构为潮州式样风格。

（3）后殿：1936年修建，混有外来样式影响的传统构架。

（4）后室：年代不详，为泉州晋江一带民宅风格。

新庄原本是商贩云集舟车辐辏的市街，很可能在嘉庆年间因主事者之故，选择潮籍匠师主持兴修，道光十四年（1834年）闽粤械斗，粤人被迫迁往桃园台地，这是否造成日后几次修建中不再出现潮州风格的原因尚不得知，但是在这座庙宇中出现四种不同的建筑风格却是一个不争的事实。类似六堆天后宫、新庄慈佑宫的现象在台湾其他地区不乏其例，也都可以为时空转变下的建筑衍化现象，提供一个合理的背景说明。

图5-40 云林大埤山三山王庙

陈应彬匠派之再传弟子作品，木构架单元斗栱螭虎等仍与彬司系统接近，但整体组合与比例则较厚重，不如彬司系统之轻盈。另以在柱头、垂花等构材混入了西洋式样的影响

5. 时代进展与外来文化的影响

台湾的移民社会的特质是动态而开放的，随着客观环境的快速变化，引起内部组织及表现产生连动性的衍化。这些随着时间轴进行而产生的影响变数，除了前文已讨论的清政府渡台政策、

持续性的移民等因素，造成的内部迁徙与转化之外；还包括了在19世纪中叶以后西洋力量投入，以及1895年日本治台后的种种转变。

洋风力量进入之前的台湾移民社会，基本上可以视为一个移植形态的传统中国社会，源自大

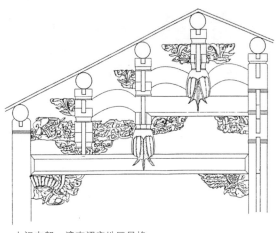

a.山门中架：漳南诏安地区风格

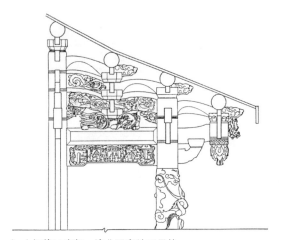

b.山门檐口步架：漳北同安地区风格

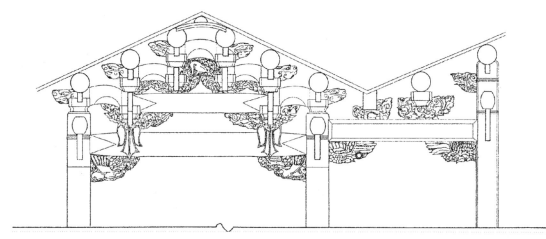

c.拜亭中架：漳北龙溪地区风格

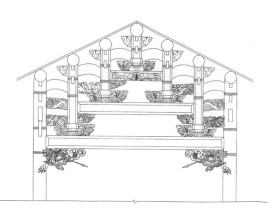

图5-41　屏东六堆天后宫剖面构架大样图

d.正殿中架：潮州建筑风格

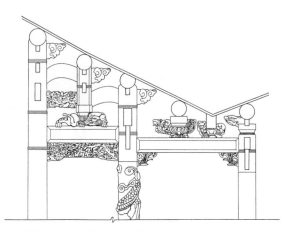

e.正殿檐口步架：潮州建筑风格

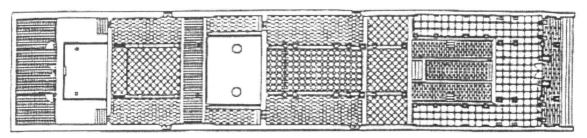

a.全区平面图

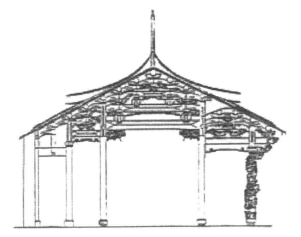

b.后殿明间纵剖图（木造，具洋风影响风格）

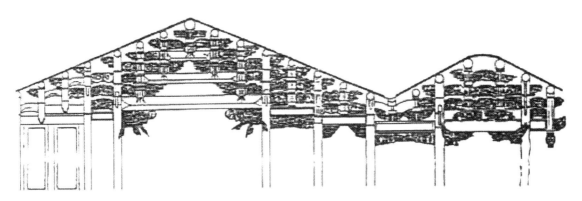

c.正殿明间纵剖图（木造，潮州式风格）

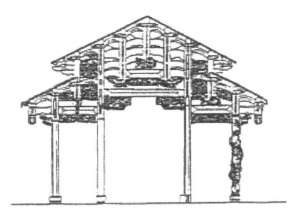

d.山门明间纵剖图（钢筋混凝土造，具衍化期彬司派风格）

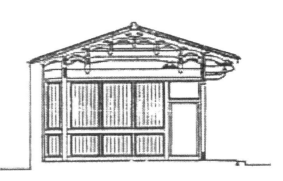

e.后室明间纵剖图（木造，泉州三邑民宅风格）

图5-42　新庄慈佑宫详图

陆的各种次文化体系在台进行对等性的竞争、交叉与融合。相形之下，外来文化的影响可视为以中国文化为主体的前提下所进行的客体投入；当移民社会经过近 200 年的发展（1661—1840 年），虽然内部仍然持续衍化，但基本上已然是一个以中国文化为强势主体的社会形态。外来文化虽然可以借政治、经济等力量引入，民众也会在不拘于传统的开放心态下接受，但终究只能扮演弱势的客体角色。基本上的节奏，仍然与社会变迁的脉动相互契合，影响的层面是局部的，影响的步伐是渐进的，这些涵盖了空间观念、材料、技术、形式等层面的影响，在建筑衍化过程中，以插入性的角色随机投入变迁体系并造成相当明显的影响。

三、洋风式样的影响

相对于以中国传统文化为主体的台湾移民社会，洋风文化的介入可以视为是一种外来的客体影响因素；由早年西、荷殖民势力经 19 世纪中叶五口通商，以至 1895 年后的日治时期，洋风式样对台湾传统建筑的衍化都造成不同程度的影响。洋风式样与台湾传统建筑的差异相当明显，两种不同形态的产物在移民社会中交会所产生的融合过程，是一个十分值得探究的课题。

（一）洋风式样移入的背景

1. 西、荷时期

早在郑成功于 1661 年率领大批移民入台之前，西班牙人曾在 1626 年至 1642 年间控制台湾北部，而荷兰人则在 1624 年至 1661 年间占领台湾南部。

基本上西班牙与荷兰对于台湾采殖民地式的统治，一方面构筑坚固的防御工事，另一方面也借传教手段拢络民心。这个时期的主要城堡建筑有西班牙人所建的圣萨尔瓦多城（St.Salvador）、圣多明哥城（St.Domingo）和荷兰人所建的热兰遮城（Zeelandia）、乌特勒希堡（Utrechit）、普罗民遮城（Provintia）等，并包括新港、蛤仔难、三貂等教堂，以及若干炮台、学堂等，惜目前仅有少数残迹幸存。[56]

当时经由西荷引入的建筑样式，由于洋风势力在郑氏入台及清领中期的一段近 200 年的空白，留下的建筑或影响实例数量很少。较为明显的是台南一带古建筑壁锁构件，称水泥为红毛土，以及庙宇墀头上黑奴力士造型等。事实上当时汉族移民本身的数量相当有限，中国文化也还没有大规模地移入台湾，因此西荷时期的洋风式样对移民建筑衍化而言，可以视为早期外来文化的少数独立个案，并没有造成明显的影响。

a. 荷兰民宅使用的锚（Anchor）构建

b.热兰遮城遗迹　　　　　　　　c.麻豆林宅

图5-43　壁锁

图5-44　荷兰人笔下17世纪的热兰遮城

2.五口通商后的洋风式样

道光二十年（1840年）中英鸦片战争，咸丰八年（1858年）《天津条约》开五口通商，为西洋势力正式进入中国的重要关键。台湾的安平与沪尾作为厦门的附属港口也在开放通商之列，洋风式样随着商贸和传教士的脚步进入了台湾。

1860年前后的台湾，已经是人口达到近百万的中国社会，西洋式样的商馆、教堂、学校等外来文化，虽然居于明显的少数，但已对传统社会投入了转变的重要刺激。由早期的安平、打狗到较晚的台北，都因洋商进驻而建有洋式建筑，而台岛内部各地也因传教士的足迹建起若干西式教堂。特别在19世纪末叶台湾建省后（1888年），刘铭传首任巡抚并大力推动铁路、电力、招商轮船等现代化措施，以及外出南洋商贸人士携回的观念，带动了本地豪族多有兴建洋式建筑之举。[57]

a.台南南鲲身代天府

b.台南佳里震兴宫

图5-45　黑奴力士

洋式建筑多经外国人设计并指导本地工匠施工，在营建过程中传统工匠一方面吸收新的知识，另一方面又自然的将传统手法融入洋式建筑中（特别是设计图上交代不清楚的细部）。这段时期的洋风建筑虽然在数量上持续增加，但受到经济和社会风气较保守的影响，与台湾传统建筑相较，数量仍属于弱势，基本上洋风与中国传统的融合仍只局部而非全面性的。

3.日治时期

光绪二十年（1894年）中日甲午战争清败，翌年四月签订《马关条约》，台湾进入了长达51年的日治时期（1895～1945年）。

日人治台的基本立场除撷取台湾丰富的资源外，并将台湾视作"内部的延伸"，以成为南进的基地。前后19任总督治台51年间对台的政策可分为绥抚时期（1895～1919年）、同化时期（1919～1937年）、皇民化时期（1937～1945年）等三个阶段。[58]

对台湾而言，日治时期的统治已然是一个改朝换代的情况；虽然在人口和基本社会结构仍然是以中国为主的形态，但是日本统治当局挟政治、军事、经济等力量推行政务，对台湾社会造成了极大的影响，反映在建筑上的现象主要包括：

（1）都市计划

日人治台后，通过国会于明治29年（1896年）通过63号法律案，赋予台湾总督统制台湾的绝对权力，在此基础之上总督府展开了一系列的调查，并于明治32年（1899年）颁布《律令第三十号》，次年制定《台湾家屋建筑规则》、明治40年（1907年）制定《台湾家屋建筑规则施行细则》，为台湾传统的市街集镇，投下了改头换面的巨大变数。这些基本上"承袭并沿用1900年代初期，欧美为了解决工业化都市，所发展形成的规划理念与技术方法。"执行之初，多以公共卫生与公共安全为出发点考虑，并以取得都市发展所需的公用或官用土地（主要是道路、上下水道及公园用地），1900～1943年间共制定了70处城镇的都市计划。台湾地区有许多传统市街就是在这种情况下拆厝成路，并引用较具现代感的形式来构筑新的立面形式。

（2）建筑形式

日人在台的主要建设，多通过总督府的建筑行政系统执行；由早期的民政局土木课到后期的总督府官房营缮课，[59]其主要领导人士多为毕业于日本东京帝国大学造家学科或建筑学科的精英。[60]在他们的主导下，将日本流行的各种建筑

形式陆续引入了台湾，并可按时间先后分为四个阶段：[61]

a. 试验期（1895—1908 年）：以木料为主，将日本常用形式直接移入。

b. 与日本同步发展期（1908—1928 年）：样式建筑与新复兴式移入。

c. 近代建筑思潮与本土省思期（1928—1941 年）：与日本同步转变国际化，并注意本土建筑研究。

d. 皇民化期（1941—1945 年）：军国主义影响下的兴亚式样（帝冠式样）。[62]

这四个时期的形式引入，多表现在殖民政府兴建的公共建筑与官绅住宅之上，但对于习惯于中国传统式样的台湾社会却带来了极大的影响。

（3）材料技术

除了新的建筑形式之外，日人也同步引入了许多新的材料与技术。诸如钢筋（骨）、水泥、石子、文化瓦、瓷砖等材料被广泛运用在建筑结构或表面装饰上，而防白蚁和抗地震观念的提出，也带动了市街改正后大量砖造建筑取代原有土角壁（土坯砖）的构造。

（4）其他

日人治台时期在建筑上另有下列几项值得注意的影响：

a. 营造组织：1908 年成立台湾建筑株式会社，成立者包括台籍知名人士林尔嘉、李春生、林大义、辜显荣等，由传统工匠负责的营造体系，逐步转为具公司形态的请负业。[63]

b. 建筑教育：1912 年台湾总督府设民政部学务工业讲习所，其中包括建筑学科学生 10 人，台籍 3 人，训练时间为 3 年。1918 年又设台湾总督府工业学校，招收五年制建筑科学生。1923 年

a. 前清淡水关税务司官邸

b. 淡水英国领事馆

c. 淡水礼拜堂

d. 淡水由加拿大籍传教士马偕所建的理学堂大书院（Oxford College，1882）

图5-46　五口通商后引入的洋风建筑

a.鹿港不见天街内部街景

b.鹿港不见天街鸟瞰

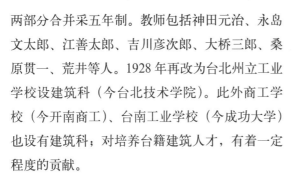

c.鹿港不见天街景现状

图5-47　鹿港五福大街（不见天）于1934年拆除前后比对

两部分合并采五年制。教师包括神田元治、永岛文太郎、江善太郎、吉川彦次郎、大桥三郎、桑原贯一、荒井等人。1928年再改为台北州立工业学校设建筑科（今台北技术学院）。此外商工学校（今开南商工）、台南工业学校（今成功大学）也设有建筑科；对培养台籍建筑人才，有着一定程度的贡献。

c.建筑研究组织：井手熏和栗山俊一、白仓好夫、尾辻国吉等人在1928年成立台湾建筑会，井手氏出任会长，次年出版台湾第一份建筑杂志《台湾建筑会志》。[64]台湾建筑会和杂志，以演讲研讨观摩、文章论述等方式，介绍有关建筑思潮、技术构法、建筑物理、法令规章、作品研讨等信息，对于现代建筑观念的引进以及落实于本土环境的努力贡献甚多。期间亦有包括台湾寺庙调查、台湾建筑史、历史建筑保存等文章，而千千岩助太郎的《台湾高砂族住家之研究》更是有水准之作。

政治大环境的转变以及相关政令的执行，是建筑变迁的动力，营造组织和教育、研究等的转型提供了变迁的支持背景，新的形式与材料技术则成为与传统交会融合的对象了。

（二）衍化的现象

洋风建筑的移入与衍化，基本上面对的是台湾传统中国社会，已然形成的建筑观念与运作体系，可以借着第四章建立的建筑观察方法说明这段过程。

1.直接移入

衍化的前提必须经由移入作为最初的刺激诱因。外来势力入台初期兴建的建筑，或某些特色的重要建筑，多采由其本国建筑师设计绘图后再于台湾施工。西荷时期的教堂、城堡如此，五口通商后的领事馆、洋行亦复如此；日治以后大量日本建筑人才入台，诸如台湾博物馆、台湾总督府、台北公会堂等，都是与当时日本国内潮流同步移植的式样。

这些新的外来形式，无论是对直接参与工作的省籍工匠，抑或是完工后对社会大众而言，都是一种直接而崭新的刺激，并为传统形式的衍化带来了极大的诱因。

2.空间形式的改变

洋风式样带来了新的空间观念，无论是洋商由南洋引入的殖民式样（Colonial Style），或是日治后的各种式样，与中国传统以合院为基础单元的空间形式，有着明显的差异。另一方面20世纪初期以后，受社会现代化以及现代建筑潮流影响，在空间形式上也发生改变。

（1）新的空间形式

早期因殖民而需要的城堡、教堂、领事馆等建筑，及日治后的车站、学校、集会堂、工厂等因应社会现代化而出现的建筑形式，虽然多属直接移植的外来形式，但也提供了过去所没有的空间经验。

（2）新的生活需求

受社会逐渐现代化影响，空间机能的使用分化日趋细腻，如住宅中出现了独立的浴室与厕所，受日人影响出现了入屋脱鞋的玄关，子供室（婴儿室）、押入（小储物间）、煤炭间等空间。这些影响在街屋或豪绅住宅较为显著，一般民宅则较不明显。

（3）洋楼

台湾传统建筑中较少建有楼房，除少数大户宅第或住宅里的小楼（梳妆楼、小姐楼、绣楼）外，一般只在街屋中见到作夹层或以楼井楼梯联系的二至三层建筑；基本上遵守着以轴线分内外主从，以天井建立合院关系的传统空间秩序。洋楼的出现，为传统建筑带来了空间变化的刺激并产生多样性的变化。除了直接仿洋楼兴建的形式外，有许多建筑在基本配置上维持传统的合院格局，但

在部分空间（门厅、主屋、整体等）则增筑为二或三楼，手法虽各有不同，但也创造出新的空间形式。楼房最明显的改变在于外观和水平融入垂直的空间关系，另一方面观察垂直交通楼梯的摆设位置，即可发现空间组织转化的连动关系。

（4）空间的再诠释与转化

传统建筑中的某些空间，在洋风式样影响下虽仍然保留，但是在尺度或使用形态层面则产生了新的诠释与转化。例如合院建筑中两厢或主屋，多有屋面出檐形成的小空间称"步口"或"出屐"，有按开间出柱支承或直接出挑等不同做法。殖民式样建筑中以圆拱砌起大而宽的露台是一个很重要的特色，亦有称为外廊式样（Veranda Style），在其影响下，若干传统建筑虽维持原有合院形式，但在出檐部分则改为砌砖拱的通廊。另一个例子则是传统街屋的沿街面，原本多做成吊脚楼或亭仔楼[65]，甚至有两侧街屋逐渐加大出檐而形成遮蔽街道的"不见天"。受日治时期执行都市计划拆屋开路后，传统形式逐渐消失，取而代之的是按法规留设的骑楼。平均深度在3米以上的骑楼，相当程度反映了适应台湾本土炎热多雨的物理环境，在空间形式上也可视为是亭仔脚的延续转化。

图5-48　《台湾建筑会志》第1辑第1号目次

3．外观形式的影响

基本上建筑的外观是感官上最直接的刺激，同时也是最容易被模仿的对象。无论由整体形式、尺度比例以至于细部的装饰质感，都会因着接触感受的过程被接受并融入新的建筑之中。传递的过程除了整体性的移植仿作外，基本上是通过对于建筑语汇（Language）的认知而转化使用。例如：

（1）比例：街屋主立面（Facade）整体比例。

a．彰化南瑶宫观音殿

b．彰化南瑶宫观音殿殿内天花

（2）立面：古典建筑的元素大量使用。

（3）开口：以圆拱或山头（Pediment）作为开口部（Openning）的处理手法。

（4）圆拱：露台圆拱融入合院建筑及其他建筑中广泛使用。

（5）檐口：叠涩和齿形收头（dentil）。

（6）柱式：古典五柱式柱头（The Five Orders）经匠师转化普遍使用在传统的庙宇建筑上。

（7）装饰：额盘（Entablature）转换为灰泥饰带、马赛克（Mosaic）、洗石子等装饰融入于传统技法中，额盘（Entablature）与传统建筑的水车堵相互结合等。

4．材料与构造

材料与构造除了建筑结构之外，对于外观形式上也会造成影响。早期西荷引入的壁锁与红毛土，曾经在台湾造成影响，但仅留下少数遗迹。五口通商后洋风建筑所采用的砖拱结构西式屋架

c．芬园崇星堂及洪调专宅

图5-49　混有洋风式样的传统民宅与庙宇

d．嘉义翁清江宅

e．鹿港辜宅

与磁烧构件（花瓶栏杆、瓷砖）对台湾传统建筑产生了深远的影响。日治以后大量引入了多样的材料与构造方式，包括有钢筋（骨）、水泥、玻璃、洗石子、红砖、文化瓦、面砖、圆顶等。

5. 主事者与工匠的态度

当传统与洋风接触时，移民社会的开放本质仍然反映在建筑上。选用一种新的材料或新的形式，对于主人而言是一个进步与跟上时代的具体表现，并可作为社会地位的象征。匠师在延续传统技艺的同时，也需要吸取新的养分作为提升水平的动力。在这种环境下洋风式样逐渐融入原有的传统社会里，只不过在相对弱势的情况下，大部分的洋风式样采取逐步渐进的方式，融入以中国传统建筑为主流的衍化体系中。

四、衍化过程的特质与成熟蜕变

观察台湾移民社会的建筑衍化现象，可以发现在变迁过程中所具有的几项特质：

（一）和原乡之间的互动

1. 可以反映社会变迁现象

建筑衍化的动力来自移民社会的动态本质，对于不同形式间的推拉作用，与移民融合的过程相互契合；衍化过程的种种现象，由因袭传统逐步转变为相互影响等事实；都可以说明建筑作为社会的一个次体系，可以反映整体移民社会的变迁现象。

2. 持续的投入与多样性的交叉

在近300年的移民社会中，随着建筑行为的持续进行，基本上不同形式的交叉现象一直不曾间断。来自原乡的原形借由移民继续投入，再加上外来文化的影响，为变迁过程中注入了动力，更使得整个衍化体系呈现相当活泼的动态现象。受移民社会开放观念的影响，随机的交叉过程也显得相当多样性；这与社会变迁表现及整体观察模型是一致的。

3. 基型的重要性

基本上各种变迁衍化的源头，都来自大陆移植的前形。前形移入台湾后的第一代基型，是观察的基本坐标。在这个基础下因着社会变迁产生建筑层面的连带转变，于开放的移民社会与随机性高的衍化过程中，基型快速地渗入其他形式造成的变化，建筑需求增加更促进了转化的频率。建构研究台湾传统建筑的观察体系，必须体认到基型角色的重要性，理清源头才有可能对衍化过程的种种现象作出合理的解释。

4. 匠师扮演的关键性角色

移民初期固然有许多建筑是通过民众相互协助的情况下建构的，但随着时代发展和经济情况

图5-50　台北市市区改正后的街屋，大量运用立面语汇

的改善，社会对建筑质量的要求提升，必须由专业的匠师负责实质营造工作。匠师除了是原形移入台湾的主要媒介外，彼此间对于技艺的传承、交流、融合等过程，也都影响着建筑的衍化，在整个体系中扮演着相当关键的角色。观察台湾传统建筑，不能忽视有关匠师的技艺、谱系、作品等研究。

（二）洋风式样的衍化特质

台湾传统建筑变迁体系中，洋风式样的植入衍化是一个非常重要的现象；其过程与反映的特质，与来自大陆各地的形式在台交叉融合有着明显的差异。

1. 主体与客体问题

源于明末在清代逐渐成型的台湾移民社会，接受了各种不同的原乡形式，并逐渐融合成一个以中国传统为主的建筑体系。相形之下，洋风式样明显的是一个外来的客体，投入之前两者各不相干，投入过程中也因主客力量不同，基本上是以中国传统为主体的逐渐融入。

2. 在衍化体系上的独立性与随机性

洋风与中国传统并不同源，应将移入前的洋风式样视为一个独立的体系，它的前形式源自欧洲大陆的古典式样，而移入的基型则为南洋的殖民式样及日本的各种转化形式。

洋风力量的介入基本上与时间轴关系较为密切，但踏进传统建筑衍化体系的切入点，却又表现得相当随机。亦即洋风式样似乎成为一种可以随机撷取的资源，当有需要时，外来样式的某些部分就可以在匠师的巧思下使用，并没有明显的规则可循。基本上洋风式样进入台湾，除了不断因世界趋势而引入新的讯息外，本身进行的内部衍化较不明显，相对的反而是部分形式依附在传统建筑上，进入台湾传统建筑的变迁体系。

3. 政治力量的明显影响

倘若台湾不曾有过外来文化的影响，或许移民社会将逐渐内地化为与大陆相同的传统中国社会。然而事实上近 300 多年来台湾却一直不断地有外来力量的介入，特别在 19 世纪中叶以后的影响，更是中国其他各地所难以相比的。外来的洋风式样在政治力量的夹带下进入台湾并造成影响，尤其在日治的 51 年间，这种因政治力量影响而引起的变迁更为明显。

（三）折中的融合方式与多样性

来自原乡的各种形式，基本上同属于中国建筑体系的南方样式，因此在融合中虽然也历经了折中的过程，但其结果是一种大熔炉的表现。相对的洋风和传统式样基本的形式差异较大。在融合中是一种类似马赛克式（Mosaic）的拼贴。[66]这种明显的折中方式因着建筑的形式与主事者及工匠的影响而有不同程度的表现。

在完全西式的淡水英国领事馆中，因着传统匠师的参与，留有少量的中国式装饰纹样。骑楼式街屋在外观上是洋风影响的新复兴式基调，但表面装饰题材、手法以及内部的空间却仍然是中国式的。南瑶宫的观音殿在整体造型上明显的受日式影响，内部梁架却是彻底的传统抬梁式木结构。西式的柱头在匠师的诠释下，也转化成具传统吉祥象征的白菜与南瓜。浓厚的装饰派艺术风格的铸铁花饰，在许多庙宇里与传统建筑构件相处一室也显得相得益彰，都说明两者折中过程的多样性。

洋风与传统式样的接触与加入衍化，固然受到社会进化相当多的影响，但另一方面两者基本上都属于现代化前的旧传统。20 世纪初以来，工业革命的影响逐渐扩及全世界，随着科技文明日益发展，社会进步日新月异。经济性与效率性的需求（特别拜战争文明所赐），使得建筑在材料技术层面在第二次世界大战以后起了革命性的转变。60 年代初，以现代建筑运动为基础的科技挂帅（Technical Excellence）在世界上蔚为风潮，相形之下无论是洋风抑或传统的古典式样，此时都感受到社会进化的压力而败下阵来，取而代之的是几乎全盘西化的建筑形式。传统式样的再受到重视，已经是 70 年代中期以来后现代主义（Post-Modernism）兴起以及本土化运动以后的课题了。

注释：

[1][7] 王其亨 . 中国风水理论 . 天津：天津大学出版社，1986：281，37.

[2][日] 崛达宪二 . 如何解读台湾都市的风水 . 哲学杂志 1993（3）85.

[3] 高拱乾 . 台湾府志卷 1 封域志　山川，台中：台湾省文献委员会，1696：8.

[4] 胡建伟 . 澎湖纪略卷 1 封域　形势　附考，台中：台湾省文献委员会，1769：15.

[5] 林豪 . 澎湖厅志卷 1 封域　山川，台中：台湾省文献委员会，1892：16.

[6] 龙彬 . 风水与城市营建 . 江西：新华出版社，2005：1-2.

龙彬先生将地理五诀个别说明：

①觅龙——龙要真：山乃地脉行止起伏的外形，亦即生气的来源。

②察砂——砂要秀：砂乃主山四周的小山，与帐幕同义。

③观水——水要抱：入山首观水口。

④点穴——穴要的：穴是一种居住环境模式，由山水聚结而成，好的穴能"藏风聚气"。

⑤定向——向要吉：四个自然要素决定城市的位向。

[8] 蔡志展 . 明清台湾水利开发之时空分析 −1624 1894. 台中师范学院社会科教育学系，社会科教育研究，1998（3）.

[9] 谢宗荣 . 台湾寺庙建筑的空间观念，台湾工艺，2000.

[10][54] 石万寿 . 台湾传统寺庙建筑的规制，建筑师，1980.43−82.

[11] 郭肇立 . 聚落与社会，台北：田园城市文化事业有限公司，1998.

[12] 孙全文 . 邱肇辉 . 台湾传统都市空间之研究 . 台北：詹氏书局，1992.

[13][15][17] 陈亦荣 . 清代汉人在台湾地区迁徙之研究，台北：东吴大学，1991：1，14，21.

[14][16] 蔡文彩 . 重修台湾省通志卷三　住民志　聚落篇，南投：台湾省文献委员会，1997：31，35.

[18] 黄秀政等 . 台湾史志论坛，台北：五南图书，1999：13.

[19] 皇朝经世文编 . 贺长龄 . 近代中国史料丛刊　第 74 辑第 731 号，卷 84，兵政，沈起元《条陈台湾事宜状》，台北：文海出版社影印，1973：18a.

[20] 廖正宏 . 人口迁徙 . 台北：三民书局，1985：95.

[21] 中国社会科学院历史研究所 . 清代台湾农民起义史料编选 . 福建：福建人民出版社，1983：9.

[22] 古鸿廷、黄书林、颜清苓 . 台湾历史与文化（四），台北：稻香出版社，2000：31.

[23] 陈孔立 . 清代台湾移民社会研究 . 厦门：厦门大学出版社，1990：98.

[24][25][26][39][44] 阎亚宁 . 台湾传统建筑的基型与衍化现象，南京：东南大学博士论文，1996：40，67，38.

[27] 施添福 . 清代在台汉人的祖籍分布和原乡生活方式，台北：师范大学地理学系，1987：179 ～ 180。

[28] 薛元化 . 台湾开发史，台北：三民书局，2002：51.

[29] 答王肃园同年书风俗志 . 徐宗干 . 斯未信斋杂录，台北：台湾文献丛刊，卷 5，1960：349.

[30] 土牛沟或称土牛、土牛红线，为清代划定汉、番土地的界线。以土堆作为区隔，形如卧牛，故称土牛，土堆旁的深沟则称为土牛沟。划界之初是以红线在舆图上标示，后虽使用其他颜色标示，但仍习惯以红线指称地图上的界线。亦有将土牛与红线合称为土牛红线者。

[31] 答李信斋论治台书风俗志，姚莹 . 东槎纪略，卷 4，台北：成文出版社，1984：239.

[32] 陈梦林 . 诸罗县志，风俗志 . 台北：台湾文献丛刊第 141 种，1962：145. 周玺，彰化县志，风俗志，彰化：彰化文献委员会，1969：485.

[33] 陈达 . 南洋华侨与闽粤社会，上海：上海书局，1938：51−52.

[34][35][36] 陈其南 . 台湾的传统中国社会，台北：允晨文化，1987：128，106.

[37] 从乾隆三十三年（1768）至光绪十三年（1887）的 120 年间，约发生了 137 起不同类型的械斗，其中 39 次闽粤械斗、27 次漳泉械斗、31 次异姓械斗、6 次同姓内斗、23 次同业械斗；其他 1 次泉籍移民内斗、1 次客家籍移民内斗，9 次不详。

[38][40] 台湾在籍汉民族乡贯别调查，台北：台湾总督府官房调查课，1926.

[41] 廖心华 . 美浓水圳之形成与变迁（1736 ～ 1976），成功大学硕士论文，2008：100.

[42][43] 林文隆 . 望安岛与将军屿住屋类型之变迁，澎湖：澎湖县立文化中心，1999：36，37.

[45] 陈绍馨 . 台湾的人口变迁与社会变迁，台北：联经出版社，1979：449−450.

[46] 陈亦荣 . 清代汉人移民社会，引文献馆微编族谱资料，1991：83−85.

[47] 这些移民以前的迁徙资料多载于原乡族谱，必须经由两岸分谱抄录，才能显现整体现象，目前类似的工作仍十分缺乏，有待族谱学者进一步研究。

[48] 阎亚宁. 金门郑氏家庙调查研究，金门县政府，1999：1-2.

[49] 洪敏麟，《草屯炖伦堂调查研究》，南投县政府，1995：15-23.

[50] 史学家王世庆先生与人类学家陈其南皆提出类似的观点。

[51] 壁锁，在台湾又称铁剪刀，在荷兰是一种常用来固定木梁和砖墙的铁制构件，称锚（Anchor）。17 世纪荷据时期曾引入这种构件，目前在台湾城残迹（1624 年）仍可见。在康熙以前的建筑仍可见到，但乾隆以后不复见，是建筑断代上的重要依据。这种做法是否确受荷兰影响抑或由大陆传入，目前尚无法确认。

[52] 王氏后人现仍居金门，仍从事传统建筑相关工作。

[53] 李乾朗. 传统营造匠师派别之调查研究.“行政院文化建设委员会”，1988：174-175.

[55] 内埔天后宫于嘉庆八年（1803 年）创建，道光二十九年（1849 年）修建，咸丰二年（1852 年）立“捐修天后宫芳名碑记”，现仍存于庙内，本文引自该碑。

[56] 包括圣多明哥城（淡水红毛城，但现址为荷兰时期所建）；普罗民遮城（台南赤崁楼），台基以下保存部分棱堡遗址；热兰遮城（台南安平古堡），保存部分基址和一堵城壁。

[57] 如大稻埕一带由林本源家族兴建的六馆街和千秋街、建昌街等，皆为以洋楼为主的市街。

[58] 日人治台 51 年间，共任命 19 任总督，其对台的政策可分为三个不同的阶段：

①绥抚时期（1895～1919 年）这段期间共经历 7 任武官总督。拓殖伊始，除了要设法救平台岛各地的反抗力量之外，建立新的体制，颁布新的法律，也是刻不容缓的课题。这种剿抚并用的政策经不断的尝试与调整，直至第 7 任总督明石元二郎时期，才大致稳定。

②同化时期（1919～1937 年）自第八任田健次郎至 16 任中村健藏，台湾总督改由文官出任，其任免多与日本内阁变化相关，理台政策，则以“内地延长理论”，行“一视同仁”之举，对台人的旧有习俗也由尊重改为半胁迫式的更改，希望达到台人日化的目的。

③皇民化时期（1937～1945 年）1937 年芦沟桥事变日人挑起侵华战争，对台政策亦日趋高压，其中以推行皇民化运动禁止汉文报纸最为严厉。为配合尔后的南进政策，在太平洋战争中取胜；最后三任总督再改由武官担任，直至 1945 年日人战败投降，台湾重回祖国怀抱为止。

[59] 日治时期的官方行政体系，早期附属在土木系统之下，而后改隶于总督府官房之下，成为独立的营缮课，期间的演变过程如下：

①民政局土木课。领台之始，只设民政、陆军、海军等三局，乃木总督时期改陆海军为幕僚及行政、财务两局，共设有 14 课，负责建筑的部门仍隶于土木课之下。

②财务局土木课。明治 30 年 10 月至 31 年 6 月间，土木课曾短暂的改隶在财务局之下。

③民政部土木局土木课。儿玉总督于 1898 年废民政、财务两局，设总督官房，新置民政部及民政、参事二长官（参事长官后废改总务长官）。次年 12 月于民政部内设置警察本署及总务、财务、通信、殖产及土木五局。

④土木局营缮课。久间总督任内的 1911 年 10 月，又将土木部改为土木局，最后一任武官总督明石元二郎于 1919 年将财务、通信、殖产、土木四局，警察本署、地方、法务学务三部予以分合，在民政部中设内务、财务、递信、殖产、土木、警务六局及法务一部，并将原民政长官衔改为总务长官。这种制度一直维持到第 3 任文官总督伊泽多喜男时期为止。

⑤总督府官房营缮课。伊泽总督于 1924 年废递信、土木二局，改将土木局中的营缮课直接隶属于总督府官房。

[60] 这些人物可分为两类：

（1）直接在台工作

①迅岛栉造：明治 25 年（1892 年）毕业。土木部（局）营缮课技师、课长。担任台北基隆市区计划委员。

②野村一郎：明治 28 年（1895 年）毕业。土木部（局）营缮课技师、课长。作品包括台湾省立博物馆、台北宾馆等。

③森山松之助：明治 30 年（1987 年）毕业。营缮课技师。作品包括台南邮局等。

④小野木孝治：明治 32 年（1899 年）毕业。营缮课技师、课长。作品包括台南法院等。

⑤近藤十郎：明治 37 年（1904 年）毕业。营缮课技师、课长。作品包括台大医院、第一中学校等。

⑥井手熏：明治 39 年（1906 年）毕业。营缮课技师、课长、台湾建筑会创会会长（昭和 4 年，1929 年）。作品包括中山堂、教师会馆等。

⑦粟山俊一：明治 42 年（1909 年）毕业。营缮课技师。作品包括台北邮局等。并发表多篇古建筑调查报告。

（2）间接相关

①辰野金吾：明治 12 年（1879 年）毕业。帝国大学建筑系，教授，总督府竞图评审委员。

②伊东忠太：明治 25 年（1892 年）毕业。建筑史学者，曾来调查并发表演讲。

③长野宇平治：明治 26 年（1893 年）毕业。总督府竞

图优胜并担任设计工作。

　　④藤岛玄治郎：大正 12 年（1923 年）毕业。建筑史学者，著有《台湾之建筑》。

　　[61] 另日人尾辻国吉曾提出三期说，井手熏曾提出三期说等不同分期看法。

　　[62] 1941 年。日本掀起太平洋战争。打着大东亚共荣圈的号召，急欲将东亚纳入其帝国定义范围之内；对原已是殖民地的台湾，更以各种威胁利诱手段，进行"皇民化运动"。另一方面在建筑上，也极力鼓吹所谓"兴亚式样"，在日本各占领区内的中国东北、韩国、台湾等地，可以见到这些极具折中风格的新式样建筑。基本形式为简单钢筋混凝土构造的屋身之上，顶着盖瓦的斜屋面，中央或两端再加作传统的大屋面，表面上呈现出东西方文化的折中融合，骨子里却是一种军国主义的形式象征。

　　[63] 日治时期称营造厂为"请负业"。

　　[64]《台湾建筑会志》为台湾第一份建筑专业杂志，每年出刊一至六号不等，合成一辑；自 1929 年发行第一辑至 1944 年日本战败前为止，共出 16 辑。

　　[65] 早期传统街屋常做出檐或吊脚楼以遮蔽风雨，台湾地区因日照和风雨特别强烈，在二楼街屋前，常加建一间宽约 3 米的小亭子，以因应特殊的地理环境，这种小亭子在闽南语中被称为"亭仔脚"。

　　[66] 有关移民建筑殖民式样的"熔炉"（Melting Pot）或"马赛克式"（Mosaic Of Regional Style）融合，马新泰（Willuam Macintire）在探讨 18 世纪美国移民建筑形式中，曾经提出相当精辟的说明。S.Collaway，1991：106-107.

第六章
台湾民居建造习俗

台湾汉人多来自中国大陆沿海一带，明末清初之后始有大量闽粤移民来台。清代台湾建造民居或寺庙时，主要的建材如石条、杉木、红砖、瓦片以及漆料大多仰仗漳泉，甚至工匠亦聘自闽南与粤东，形成台湾建筑的移植现象。

至清代中期，约19世纪初之后，台湾本岛的石材才被逐渐利用。特别是北部淡水河流域多采用观音山石或大屯山所产安山岩，这是一种质地优良之石材。而木材方面，除了制作柱梁的福州杉外，神龛及神桌的木材亦逐渐取自本岛，例如最硬的龙眼木、相思木、茄苳木、乌心石木等，与较有弹性的鸡柔（榉）木、枫木、樟木、桧木与楠木等。[1]

匠师的来源从清初开始即自对岸闽粤渡海而来，至光绪年间建台北府城诸多衙署建筑时，出现许多江浙风格的建筑，推测应有不少江浙匠师抵台。不过同时也开始出现台湾本地的匠师，著名的台北板桥中和大木匠陈应彬即崛起于光绪末年。彰化鹿港一带的油漆彩绘匠师在同治与光绪

之际亦独树一帜，将台湾建筑彩画的水平推上一个高峰，今天我们仍可在台中丰原三角吕宅"筱云山庄"或潭子林宅"摘星山庄"见其杰作。[2]

建材与匠艺技术的本土化，意味着台湾建筑逐渐形塑出自身的特色。但建屋习俗仍然延续闽粤古老的传统，清代台湾建屋工匠在营造方面的习俗，包括从动土立基、立柱、上梁至合脊收规的过程中所举行的仪式，以及涉及风俗与禁忌方面的信仰，可能保存极为古老的传统文化。

图6-2　台中张廖家庙双脊之"河图洛书"彩绘

图6-1　新竹客家民居之门楼额题"孝友传家"

图6-3　鹅头脊堕之花篮浮塑象征吉祥

第一节　建造过程与祭神仪式

动土是建屋第一道重要仪式，天为父，地为母，天地交泰以孕育万物。现在挖地基，动了地表，可能惊动鬼神，所以请神、送神的仪式不能少。

择定吉日良时，请道士主持。设立香案于工地，案上安放香炉、一对烛台、一对瓶花，称为"五供"。备牛羊猪三牲及酒菜，拜请三界公、土地公、鲁班公及四方神圣，仪式完成之后始可动土。

建屋的另一高潮是上梁体，也称为"就梁"典礼，不但中国各地有些习俗，日本也盛行，称为"上栋式"。台湾、金门以及闽南内陆各地上梁礼差不多，但祭品略异。通常穿屏搁架之后，逐次安放桁木，但故意悬缺中脊梁。等到上梁礼举行时，再由大木匠师爬上屋架，应时入榫。

上梁礼时，一样在屋前空地设香案，摆五供及牲礼请神。所请神明，包括鲁班公、九天玄女、荷叶先师、土地公、地主龙神、灶神及风水祖师杨公。祭典由道士或和尚念经后，由大木匠师主祭，他在案前念一篇"祝上梁文"，这种祭文内容尚保存在《鲁班经》中。

为了使中脊梁注入生命，更坚固，以确保居屋之安全，大木匠师以鸡血点在梁上，通常中脊梁中央先绘一个伏羲八卦（正殿）或文王八卦（前殿），两边画龙凤纹。匠师以毛笔沾鸡血点在梁上八卦中央或两端，即完成一根具有灵性的中脊梁，日后扛起建筑屋顶之重任。上梁礼最后要送神，大木匠师口念送神词，典礼即告完成。

中脊梁下悬挂至少五种宝物，通常包括一对灯笼、一对通书（农民历）、一对五谷包、一对粽子与一对符纸。这种习俗在台湾及金门很常见。笔者曾在闽西看到农民新居上梁礼时，柱子上以墨迹写了吉祥字句，中梁上绘以朱色与墨色图案，并垂挂一块花巾。楣梁上以红纸写上吉祥字句，例如"罗天大进到"、"新居处处新"与"好景年年好"等。值得注意的是，正堂后左金柱悬挂一支扁平的木板，上有符箓及诸神称号，这种仪式居然还保留下来，实颇罕见，可证礼失求诸野。[3]

建屋过程中要安放符纸，至于落成之后，灶符、门符、床符也不可少，近代渐不举行这些道教仪式了，不过在金门仍保存这些安宅及镇邪的风俗。[4]

归结起来，台湾与闽南一带之建屋习俗相近，匠派同出一源之故，建筑被视为有生命，建屋过程也举行各种仪式，仪式的目的在于表现感恩谢神，使建屋过程平安顺利。它反映出中国古代道教、佛教与儒家的思想，影响及于民间生活。一种在宇宙秩序内如何安身立命的、适应的技术操作。它证实中国人自己纳在这个宇宙秩序之内，人的所作所为必要顺应宇宙的规律，顺者昌、逆者亡。

从建屋习俗，可以归纳出一些结论：

（1）台闽地区因地理及历史原因，民间信仰与道教深入影响建屋习俗，道教、佛教仪式融入建屋过程。

（2）建屋是创造一座有机体，生命的现象也

图6-4　民居建筑中之上梁典礼设祭敬神

图6-5　上梁典礼时，中梁包以红巾

图6-6　屋前院子立"石敢当"辟邪

图6-8　台南安平民宅门楣上悬挂各种辟邪物

图6-7　门楣上挂"剑狮"以安宅

第二节　营造过程视同为生命礼俗

台湾民居虽经300多年的衍变，但早期的匠师与建材多来自闽粤。建屋习俗大体亦沿袭之，尤其是建造过程中的仪式，从择址勘舆相地、动土到上梁、合脊收规到落成，这一套连续的仪式，事实上颇似人的生命礼俗。

（1）择址牵分金：即看风水，定方位，分金线为中轴线。有如男女合八字，择婚期，准备喜事。

（2）动土安砖契：择良辰吉日开工，破土典礼象征天与地经由这一接触，完成阴阳交泰。民间通书谓屋宇之动土，犹如人身之受胎。砖契为埋入分金线后端之砖石，上书动土年月日时辰。

（3）起基定磉：挖掘柱墙之基础，安上石磉。有如妇女受孕之后，一月成胚。

（4）奠阶下砛：安置石砛与石阶，完成台基，有如人的三月成胎。

（5）穿屏搧架：台湾民居多穿斗式屋架，先择日竖柱，组立栋架时将横枋穿过柱子的榫卯，形成一片墙，匠师术语谓之"穿屏"，将童柱及束木装置完成，称为"搧架"。这时房屋已完成骨架，犹如胎儿已具雏形。

（6）上梁典礼：择吉辰将明间的中脊桁木架上去，完成栋架的最后一根大梁，并在中梁正中央绘八卦，点鸡血，注入生命。象征胎儿骨骼发育完成。

（7）合脊收规：屋顶铺瓦，并完成正脊与规

反映在营造过程之中，从孕育、茁长至成熟，各有仪式，落成时，建筑物亦注入了魂魄。

（3）建屋仪式旨在祈福纳祥、驱邪逐恶，不但可强化建筑物之结构，确保安全，且可庇荫居住者，可谓祭煞而奠安。

（4）从地到天，建筑物从地基、柱、梁至屋顶逐次完成，动土所引来的宇宙不平衡，经过上梁至落成谢土，再度获得另一形式的平衡。

（5）仪式所请诸神明，涵盖了土地与四方空间神祇外，匠师之守护神亦尊为庇护之神，得其之助，建筑物才能顺利完成。

带垂脊，此时房屋接近完工。犹如胎儿发育成熟，准备临盆。

（8）落成入厝：房屋全部工程告竣，包括室内的油漆彩绘与家具配备。象征婴儿出生，一个新生命降临。

（9）悬挂匾联：通常与落成入厝一并举行，祖堂神位安奉与悬挂匾额联对。富贵人家或可为自己的华宅取个某某堂斋之类的雅名，犹如长辈为初生婴儿命名一样。

这九道建屋程序都伴随着庄严隆重的仪式，东家备酒席宴客。起基安磉时，石匠被待为上宾，坐主客席位。上梁典礼由大木匠师主持，按《鲁班经》规定，设供焚香，口念祭文，遥请诸神降临祝福。

台湾古时民居与寺庙兴修，必遵循这套规矩。近年各地新建寺庙与整修古迹，大体仍谨守法度，但仪式略经简化。现代钢筋水泥楼房亦举行动土与上梁礼，虽徒具形式，但可印证古礼仍深植人心。

至于古寺庙之修缮，虽在原地重修，亦被视为大事，有重生之象征。拆卸落架与上梁礼皆不能怠慢，必掷筊问神而决定时辰。神像与神龛不随便移动，若要移动，则举行所谓出火仪式，工程完成后再隆重地安放回原位，择期举行建醮大典。

第三节 民居建筑的空间形式与人体之对应

中国南北各地民居因历史与自然条件，显现不同的空间组织与形式，北方的四合院布局较松散，南方的四合院格局较紧凑，各座屋顶互相搭接，有如峰脉连绵，围出"口"字形的中庭，称为天井。就目前调查成果所知，以福建与广东的民居建筑形式最像人体。台湾自然继承了这股精神，师法人体成为民居设计的基本规律。[5]

从民居各房间的称呼用语，明确地反映房间的尊卑主从序位系依循人体的身躯四股之关系。正堂称为正身，护室称为伸手。房屋的内窗开口

图6-9　中脊梁绘"太极八卦"以镇邪

有如五官，有些匠师甚且认为正堂为头，左右次间为耳，边间为肩。中庭为心肚，外墙门为肾，亦为放水之处。

将宅邸拟人化，最透彻的理论见之于清代林枚的《阳宅会心集》，其格式总论指出"正屋两傍，又要作辅弼护屋两直，一向左，一向右，如人两手相抱状，以为护卫"，"辅弼屋内两边，俱要作直长天井，两边天井之水，俱要归前，进外围墙内之天井，以合中天井出来之水，再择方向而放出"。

再如："两护屋要作两节，如人之手，有上下两节之意"、"中厅为身，两房为臂，两廊为拱手，天井为口，看墙为交手"、"两边护屋墙脚要比正屋退出三尺五，如人两手从肩上生出之状"等。这些规矩显然是以中国南方民居为模式而定的，放诸北京的四合院民居就有点格格不入。[6]

闽粤民居除了模仿人体，尚有师法凤凰之形者，如客家喜建的五凤楼，三落两护室之大宅，远望有如五只展翅的凤凰共栖一处。形成前低后高，层层高升，且左右拱卫的一组建筑。其檐牙高啄，曲脊昂扬之势令人不得不信其确为凤凰之化身。[7]

前已述及台湾民居建造为从受孕至胚胎至出生一连串的生命过程，当房子完成时即被赋予了生命。天地之大德曰"生"，建筑物以人体为模式而完成，在它未来漫长的岁月里，房子作为一

图6—10　正堂内灯梁悬挂天公炉、天公灯及新娘灯

个保护人们生存与生活的蔽荫体，如何让建筑与居住者相辅相成，生生不息创造福祉？如何获得良好的通风采光与阻挡风寒？如何适当地导水与排水？诸多建筑物理需求，皆可通过中国传统医学理论进一步安排设计。

为了更具体而准确地模仿人体，民居建筑上下各个部位都是人体器官的投射，例如：

(1) 头发：梳髻或戴冠帽，以脊燕尾表示，剪黏有如插花。

(2) 额：前坡屋檐高于后坡，额高气宇轩昂，寿梁即额枋，观人先"品头论足"，头额与帽冠至为重要。

(3) 眼：正堂左右窗，可引入光线。正堂内灯梁悬挂堂号灯，亦可视为一对明眼。左右亦可多辟窗，称为"五间见光"。

(4) 口鼻：正堂中间为最主要出入口，内楣高于房间内。

(5) 耳：在正堂左右，屋顶略低，向两旁延伸。

(6) 肩：正身的左右边间，屋顶再低于耳，多作为厨房。

(7) 腋下：正身与护室相接之处，常建过水廊，廊下排水。

(8) 臂：护室的上半段，与正身之间留设巷道，称为子孙巷。

(9) 肘：护室的下半段，屋顶降低，象征关节。

(10) 腕：护室的外端，有时向转内成围墙。

(11) 指：中庭正前方的围墙，常作梳节窗，象征手指缝。

(12) 腹：正身前面的中庭，有如肚子，中凸而四周凹，中央为肚脐。有的民宅以砖花排出脐眼形象。中庭雅称为丹墀或丹池，实有丹田之含义。[8]

(13) 膀胱：有些民居中庭外凿水池，以收纳房屋内外之排水。

(14) 脚：整座民宅的脚实即基地，基础稳固，房屋不斜不倒，犹如人正襟端坐，小丘或竹丛象征椅背。

(15) 任督脉：将人体的任督二脉与民居的中轴分金线合而为一。

(16) 背：正身之后墙，向后凸出，象征殿后。屋后植巨树作为屏障，有如传统戏剧的铠靠，插四面小旗。

一、民居建筑与人体功能之对应

台湾民居普遍存在着以反映人体意象的设计思想，它的背后可能潜藏着诸多历史因素。世界上也许有其他地区的建筑也属于模仿人体或动物的意象。至少在西洋文艺复兴时代，达·芬奇提出以人的尺度定为设计之准则，为人本主义之实践手段，当时的教堂平面也曾广泛地纳入人体的比例。不过在反映人体构造的技巧层面而言，台湾及闽粤民居更细腻。不但外观得其形，平面使用机能也符合中国传统社会的需求，甚至在精神文化层面，亦得其神，自成体系，体现一套哲理，将宇宙观表现在一个小小的三合院住宅之内，常民住宅背后蕴藏着久远的文化信息。

肯定人体并进而欣赏人体，古希腊的雕刻美术为人类文明史灿烂的一页。但中国古代虽不直接歌颂裸体，但庄子所言"天地之美"，天地有大美而不言，谓之"曲者不以钩，直者不以绳，圆者不以规，方者不以矩"，顺应天成而得到方圆曲直的自然美。淮南子兼有儒、道之想法，进

图6-11　台中吴宅之门楼

图6-12　正堂门楣上题"福星拱照"以求吉祥

而提出"夫形者，生之舍也。气者，生之充也。神者，生之制也"，将形式美扩充延伸出"气"与"神"。所以人体的美，包括了肉体、神采，与一种只能意会的气。

气的诠释，后来的道教发挥得淋漓尽致，道教的修炼，即是气的修炼。气的理解，除了一般流动的空气，尚扩及人的精力与元气，被视为一种内在的能量。自此观点，台湾的民居所体现者，必兼顾形式与内在的气。中国古代常视人体为宇宙之缩影，前已述及的，人有出生八字，而建筑物也有动土与落成之时辰。

"天人合一"是古人追寻的目标与境界，有所谓"天有四时十二月，人有四肢十二节"，人体的四肢关节乃至经络穴道与呼吸循环系统运作，也希望注入建筑物之中，无机的砖石被注入了血脉。[9]

中国医学的气功，以呼吸吐纳之法，服气养身，调和人体。依理则民居的门窗开口，如何设计成具有呼吸吐纳之功能？台湾民居正堂的前后墙壁，辟有前高后低或后高前低的窗，匠师认为可以产生所谓"穿堂风"，使正堂通风，有气息即意味着有生机，暗喻着气流而血畅。

道教的修炼，呼吸不仅利用鼻口，全身乃至脚底也兼具呼吸之效，即所谓丹田呼吸。对应到民宅上，古时中庭象征丹田，中庭铺石板或卵石，要刻意留出空隙，使雨水注入而土中之气可获上达，验证了土壤呼吸。台湾的客家民居尚可见中

庭铺卵石之例。为了"养气"，天井（丹田）要略为封闭，所以前方围以矮墙，客家民居后面的化胎（或花胎）亦保持泥土状态，乃基于土地脉息之理。

提到台湾北部桃竹苗及南部高屏客家民居的化胎，依字义确有孕育之意涵，近年日本学者茂木计一即在研究福建土楼时，提出圆形土楼有如子宫之论点，隐喻土楼滋哺孕育人的生活。

民居中的气与经络分布，也与中国医学相吻合，人体四肢有多条经络，也有多点穴道。事实上，

图6-13　新竹多风，民居门上置风狮爷以避风

图6-14　屏东佳冬杨氏宗祠前辟两仪岛水池，以求子孙旺盛

图6-15　桃园民居之门楼角度反映风水思想之影响

图6-16　竹东民居屋脊上的吉星楼可引吉祥之气

台湾民居也有室内巷路贯穿正身与护室，通常这条内部巷路沿着面临中庭的墙体内延展，始于正堂，络于护室外端，形同三焦经。台北林安泰古宅与深坑黄宅不但有内侧巷路，正身之背后亦设巷路，实际上具有安全防御与经络畅通之意义。

　　本文讨论至此，乃针对民居之外部形式与内部空间，尝试与道教的内丹或医学的经络几种理论进行排比，并未涉及风水的层面。风水当然与民居关系密切，众所周知的"气乘风则散，界水则止"及"得水为上，藏风次之"。后人引申为"气之来，以水导之。气之止，以水界之。"现在，台湾民居建筑的水不但要合乎导气，也要合乎人体内胃、肠、肾与膀胱的有机程序，因此所谓放水法，虽系经由风水手段之操作，按七星或八卦放水，实则从人体观点视之，未尝不是水在体内胃肠蜿蜒而行的象征。

　　水从屋顶斜坡顺势流下，内侧汇至中庭（丹田），外侧沿墙外左右分流，至丹田汇合后排入屋前水池（膀胱），此亦任督二脉相交之处。老子《道德经》曰"上善若水，水善利万物又不争"。中国楼阁的层层屋顶，也可解释为敬水，承接雨水之仪式，台湾的寺庙每喜用复杂的重檐歇山顶，亦作如是观。

二、民居建筑装饰与人体功能之对应

　　台湾民居在建筑造型反映人体意象，在内部空间组织蕴涵了经络网络，甚至在细部的装饰亦体现了人的服饰配件。

　　台湾民居屋脊的燕尾以昂扬的弧线指向天空，它的造型源头是否可接上唐代的鸱尾？或系闽粤地域特有之传统？目前尚未明朗。虽然《大清会典》并未规定使用燕尾的社会阶级，台湾民间却有节制，流传着只有官宦身份者才能作燕尾脊。《周易》乾卦"飞龙在天"，寺庙屋脊作双龙护塔，民宅则以燕尾装饰，其形象略如官帽。左右伸出的"翘子"或"翎子"。[10]

　　屋顶前后坡两侧有垂脊，匠师称为"规带"，亦犹如柔软的垂巾，古制百姓戴巾，做官的戴帽，而王侯可戴冠。民宅不得僭越。脊垛的剪黏花草装饰，可视为一种发髻簪花。山墙的脊坠浮塑则有如耳坠子，通风孔有如耳孔。房屋格扇门分为顶板（头）、身垛（身）、腰华板（腰）、裙垛（裙）与门坎（脚），其高低段落与人体相仿。石墙的最底部安置"地牛"，形如柜台脚。中庭的石条铺面，左右安设两条纵向丁砛，象征龙须，所谓地主龙神在此，象征房屋建在龙脉之上。护室在中国北方称为厢房，客家称为横屋，台湾称为护龙，即形如龙脉包抄起伏之意。

日本学者国分直一在调查台湾民居时，即提到正身带护龙的三合院本身即属具体而微的风水格局，正堂为主山，护龙为龙脉，围墙为砂，外门即为“水口”。[11]

另外，在家具摆设方面，神龛或神桌底下供放地主龙神，地下埋设“砖契”，此为动土典礼时所埋入，作为房屋之心脏。供桌上的二盏烛台则为眼睛，有些庙宇在前殿、中殿与后殿皆悬挂灯笼或宫灯，亦可解释为各殿之眼睛。闽南民居将天公灯炉悬吊在正堂门内上方的灯梁下，有如鼻子呼吸吐纳，象征气息通天。天公炉左右的“字姓灯”则为眼睛，也被视为“新娘灯”，凡家有娶媳，则以新娘灯示之。

最后再论及“过水廊”，“过水廊”介于正身与护室之间，为分列大门左右之次要出入口，在重男轻女的封建时代，过水廊属于妇女活动的空间，它的一面常设屏风遮挡，使内外亲疏有别。过水廊之由来，一般只解释为遮挡雨水之小亭，实则不然。我提出一个看法，认为它原由桥转化而成。后来在桥上加亭，演变成过水亭，兼为穿廊功能。为什么在正身两侧设桥？盖正身后面“花胎”为隆起小丘，雨水向下排放，一分为二，所谓“左放水”与“右放水”从正身腋下流出，所以出现了过水亭。这个推论可从闽西少数民族畲族住屋得到佐证。闽粤乡村仍可见无数过水亭即为廊桥做法，廊桥获有通风采光之利，居民将它视为日常活动与休闲空间，甚至饭桌摆在这里，两侧悬出鹅颈椅，巧妙之至！

过水廊的存在更贴切地反映“身”与“手”的衔接关节，也是民居建筑的穴道之一。它位居通“气”与排“水”之关健角色。北京四合院虽然不作过水廊，但我认为其正堂左右的抄手游廊亦具通气之妙，可视为另一种形式的过水廊。[12]

图6－17　屋顶置“鲤鱼吐水”

图6－18　开台进士郑用锡之“进士第”匾

图6－19　淡水燕楼李氏祠堂内的科举执事牌

图6－20　门楼如人之冠帽

图6-21 台湾常见的正堂摆设

图6-22 摆设完整的厅堂，供桌围刺绣桌裙

过水廊在闽粤民居极为普遍，台湾民居亦然。它的源头不易查考。常谓礼失求诸野，今天在闽、粤、浙、赣及皖南皆有畲族，分布很广，且多居于山区。因房屋建在山区，所以排水成为重要问题。笔者认为就山区民居而言，"水"比"气"更迫切要解决，所以北方民居重"气"之凝聚，南方民居重"水"之界定。这个看法就建筑设计的角度来审度是合理的。

当然，过水廊究竟是中原衣冠士族南迁所带来的，亦或南方少数民族如畲族自古已有之？不是本文探讨之重点，事实上在闽西与闽东汉人民居的过水廊设计极完备而精致。[13]

过水廊使正身两侧及背后的水能均匀顺畅向前排放，收纳至中庭或前院，水得到安顿，而厨房的火亦安置得当，就道教的理论而言，"水"多而"火"少，兼容并蓄，人的身体即获平安与健康。台湾民居之吉宅，一般人只知看风水，殊不知房子本身的温（火）湿（水）度失调，仍非宜室宜家之宅第。

讨论至此，笔者无意鼓吹道教的修炼保生理论，从台湾民居诸多田野调查的实例，印证古代建屋设计思想几乎无处不受儒道之影响，特别是道教将形、神、气结合为不可分割的整体。

要真正了解台湾的民居，单从虚有其表的"形"着眼是不够的，建筑物从屋瓦至墙脚，处处皆玄机，众妙之门。人是小宇宙，而民居建筑是扩而大之的中宇宙，共存于大宇宙之中，以此观点体认之，才不易失其正鹄。

第四节　匠师的养成

匠师的养成教育，一般都是在童年即跟随匠帮走天涯，先作杂活，例如为师父烧饭洗衣及整理工具，至16岁则正式拜师，行拜师礼，向一位年高而工艺技术出众的匠师学习。所谓学习，其实是自学，平时帮师父作，完成师父交待下来的工作。而利用晚上看《鲁班经》或风水地理方面书籍，并练习画设计草稿、学出扮。偶能得到师父特别教导，有慧根者，师父择徒而教之，将最不易学的秘诀传授给他。

拜师学艺通常都说要3年又4个月，但据我们访问老一辈匠师，他们说出师之后仍继续为师父做事，从无给职升为有给职，再做数年之后才算正式出师，可以另立门户，独立承接工程。

同门师兄弟，以年资与能力排行，分为头手与二手，二手以下则为普通工匠。师父画图或做粗胚，再交由头手执行主要部分，细部则由二手以下工匠完成。

实际承建民屋或寺庙时，头手与二手常常分别负责一部分，例如左右各半或前后殿区分，因此我们常发现一座建筑的左右边细部雕刻相异，并不太对称。另有一种建屋方式被称为"对场"或"拼场"，左右分别由两派匠师承做，尺寸虽一致，但题材与雕琢风格各异，蔚为奇观。著名的左右"对场"寺庙，如台北保安宫正殿、台北孔庙大成门、艋舺将军庙、竹南中港慈裕宫等。

图6-23　木雕匠师手稿

图6-24　大墨斗为敬神之用

前后殿拼场者如云林麦寮拱范宫、彰化南瑶宫与鹿港天后宫等。名宅也有左右对场之例，据说可收押低造价之利。

匠师的职业守护神有很多种，木匠尊奉鲁班公为祖师爷，石匠尊奉女娲娘娘，或九天玄女，源自煮石补天之典故。泥水匠尊奉荷叶先师，油漆匠尊奉唐朝吴道子。但台闽各地仍有一些差异，闽南山区的伐木工匠入山砍木，要拜树神与土地公。闽南惠安崇武石匠为数最多，古代曾有全村庄的人皆以打石为生，至今仍不衰，他们也拜鲁班。福州石匠拜女娲，霞浦石匠拜张一郎，长汀石匠拜杨公，即风水地理师杨救贫，安溪泥水匠拜九天玄女，而华安县一带泥水匠与台湾某些地区一样，供奉荷叶先师，建屋每一道仪式所祭所请诸神，略为不同，如立柱时，拜普庵仙师。至20世纪初，日本统治台湾时期，日本匠师大量来台，他们也有相似的习俗，上梁典礼时敬拜天上诸神。

第五节　匠师施工器具的崇拜

俗谚"工欲善其事，必先利其器"，工匠善待其工具，不但能使工作顺利完成，同时也体现他们对工具神之崇敬。工具亦被赋予神格，多数视工具为祖师爷所发明，亦即尊为祖师爷的化身。在学徒向师父拜师学艺时，除了设案祭神，师父通常要准备一种最具代表性的工具赠予新收的徒弟，一则付与重任，另则告诫职业之规矩。木匠

视墨斗与曲尺为鲁班之象征。魁星雕像手中常持一墨斗，在闽南也有所谓墨斗法师。台湾台中东势早期伐木业兴盛，建有鲁班庙，至今仍存。福州木业极盛，亦有规模宏大之鲁班庙，山西太原晋祠内也有一座鲁班祠。鲁班诞辰为农历三月三日，照例木匠或石匠都要大肆庆祝一番。[14]

在所有工具中，规矩准绳被当成基本类，规即是圆规，矩是曲尺，准是水槽，可测量水平与垂直。绳即是墨斗，弹墨绳以定直线。我们所调查的实例中，台湾的鹿港与淡水在迎神赛会中，匠师们抬出巨大的墨斗游街，供人膜拜。在闽西及闽东，也曾在木匠家中供桌上，看到供奉墨斗之例，显然匠师将墨斗视同为神。

既将工具视同为神敬拜，那么切忌冒犯渎神之举动，例如不可丢弃、不可跨越。特别是工具被妇女跨过，传言工具即将失灵，如斧头刨刀不利、墨斗曲尺不准。另有一说，建庙落成时，除了将度量用的"篙尺"放置于梁架之上，也将某类工具如曲尺或墨斗，一并藏入屋顶瓦内。虽未经证实，但日本曾在落架大修奈良东大寺时，于屋顶内发现镰仓时期墨斗一个，形制古拙，相当于中国宋朝时之工具，文物价值颇高。金门的民宅，我们曾在檐口梁上发现长尺，这是建屋时所用之尺，与建筑物共存。

第六节　台湾匠师用之鲁班尺

中国南北各地营造工匠所用尺有多种，就台

湾与闽南所用尺而言，木匠所用之尺称为"鲁班尺"，其长度合29.7厘米，至于"门公尺"较长，用于度量门窗，合42.7厘米。有些地区将"鲁班尺"与"门公尺"视为同一把尺，"门公尺"也称为"文公尺"。至于丈量阴宅坟墓之尺常刻在"门公尺"背面，称为"丁兰尺"。

据实际调查，近代台湾匠师所用之鲁班尺（营造尺）为30.3厘米，被称为台尺，与日本尺相同，我们推测可能在1895年之后受日本工匠影响所致。清代的台湾应该使用29.7厘米的鲁班尺。

闽南与粤东相邻，潮汕方言与闽南话相近，据华南理工大学陆元鼎教授1962年在潮州之调查，当地木匠所用"木行尺"为29.8厘米，与台湾的鲁班尺29.7厘米极为接近。

《鲁班经》是木匠及石匠必备的工具书，其中对"鲁班真尺"的长度定为一尺四寸四分，约合42.7厘米，那么所谓"鲁班真尺"即"门公尺"。尺的长短各地仍有差异，以我们所搜集到的清末民初实物，竟有46.4厘米，45.6厘米与31.7厘米数种之多，每把尺也分为八格，分别写着：财木星、病土星、离土星、义水星、官金星、劫水星、害火星、吉金星等。关于其用法本文不做进一步分析，仅就《鲁班经》中所述吉凶列下说明：[15]

财字——用于外门或中门，可积财富。

病字——只可用于厕所内，其他会遭疾病。

离字——不可用。

义字——用于厨房，不可用于卧室。

官字——用于卧室，早生贵子，若用在大门，易招官司。

劫字——不可用。

害字——不可用。

吉字——有时写成"本"字，可用于各种门。

第七节　设计房屋的原则与禁忌

台闽地区，古时建庙起厝之设计原则繁多；禁忌也不胜枚举，现仅就近年访问老一辈匠师所得，经整理列举说明之。除了很简单的房舍外，一般建筑物要绘地盘图，即现在所称的平面配置图，注明柱子位置与柱间尺寸，另有"侧样图"，即剖面图及立面图。标注长宽高低尺寸。中脊高度称为"天公"，地面宽度称为"地母"，天公尺寸要略大于地母。一般地面尺寸多带偶数，如18尺2寸，屋顶高度多带奇数，如21尺5寸，以符合"天公为阳，地母为阴"之习俗。

地面除了台基，也注意排水方向，称为"放水"，水是藏风聚气的关键，如何将中庭的雨水集中，导流排放至屋前，是专业的学问，要依据八卦九星核算，使水道形成折线，俗称"暗藏八卦"，设七星池放水。[16]

屋顶的斜度端视建筑的等级，庶民房舍坡度缓，寺庙坡度较陡。一座寺庙的前殿正殿亦有别，正殿最陡，坡度很大，以彰显宏伟壮观之势。造陡坡屋顶，称为加水，加五分水等于45度，加六分水就更斜了。

屋顶如果为两坡式，那么前坡要短，后坡要长。前檐高而弯像弓，后檐低而直像箭，我们访问老匠师，知道他们学艺时要背诵"前弓后箭"口诀。

铺瓦也有规矩，中轴线要铺仰瓦，使雨水能自中央滴下，象征能出丁。如果中线铺筒瓦，那么将形成两道水滴，形同哭泣，被视为不祥。屋顶内部的桷木数目，要符合口诀"天地人富贵贫"六字之数，逢六的倍数不吉。

至于建筑物的高低宽窄尺寸，要合吉祥字，以方位"纳甲法"寻出吉祥的尺寸，尺白与寸白成为计算的公式。因此，我们可以说，古时建筑的尺寸是方位的函数。

最后，相传台湾及闽南匠师也都会所谓作"见损"之术，以不吉之物或招鬼之符咒暗藏在梁上暗处，据说将降祸于居住者。这是一种邪术，古时匠界甚至有"学工夫之前先学术"之传统，在道教盛行的时代里，建筑物如何保平安，人们深信贴上八卦、桃符、白虎镜或剑狮之装饰，民间相信可以避邪。

第八节　台湾工匠常用之工具

俗谚"工欲善其事，必先利其器"，世界各民族的建筑与他们所使用的材料有关，而材料又与工具有必然之关系。谈到工具的最古老书籍，应是周礼《考工记》，所谓"圆者中规，方者中矩，立者中垂，衡者中水"，即百工为方以"矩"，为圆以"规"，直以"绳"，衡以"水"，正以"垂"。宋朝李明仲《营造法式》里对于取正、定平及方圆平直之测量技术也有记载。

中国传统建筑以木结构为主，木匠被认为是主要的匠师，他负责整体之规划设计及实际执行，有如今天的建筑师。因此木匠在中国的建筑史上有着重要的地位，木匠又称为"梓匠"，在传统上又可分为大木匠与一般木匠。前者主要的任务是设计及制作建筑物梁柱结构体，后者则包括雕花匠、家具匠以及门窗细节之工匠。大木匠所用的工具种类繁多，它们的形式与功能均不同，对一座建筑物之完成有直接的影响。日本人特将大木匠师所用的工具称为"大工道具"，近年来有不少学者针对这些工具作深入的研究，这是建筑技术发展史相当重要的一部分。

从某层意义而言，工具甚至反过来影响建筑的形式。中国的大木工具很多，也很具独创性，直至今天还广受现代工匠继续使用，我们将之归纳为"规、矩、准、绳、锯、刨、斧、凿"八种，此为大木工匠最重要的工具。

日本爱知县名古屋的"人间博物馆"及神户"竹中大工道具馆"是近年才成立的，里面收藏了许多日本建筑史上很珍贵的木匠工具。中国的大木工具或许可以从日本保留的遗物中寻找出脉络来，历史上有诸多史实，邻邦要兴建宏大重要的建筑时，还特地从中国敦聘匠师。如日本奈良时期的唐招提寺（鉴真和尚负责监造）、镰仓时期的东大寺（今存南大门，由中国闽浙工匠配合重源和尚建造）以及韩国李朝皇宫（元朝工匠）等，因而日本保留的遗物也可视为研究中国工具之一部分佐证。

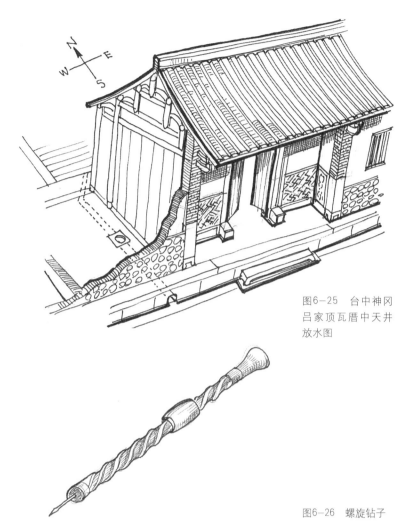

图6-25　台中神冈吕家顶瓦厝中天井放水图

图6-26　螺旋钻子

1. 斧头

台湾清代的工匠所使用的建屋工具已经包括了上述的八种基本种类，其中大木匠师最主要使用斧头，斧头适宜作粗坯，例如梁之修圆或瓜筒之粗形。斧头依其大小轻重大约可分2斤、1斤及半斤等，其柄一般2尺长，但也有较短的，可以单手操作，在工地持斧头的匠师大都为主匠或大木匠师。

2. 凿子

匠师做好粗坯之后，才交由二手徒弟修饰细节，二手徒弟所拿的多为凿子，凿子依其刀口之宽窄可分为数十种之多，最宽可达3寸，一般打榫洞多用1寸或6分。

3. 钻孔器

钻孔的工具在台湾可见两种，一种为螺旋形木柄，另一种为手拉杆，以拉杆带动细绳来转动

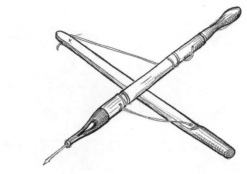

图6-27　钻子

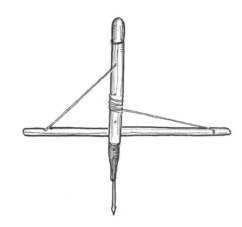

图6-28　钻子

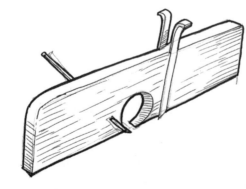

图6-29　槽刨

图6-30　刨刀

钻子，这种工具在近代逐渐被"弓"形手摇钻所取代。

4. 刨刀

刨刀在台湾木匠师中是非常重要的工具，虽然清代初期仍多用"錛"，錛的动作较难，要弄平门扇可用"錛"，它产生一种特殊的平面，但不若刨刀所作的平坦均匀。刨刀在20世纪初发生变化，主要受到日本木匠之影响，台湾出现了长刨，不用横手把，直接以手握住刨刀台操作，并且常常从外往内，被称为"倒刨"。

5. 锯子

锯子的种类除了传统的框锯（弦锯或称为台湾锯）之外，日本匠师引进来一种双面锯，兼有细齿与粗齿两种，用起来很方便。另外，还有一种"锛"，颇像农夫用的锄头，用来平木，也称为"錛"。在木匠的工具中，墨斗是一件具有神秘性的工具，相传为鲁班所发明。

在《鲁班匠家镜》一书前序有"鲁班仙师源流"，文中指出"姓公输，讳名班，字依智，鲁之胜贤路东平村人也。父为公输贤，母吴氏。生于鲁定公三年甲戌五月初七午时。当天白鹤群集，异香满室，经月不散"，这是匠师们认为鲁班的生日是农历五月初七的根据。有些木匠的家里也供奉鲁班神像，他的形象当然是无可考的，清代的台湾至少曾出现过两座鲁班庙，一是清代中叶的台中东势仙师庙，道光十三年重修，至今犹存，另一座设在清末台北北门外的机器局里。

6. 墨斗

有人认为墨斗是鲁班的化身，视墨斗为神圣

图6-31　刨刀

的器具，不能遭到污秽，所以古时有女人不能跨越墨斗的传统禁忌，甚至其他工具如锯子、曲尺及刨子也不能让女人碰，迷信说被污秽了就失效了。韩非子有云"无规矩之法，绳墨之端，虽班亦不能成方圆"，于此可见墨斗之重要。匠师认为墨斗有神，置于家中可收辟邪镇宅之功。有一种精雕细琢的大墨斗，就是专供在神案上的。

日本墨斗之发展脉络较为清楚，除了修理古老建筑时发现的之外，日本的风俗画或宫廷画偶也有工匠建造屋宇之图样，里面常将各种工具表现出来，墨斗的形状也有了交代。因此日本使用的墨斗，至少在江户时期之前，可令人有概括式的了解，而江户之后的实物已渐多，且因地域性的不同，产生了所谓"关东系"与"关西系"两大形式。基本上，关东系（东京）的墨斗雕饰较关西系（大阪）为多，尤其墨池边缘及后端轮槽两侧，对那有悠久传统的云纹进一步修饰，使成为"S"形，整个墨斗变得玲珑俏丽起来，而关西系仍为较封闭的风格。但无论如何，它们都具备了近代墨斗的共同特征，那就是墨池放大，线轮趋于扁而直径扩大，轮槽是挖开的洞，放弃了开口槽的做法，不作开口槽可能是较坚固之故。有些墨斗也不作辘轳把手，操作时直接以手抚动线轮边缘，此亦线轮之所以变窄的原因之一。

台湾木匠所用的墨斗，早期系承袭自闽南及粤东，它的形状为线轮带手柄，手柄可加雕刻装饰。但后来受到日本墨斗之影响，形状改变了，造型较低矮，墨池浅而大，线轮高凸，形式与日本近代关东系较为相似。用手直接推线轮，而墨池边缘常雕乌龟及仙鹤，即"龟鹤齐龄"，有长寿之象征。

7. 竹笔

与墨斗相配的为"眉箭"，即竹笔，最好的竹笔要取自东向的竹子，笔尖削成斜口，才有弹性。台湾的墨斗受到日本匠师之影响而逐渐普通，至20世纪中期之后，福建式的墨斗渐少见了。

图6-32　受日本影响的墨斗

注释：

[1] 台湾木材之调查. 台湾建筑会志6辑4号，1933，台湾建筑会刊行。

[2] 丰原三角吕宅筱云山庄，墙上保存同治五年交趾陶，落款晋江蔡氏，经营造于吕宅五常堂，为台湾现有年代仅次于叶王之交趾陶。

[3] 中国各地的建屋习俗不尽相同，但也有共同之处，笔者曾在山西民俗博物馆中见到"大游年歌"之口诀及方位之算法，与台闽基本上相同。

[4] 日本是重仪式的民族，建造神社时亦举行许多祭典，上梁礼及镇座祭与中国相近。

[5] 将建筑视为模仿人体的有生命体，也意味着建筑有寿期，时间临尽头，房屋也将毁灭消失。日本伊势神宫以每20年重建一次代表重生。中国建筑多用木材，虽不易久存，但实际上真正反映了建筑注定有生必有死之哲学。参见程建军. 中国古代建筑与周易哲学. 长春：吉林教育出版社，1991.

[6] 民居的平面布局与人体身手之类比，文献中最早提到者为清朝中期的风水家林枚，在他所著的《阳宅会心集》卷上"格式总论"述及房屋形态要具备身、肩、手及关节。但尚未指出一座民宅事实上也是风水环境之小缩影，或更进一步探讨民宅内部也有眼、鼻、口、肠、肾之对应与水、气、经络运行之关系。

[7] 五凤楼当作人体的比喻，可见于林嘉书与林浩合著的《客家土楼与客家文化》，书中阐明五凤楼平面为天地人阴阳的图形，提到客家化胎为脐带，后堂为头脑，中堂为心脏，下堂为肾门，两横为手脚肢节，可以孕育子孙万代，千秋家业。

[8] 陆元鼎教授在《广东民居》书中提到广东民居的凹入式门口称为"凹肚"，是人体象征的一例。另有爬狮为三合院，

下山虎与四点金为四合院，单佩剑、双佩剑、四马拖车及四厅相向之民间用语，用以描述建筑物之格局。广东民居 . 北京：中国建筑工业出版，1990.

[9] 关于中国古代宇宙观之演变，及天、人与社会的类比感应，吕理政《天、人、社会》一书分析颇为透彻，台北：台湾研究院民族学研究所出版，1990.

[10] 考古学家张光直先生在其所著《考古学专题六讲》提到，商周青铜器上的动物纹样为通天工具。中国建筑在屋顶上喜用动物形象作为装饰，除美学、民俗学的观点以外，应也有宗教上的意义，借由鸟兽与神沟通。这是一个颇具启发性的观点，那么台湾民居的燕尾与寺庙的宝塔及财子寿三星皆扮演着通天之角色了。

[11] [日] 国分直一 . 林怀卿译，台湾民俗学，台南：世一书局，1980.

[12] 与过水廊的位置相似的殿门，在中国北方古代称为"朵殿"或掖门，掖通腋，即身手相接之处。山西大同的辽金时期佛寺，仍有"朵殿"，但其下并不通水。

[13] 分布于闽、粤、浙、赣的畲族民居，尚未见全面调查研究，笔者仅就闽、粤两地观察，其木结构技术优异，既保存了许多宋《营造法式》做法，又有自创的部分，是研究中国古代建筑的珍贵对象。关于畲族的迁徙与文化发展，可参阅吴振汉"明清闽浙畲族的发展"一文，收录于第二届《明清之际中国文化的转变与延续学术研讨会论文集》，1993.

[14] 李乾朗 . 台湾传统建筑匠艺 . 内收传统大木工具一文可参阅之，1995.

[15] 明北京提督工部御匠司，司正午荣 . 绘图鲁班经，台湾：竹林书局重印。内容经多次传抄，与鲁班经匠家镜各版本略异。

[16] 见《清末民初福建大木匠师王益顺所持营造资料重刊及研究》，1996，"内政部"出版。

第七章
从大木结构探索台湾民居与
闽粤古建筑之渊源

图7-1 麻豆民居穿斗式栋架

图7-2 雾峰林宅穿斗式栋架

图7-3 台中社口林宅穿斗式栋架

第一节 大木结构之渊源

台湾清代的民居中，一般平民的建筑多系就地取材，因地制宜，利用空暇由农民自行建造房舍。但士大夫宅第或地主富商的豪宅的建材多运自闽粤。并且匠师也聘自闽粤，人们尊称为"唐山师傅"。在长达300年以上的发展过程中，台湾的民居因应自然地理条件，也产生了变化，例如防台风与地震之破坏，屋顶坡度与墙体的构造逐渐形成地方特色。

至19世纪末叶，清光绪年间台湾建省，人口增多，社会成熟。台湾的民居开始显示出一些不一样的风格，尤以大木结构特别明显。总的来说，大木结构的构件倾向于繁复的雕饰，木雕精细，彩绘丰富。并且融合了闽南的漳、泉与粤东的潮、汕各地特色，汇聚成一种混合式的风格。这种混合式的风格至1930年代到达第一次高峰，当时台湾由日本统治，闽粤匠师来台较少，台湾本地匠师逐渐增多是一个主因。

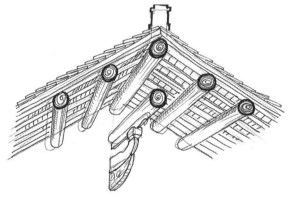

图7-4 新竹湖口民居插栱

图7-5 彰化陈氏宗祠潮州风格的栋架

图7-6　台北士林曹宅栋架

图7-7　宜兰传艺中心郑氏家庙剖透图

中国幅员广大，各地民情风俗殊异，从建筑文化史来看，建筑史并非单一流派的发展，大江南北各地拥有自己古老的传统。因此随着民族的迁徙与融合，各地的建筑也随之相互影响。我们或可认为，民居匠师流派之分布，反映民族长期迁移的路径。例如中原的汉族在晋室东迁之后，衣冠士族大举南移，历经安徽、江西至闽、粤，客家人即是这种南移民族的代表。客家人的语言与习俗仍保存大量古风。而我们从客家地区的大木结构，也看到一些较古老的做法。[1]

事实上考古史料显示，南方的楚、吴及越等古文化所呈现的柔雅特质与北方的雄浑性格不同。[2] 在南方所发现的元代以前古建筑虽与宋法式相近，但仍有不同之处，我们或可认为这是南方原有之传统做法。以下举数例可证之：

（1）梁架保持穿斗式精神，所以北方常见的"驼峰"、"角背"在南方多以童柱直接骑在梁上，

进一步做成瓜形，开榫包住大梁，元代浙江宣平延福寺大殿为现存较早出现瓜柱骑在梁上之例。[3]

（2）月梁或虹梁在露明造建筑中仍然保持力学及美学功能，月梁在宋法式称为"札牵"，具稳定柱子与瓜柱之作用。南方特别表现其向上弯曲形式，较早之例有宋代福建莆田玄妙观三清殿与元代浙江金华武义延福寺大殿。

（3）柱上及梁下多用多层出挑之插栱，宋法式称为丁头栱。层层出挑，将梁及出檐之重量传递下来。宋法式对这种多层栱，且不出横栱者，称之为偷心造。南方较早之例有五代的福州华林寺大殿与宋代浙江余姚保国寺大殿。

上述诸例，皆有与宋法式所订北方做法略异之处，我们或可认为这是渗入了南方古代地方手法之结果。若以明清的民居来观察，那么南方的浙、皖、赣、闽、粤民居之大木结构，可初步归纳以下几项特色：

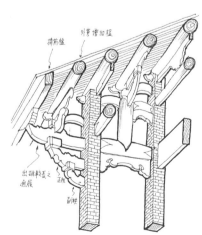

图7-8　芦洲李宅之步口斗栱

图7-9　台北林安泰古厝栋架

（1）抬梁式与穿斗式混合式，在抬梁式中仍有穿斗做法。

（2）使用较多的丁头栱，有单栱，重栱或三层栱，属于偷心造。

（3）斗与栱身的形式较多样，斗底常作皿斗形，栱身常呈弯曲形。

（4）强调瓜柱的造形，并赋予包住梁身之作用，常有雕饰。

（5）梁身呈虹形，大梁、双步梁（乳袱）或单步梁（札牵）呈月梁状。

（6）梁的断面多呈现卵形，通常上下削平，以适合与斗相接。梁的两端急速削入形成榫头，以便插入柱中，梁头下端削成月牙形，也是方便搭在丁头栱之斗上。

（7）梁架额枋之上以多次弯曲的横枋或连续的斗栱叠成，称为排楼，实即尚保存汉代人字补间的精神。

（8）梁枋及桁木常见施以包袱形之锦纹彩画，

而且彩画中喜用人物花鸟题材，苏州式彩画即为一例，但与闽、粤又略有异。[4]

提出这些大木结构与形式上的特色，有助于我们进一步来分析比较台湾民居所呈现的匠派渊源问题。

台湾的居民除了原住民九族及平埔族外，最主要的是从闽南与粤东移民的汉族，其中又分为

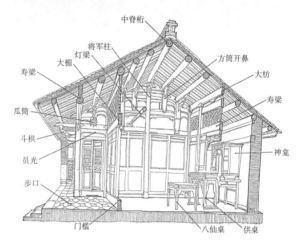

图7-12 台中神冈筱云山庄五常堂剖视图

图7-10 彰化永靖陈宅轩亭翼角斗栱

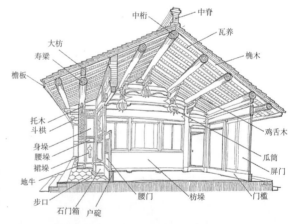

图7-13 台中神冈筱云山庄门厅笃庆堂剖视图

图7-11 潭子林宅之插栱

图7-14 吊筒斗栱

泉州人、漳州人以及客家人。据史载，闽粤在古代本有数支南方的民族，至五胡乱华，东晋南渡，开始有大量的中原汉族南下闽粤。其中有家谱详载者如客家人，其迁移路线系经由皖与赣再进入闽粤。[5] 后来宋室南迁与明末动乱，陆续自中原再迁移许多汉族进入南方，明末清初又随郑成功东渡台湾。回溯这些汉族南迁的史实，使我们不得不联想到民族迁移路线是否影响及民居匠派之分脉？

中原汉族从东晋之后几次南迁的路线大致相同，从黄河流域经安徽、江西再进入福建与广东，这些地带的民居是否有关连？需注意当民族迁移时，随着地理条件之差异，民居也有所调适。易言之，例如客家人在中原时也许未曾建造土围或土楼式的民居，至赣南、闽西与粤东后，因客观条件改变，才尝试建造新形式的民居。另外值得注意的是匠师的流动问题，古代常有南匠北调之事，明初建造北京城时，即征用南方苏州匠师与江西匠师。因此，汉人南移时中原匠师随之南下，并与南方匠师相互影响，甚至合流，形成新的匠派，我们认为这是很自然的发展。

民居的研究，如果尝试扩大空间与拉长时间，那么各省的古老匠派之源流必得先知道一点脉络。从族谱下手或许是一条研究的线索。台湾的传统匠师，大都是清末从闽、粤渡台后，落脚生根而成。通过台湾各地民居大木结构之比较分

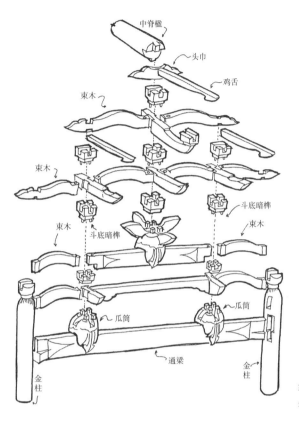

图7-15　陈应彬系统匠师所改良之栋架暗榫分解透视图

台湾民居大木构件比较表　　　　　　　　　　表7-1

	宋式或其他名称	台湾名称	形式特征	现存较早实例
1	梁（虹梁）	通梁	卵形断面，上下有板路削平	福州华林寺大殿（五代）
2	月梁（札牵）	束木	卵形断面，向上弯曲，有时一端略高	浙江余姚保国寺大殿（北宋） 浙江武义延福寺（元） 潮州驸马宅（明）
3	额枋补间铺作	寿梁排楼	以连续斗栱或一斗三升及弯枋迭成	闽北陈太尉官（宋或明） 闽北楼下狮峰寺（明）
4	灯梁	灯梁	在厅堂内独立梁，以悬挂灯	闽北、福州、闽西清代古宅
5	压跳（机）	鸡舌	在桁之下，呈尖头形，并有反勾[7]	闽北罗源陈太尉宫（宋或明） 徽州明代住宅
6	栱	栱	栱身较富曲线，未成定制	汉代石阙或明器
7	斗	斗	斗斛呈曲线，下有皿板线条	福州华林寺大殿（五代） 广东肇庆梅庵（明）
8	蜀柱	瓜柱	呈上小下大瓜形，外观常有瓣	浙江余姚保国寺大殿（北宋） 泉州开元寺石塔（北宋） 闽北罗源陈太尉宫（宋或明）
9	梭柱	柱	上部与下部皆施卷杀[8]	广东肇庆梅庵（明） 福建莆田玄妙观三清殿（宋）
10	包袱彩画	包巾彩画	在大梁上续以锦纹包袱图案[9]	皖南呈坎宝纶阁（明） 徽州明代住宅

析，我们粗略可判别何者来自泉州，何者来自漳州。盖古代山岳阻隔，交通不便，隔一座山的建筑风格即有了差异。[6]

初步得到一个小结论，即台湾的汉族居民源自闽粤，殆无疑义。但闽粤之间的关系如何？与浙、赣或皖南的关系又如何？如要解决它们之间的关系，必须调研较多实例才能探索蛛丝马迹。我们以台湾民居大木构件与皖、赣、浙、闽、粤古建筑构件略作比较，或可为其长久渊源关系提供参考：

图7-16　彰化陈氏祠堂为潮州派屋架

图7-17　出檐吊筒斗栱

从历史发展来看，年代愈晚愈有精致化及装饰化之倾向，台湾民居的大木结构也反映了这个规律。例如束木（月梁）的造型增加了雕饰，栱身也喜雕成螭龙形，斗的形式有六角、八角、菱花、桃弯及莲花等，瓜柱的雕饰也增加内容，一根瓜柱可再分为瓜盖、瓜仁及瓜脚等三部分。由于小构件增多，木材内部的榫卯也复杂化，论者或谓装饰过度将损及结构力学，但台湾精巧的榫头，相对的也具有强化构造节点之作用。以台湾多地震与台风之害，大木结构必须考虑及此。

将祠庙的大木结构作比较，也许不能直接视为民居结构技术之传承比较，不过富裕者的豪宅与祠堂的匠师大致是一样的。

我们以在皖、赣、浙、闽及粤的明代以前木构造建筑与宋《营造法式》比较，恐仍有商榷余地。宋法式为北宋官方所颁布，其实际影响力并无法及于南方的偏远地区，南方的木匠大约在明代将经验总结出一本《鲁班经》，内容是以南方为对象的。近代台湾匠师仍然使用鲁班经。举凡建造习俗、上梁礼或施造程序穿屏搧架，皆以《鲁班经》为本。因此，要将皖、赣、闽、粤、台等地区的民居木构造与《鲁班经》所定规矩加以比较研究，或可更加明了《鲁班经》的影响圈。[10]

归结言之，台湾民居主要渊源于闽南与粤东，大木结构方式一脉相承，但至20世纪以来发生混合现象，形成了台湾的风格。大木结构的细部形式如果追踪上去，那么与浙、赣、皖南或苏州一带有必然的关系。甚至，有些局部做法更可上

图7-18　从墙上出插栱

溯到汉、唐及宋、元。

第二节　斗栱、瓜筒与束木的分析

首先就整个结构体来说，台湾古建筑大木结构的基本精神是枋与斗层层相叠所形成的架构，在宋《营造法式》中所定的 3 ∶ 2 断面枋材，台湾则多接近 5 ∶ 2 的断面，亦即枋材用得扁细一些，它有利于穿过柱子，这也许是古代穿斗式屋架的习惯所遗留。

一、斗的分析

一座台湾传统民居栋架的大木结构，每个部位都是枋与斗组成的变体，包括瓜筒、排楼、出檐及看架四大部分。水平的枋可以化身为栱、三弯枋、连栱、束、束巾、束随及头巾等构件，每层枋之间则垫以斗，使枋与枋之间留出空隙。宋《营造法式》将材分为"足材"与"单材"，其中"单材"即断面较小的"枋"，两枋之间可以垫"斗"。

将"斗"叠成垂直线，即形成柱，所以当横向枋材通过较多时，即以"叠斗"代替柱子，以防柱子因榫卯过多而开裂。斗的细部形式实际是由它的"槽"所决定的。它可以容纳枋、栱、鸡舌栱、束、束巾以及梁。随着这些构件之宽窄或长短，"斗槽"的宽度通常一致，但深度却不尽相同，接受"通梁"时，深度加大。

斗槽也可以做成弧形斜坡形，漳州派或潮州派木匠有一种不做鸡舌栱的做法，斗上直接承接圆梁。陈应彬在北港朝天宫前殿也采用以斗直接承梁法，这种斗都是弧形开口的。

"斗"本身是否也有榫卯？答案是肯定的。大部分的斗下皮出榫，古多作正方形榫卯。近年为求施工迅速，多以圆钻做出圆榫，圆榫较易松动，稳定性不如方榫。

"斗"的木材最好使用较硬的，但台湾古时多用杉木，制作时一定要求采横木纹，受力后才不会裂开。

事实上制作时，通常利用一根木条，分割成数十段来制作斗，每颗斗皆呈横木纹。

台湾古民居有一种"脱规"做法，即明间高于次间，那么次间的桁木直接插入明间的瓜筒或叠斗之间，若刚巧与斗位齐高，则可将桁头直接做成斗形，这是聪明的匠师妙法，力学上最合理，有一气呵成之效。

斗的形状上大下小，所以如何使之获得稳定是很重要的。将斗直接置于枋上或通梁上皮的"板路"，斗下做榫卯也不一定很稳定，台湾最普通可见的是以"斗抱"托住斗，"斗抱"之下出双榫，可加强稳定。另外，稳定的方法莫过于"咬十字栱"，形如十字形斗抱，其上再置斗。清末板桥五落大厝即多用此法。

斗槽有"十字"、"丁字"及"一字"之别，可容纳单向或双向之枋或栱。但台北孔庙大成殿及北港朝天宫可见出斜栱之例，其斗要做出"米"字形槽，以备容纳斜栱。

图7-19　板桥林宅的步口廊栋架

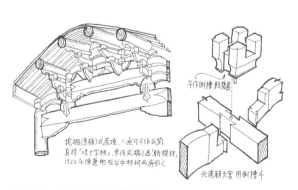

图7-20　台中林氏家庙的骑梁栱

图7-21 瓜脚包过梁称为"趖瓜筒"

图7-22 雕着螭虎之瓜筒

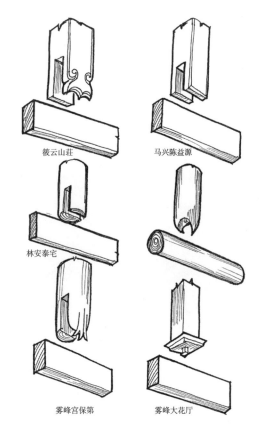

筱云山莊　　　　　　马兴陈益源

林安泰宅

雾峰宫保第　　　　　　雾峰大花厅

图7-23 瓜筒类型

二、瓜筒的分析

瓜筒在宋《营造法式》中被称蜀柱，意即短小之柱，故也称为童柱。台湾门居的瓜筒形如瓜，依其长短粗细形状，被匠师称"金瓜筒"、"木瓜筒"。事实上，这只是外观造型的差异，其作用是一样的。瓜筒内部的榫头颇为复杂，一般简单的只是"一"字槽或"十"字槽。可容纳单向或双向的栱，但如何使瓜筒不会开裂？

最典型且最有效的技巧是在瓜筒上方留设四个榫头，刚好可插入上面的斗底，以斗来约束瓜筒，向内夹住瓜头串。

至于瓜筒下方的榫卯也有几种做法，较简单的是在瓜筒下缘边端直接留出凸榫，以便插入通梁上皮，但趖瓜筒内部的榫卯必须做"活榫"，榫头可滑动，当趖瓜筒定位时，松榫可以入卯位。

较简单的"尖峰筒"则只需一个暗榫即可，置于瓜筒正下方。瓜筒下方事实上并非圆弧形，注意要做出一部分平面，以符合通梁的"上板路"。典型的"尖峰筒"可在台北芦州李宅见到，芦州李宅位于洪水区内，它的墙体全使用石条，而柱子亦多用砖柱。它的出檐斗栱非常优秀，多用"捧前桁"模式。

三、弯枋的分析

台湾古民居左右栋架之间以排楼梁枋相衔接，等于宋《营造法式》所谓的"攀间"。在寿梁之上依序放斗抱、弯枋、连栱与连圭枋，最上面承接桁木。所谓弯枋即是弯曲的枋木，一般以三弯或五弯为多。"三弯枋"较松，五弯枋较密，它上面一样也有叠斗，较考究的也出"看架"。为什么将枋作三弯或五弯？主要原因是降低叠斗的重心，使构造呈现较稳定之局。

台湾古民居所见三弯枋或五弯枋多只用一次，在弯枋之上即改用连栱，但也有少数之例出现二次或三次之弯枋，例如台中张廖家庙前殿排楼连续使用三次弯枋。另外，如果排楼面较高，

图7-24　台中雾峰宫保第大花厅为福州风格

图7-25　匠师所绘之斗栱设计图

则可能要使用重复的弯枋及连栱，例如在陈应彬建造的台中林氏家庙前殿的假四垂屋顶中可见到典型实例。

四、连栱的分析

将排按面的"一斗三升"左右相连，有如手拉手的形态，被称"连栱"，意即连续的斗栱。它用在排按面的上层，它的下面即为三弯枋或五弯枋。

连栱的作用可使排按面上层的构造较为紧密，以便承接连圭枋或桁引，在结构上加强排楼面的刚性，防止变形。

连栱上所用的斗并不会一样尺寸，通常叠斗部分较大一些，而共享的斗较小。如果不做看架，那么连栱的斗均用单槽，即所谓的"升"。

大部分的匠师都喜将中轴线斗分为两颗，亦即中心线上不用连栱，如此可使中轴线得到一个空隙。习俗观点来看，它可避免中心出现柱子。因此大部分的连栱在中轴点上是不用斗的。

五、捧前桁的分析

在台湾的屋架结构中有一种较为罕见的桁木，即位于屋檐下的"捧前桁"，它兼具桁木与封檐板的作用。易言之，使用捧前桁，即不必用封檐板。

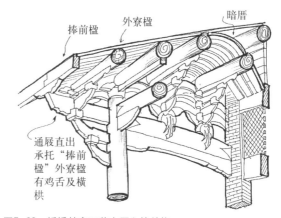

图7-26　板桥林宅五落大厝之捧前桁

图7-27　台中丰原神冈吕宅之出檐插栱构造

捧前桁多做矩形断面，也有外方内圆之例。它的重量必须由通屐或斗栱支撑，再传至檐柱之上。捧前桁之下可以直接架在通屐端点，但受力面较少，一般多再垫一块所谓"捧前砧"，其形如铁砧，故名。捧前砧与通屐或栱尾之间如何固定？它的榫即多用燕尾榫，水平移入塞紧，但也有使用简单的暗榫，以防移动。

六、束与束巾的分析

束也称为束木、月梁或只梁，在它下方的构件称为束随或束巾，其形犹如巾。"束"与排楼面的"弯枋"一样，必须呈向上弯曲形，如此可使斗位的重心下降，结构更为稳定。"束"同水平的"束"或栱之间多做燕尾榫，互相咬住，以防松脱。陈应彬派的匠师也用过一种较少见的技术，在"束"的边端打小洞，让上面的"斗"套住，对民居栋架的固结力提供了较周延的保证。

注释：

[1] 近代考古资料进一步显示，黄河流域的中原文化向四周传播，汉人且数度南移。但长江流域的文化也有向北传播之情形，考古学家卫聚贤即指出东南吴越文化也曾影响中原。是故，吴越建筑的木结构技巧也许早在汉朝之前即与中原诸邦有所交流。我们研究唐宋古建筑可能也要注意南北交流的问题。

[2] 古代吴越有纹身与黑齿及干阑式住居文化，有些学者怀疑与台湾原住民高山族有关连。见《吴越文化论丛》，页344 所引林惠祥〈台湾番族之原始文化〉记述。

[3] 瓜柱下端包住梁木，已知最早之例为元代浙江宣平县延福寺大殿。历经明代，至清初的闽南民居发展成有脚之形态。

[4] 楚文化中美术的图案值得注意，其刺绣或陶纹常有菱形之几何纹，其中再以流畅曲线表现的凤鸟图案穿插。这让我们想起南方古建筑梁上的包袱锦纹图彩绘。

[5] 粤东之开发，从宋代起有自海路江浙而来的汉族移民。他们与土著的南越族及畲族接触，也发生融合。见陈乃刚《岭南文化》，页72。今天我们所见的广东民居大木结构桁木很密，穿斗式意味很浓，与闽、浙、皖显然不同，是否保持古南越之建筑特色尚待进一步研究。笔者曾考察过闽西畲族民居，其大木结构与闽南汉族做法相近，也是汉化之结果。

[6] 以方言分布区域范围来与民居建筑风格界线相比较，我们也发现有些一致性，这说明了操方言的工匠所能到达的地区也是有一定范围的。台湾的方言区即与建筑风格分区相互一致，闽南人地区很少聘请客家工匠盖屋。福建方言区也与民居建筑风格分区一致。参见周振鹤游汝杰著《方言与中国文化》，页70.

[7] 机的形状，明代徽州民居已经呈尖头形。

[8] 张仲一、曹见宾、傅高杰、杜修均. 徽州明代住宅实测. 徽州民居之梭柱为中粗而两端细细，与台湾民居相同。

[9] 台湾古建筑喜在桷木下皮绘木纹，谓之虎皮花，与徽州民居天花板绘木纹同。

[10] 浙、闽之大木结构特色曾影响日本中世时期佛寺。田中淡.《中国建筑史研究》，页425。傅熹年. 福建的几座宋代建筑及其与日本镰仓大佛样建筑的关系。

第八章
台湾民居之构造与施工

第一节　营建材料

一般传统民俗居住建筑的营建材料，早期因居民之经济力较弱及交通不便等因素，除官宦大宅及富商巨贾之宅第运用中国大陆运载来的砖、石、瓦等材料外，大都采用当地所产的土、石、木、竹及草等自然材料来营建家屋，待能力许可后，再加以翻修改建。

20世纪初，新的工法及建材陆续引进台湾，为匠师所尝试使用，而现代的建材种类之多令人目不暇接。以下分别就自然建材及人造建材两项加以介绍：

一、自然材料

（一）石材

台湾地区传统石造民宅都采用当地所产的石材，如溪流河谷的卵石、山边田野的岩石、海边的珊瑚礁（硓𥑮石）等，稍作加工处理后，用来叠砌石墙。

而因这些石材质地较为松软、容易风化，故庙宇大宅第所用质地细密坚硬的雕刻石材，如青斗石、泉州白等皆运用由大陆船运而来的压舱石。

图8-1　山墙作乱石砌，转角砌砖柱

图8-2　山墙上半部凸出鸟踏

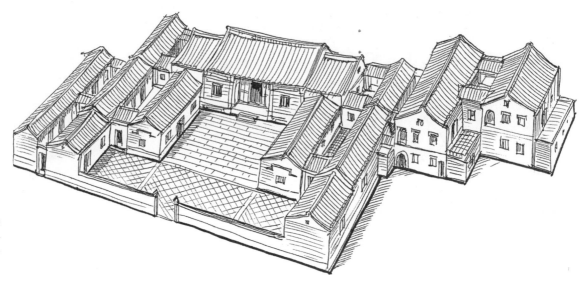

图8-3　台北芦洲李秀才厝多用砖石材料，护室起二楼可避洪水

图8-4 台湾北部沙岩所雕之狮戏球

图8-5 北部观音山所产安山岩所雕竹节窗

此外如南部的排湾族，则以页岩（石板）作为墙身及屋顶材料。引进了洗石子技术，开始应用细碎的小石作墙面处理。

（二）泥土

泥土是唾手可得的营建材料，早期的传统民居大都以土作墙。土取自山野或田中，稍加处理后，制成土墼砖来筑墙，或直接夯成土墙，并可与竹材配合作编竹夹泥墙。土墙的最大缺点是怕水，较适宜作为室内的隔间材料使用，若为外墙，则表面需加以处理。台湾民居多在土墼墙外加瓦片或草泥，可防雨。

（三）木料

早期汉人势力未达深山，红桧、扁柏等高山良木迟至20世纪初登山铁路通车之后，才大量开采。

在此之前有平地所产的樟、肖楠、赤皮等木材，而较优良的木料皆自闽粤压舱来台，其中尤以笔直的福州杉最受喜爱，可作梁柱。而原住民的家屋，不但使用木材，更将树皮作为屋面材料。

（四）竹材

台湾中部南投、竹山及台南东部关庙一带产

图8-6 南投社寮之木造门楼

图8-7 全木结构之社寮陈宅

图8-8　台湾东部花莲之木板墙民居

竹，民居建筑乃广为应用竹材建屋。利用较粗的竹材可作穿斗式屋架。柱穿之间的空隙，填以编竹夹泥墙，此外竹枝可作梁、椽，茅草屋顶的固定更有赖竹枝的穿插其中，而竹材可剖开作为屋面材料。其他如吊屏门、窗扇、家具皆可以竹制作。台湾所产竹种类多，其中如刺竹、麻竹及桂竹皆可为建屋材料。

（五）草

早期因瓦取得不易，故传统民居皆以草作屋面防水材料，先将草割好晒干，成束捆扎起来铺顶。而稻草梗截短掺入泥土中可加强土墼砖之强度。在土墙外壁悬挂甘蔗草，可防止雨水冲刷土墙。

（六）砂

早期只用作为台基与铺面的掺合材料。近代水泥大量运用后，砂的使用量日渐加大，尤其混凝土造的建筑，砂更是不可或缺的骨材。砂的来源多采自海边或河床等处。若为海砂则需加以处理，若直接作为筑墙材料，则会吐咸气，易渗水。

（七）石灰

以石灰石或牡蛎壳加热烧成，称为生石灰，使用时要加水氧化，使成为熟石灰。早在17世纪荷兰时期即有蛎壳灰生产，近代台湾以台南关仔岭所产最佳。

二、人工建材

（一）砖

砖材依色泽可区分为红砖与乌砖（青砖）两种，台湾地区承袭闽粤传统大多使用红砖，部分客家建筑使用乌砖，或将两者混合使用。

早期用砖都由船只压舱运来，由于都为人工烧制，故大小尺寸每有不同。较常见有因烧制时互叠在砖侧产生煤斑的"颜只砖"、"红甓"以及常用作铺地材料的"尺砖"、"尺二砖"等，以及多边的六角及八角形砖。

日治时期之后，开始用机器大量生产砖面有"S"、"TR"标记或网面凹纹的红砖，此外还有以特铸之铁模作坯烧制花砖。花砖多为屋脊、窗户的装饰用材，可分釉烧及素烧两种，以1尺见方之绿釉花砖最为普遍。5寸见方的小花砖，花样种类多，高雄、屏东客家地区常见，素烧及釉烧皆有。

（二）瓦

瓦有板瓦及筒瓦之分。板瓦有红瓦及乌瓦两种，窑烧后浇冷水使急速冷却，色泽青黑。若任其慢慢冷却则呈现出橙红色泽。

图8-9　以尺砖所雕之"螭虎赐福"

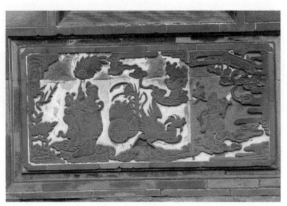

图8-10　台中潭子林宅民间故事砖雕

图8-11　暗藏双喜之砖雕

图8-12　墙裙砖雕

图8-13　青砖与红砖交织而成的"万"字墙

图8-14　"万字不断"之砖墙装饰

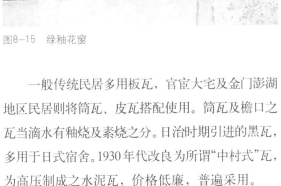

图8-15　绿釉花窗

　　一般传统民居多用板瓦，官宦大宅及金门澎湖地区民居则将筒瓦、皮瓦搭配使用。筒瓦及檐口之瓦当滴水有釉烧及素烧之分。日治时期引进的黑瓦，多用于日式宿舍。1930年代改良为所谓"中村式"瓦，为高压制成之水泥瓦，价格低廉，普遍采用。

（三）水泥

　　早期传统民居建筑所使用的胶结材料为灰泥及三合土（石灰加糯米浆加红糖），清末水泥传入逐渐取代而成为建筑中常用的胶结材料，当时称为"铁水泥"，用于炮台厚墙。最广泛使用的当属硅盐水泥，可单独作灌浆材料，也可掺合骨料制成混凝土使用。水泥的成分各地略有所不同，台湾以高雄、竹东所产水泥较多，这是一种接近"波特兰"水泥的材料。

图8-16 以陶片剪黏作"旗球戟磬"

图8-17 泥塑竹节花窗

第二节 构造类型

台湾民俗居住建筑构造方式除沿续闽粤建筑的传统外，常因所在位置的自然资源、气候等因素而有所改变，1860年五口通商后洋务运动的开展，加上日治时期殖民文化之影响，使构造种类更多更丰富。

一、夯土构造

为以生土筑墙的构造方式之一，是将土置于大小固定且可移动的模板中，以木棍击打夯实，完成后再将模板拆除迁移来夯筑另一段壁体，如此重复操作而成。土中通常添加稻壳，或竹筋来加强其拉系力。壁面为了防止雨水冲刷，通常以白灰面处理，或加一层稻草，更细致的做法是以竹钉钉上一板瓦或鱼鳞瓦片，不但有防水之效果，更使墙身美观，被称之为"穿瓦衫"。

二、土墼构造

"土墼"又被称为"土埆"或"土噶"，亦为以土筑墙的构造方式。其做法是将截短后的稻梗及稻壳掺入土中，以牛只或人力踩踏使均匀，再将混合后之土浆置于木模中成型，取出后阴干，即所谓的"土墼砖"，再以土墼砖来砌筑。一般土墼墙下半段大都以石材作槛墙，一来使墙身更为稳固，并兼有防止雨水冲刷及湿气上渗的作用。在石墙上，采用顺丁砌法来叠砌土墼砖，并须避免上下二层砖缝相对，通常是以泥浆接着。

至于墙面的处理，做法则与夯土构造类似，台湾地区民居在清初多采用土墼构造。砖瓦材料较为普遍后，则多作为隔间或较不重要的空间使用。至于土中胶结物的添加各地不同，亦有添白石灰或黑糖者，尺寸大小亦不一致，土墼墙抗震性虽较弱，但它具有冬暖夏凉特性，实为良好建材。

三、木构造

台湾民居的木构造皆属柱梁构架，大致可区分为架栋（抬梁式）、穿斗式及后期之三角形桁架做法。

1. 抬梁式

顾名思义，即以柱抬梁，梁上再立短柱或叠

图8-18　木石混和构造之凹寿门

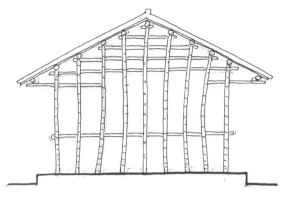

图8-19　竹篙厝

斗来承桁木。柱的间距较大，所以梁的断面较粗大，大宅第或祠堂多用之。

2. 穿斗式

直接以木柱顶桁。柱的间距小，柱间以枋来串联拉系，以防止柱子移位。一般将穿斗与抬梁做法混合运用，台湾乡村农宅多用之。

3. 三角形桁架

从西洋传进来的构架系统，以柱来承受屋顶下的三角形桁架。桁是架在三角形斜梁之上，清末开港码头边的洋行仓库多用西式屋架。

四、竹构造

属梁柱构造，多为穿斗式做法。因竹料较易受力弯曲，故在桁下置较粗的竹柱，竹柱可向内弯曲类似"川"字，柱间再以竹枝穿接固定。柱、穿之间除留出门窗位置外，皆补以编竹夹泥墙，外粉白灰，有些乡村仍可见竹子剖半作的屋顶。

五、石构造

民居建筑往往取其环境中所产之石材，如溪流河谷的卵石，山野或田园中的大岩石，海边的硓砧石（珊瑚礁）等，依材质的不同，稍作修整打造，作为砌墙的材料。

如北部山区多为安山岩、河床谷地的黄砂岩，沿海地区则产玄武岩及珊瑚礁（硓砧石等），其叠砌方式大致可分为乱石砌（硓砧石、卵石）、

平砌、人字砌、番仔砥（一种来自西洋的砌法）等砌法。至于南部山区排湾族及鲁凯族的家屋，则采取大片页岩直立在地上做墙，小片的页岩则叠砌石墙或作屋瓦使用。至于灰浆的使用各地不同，亦有不施灰浆者。

六、砖构造

砖砌筑墙身之做法基本上有两种，一是斗子砌法，二为实心平砌砖墙。斗砌砖墙做法是在石槛墙上，以红毻砖作顺砌及立丁顺砌来形成一空斗盒，中填以碎砖瓦或土墼，转角处砌砖柱加强结构。实心砖墙的做法，早在17世纪荷兰人筑热兰遮城即采用之。但日治时期以机器大量生产22cm×11cm×5cm的标准砖后，不再以手工制砖，即大部采用此砌法。砌法有多种，如顺砌、平英式砌法、佛兰米砌法等。墙身厚度更依砖的尺寸及砌法而有半砖与全砖之分。早期多采用石

图8-20　花式砌砖窗

图8-21　壶形窗

图8-22　颜只砖砌花窗

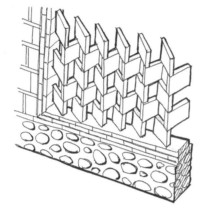

图8-23　颜只砖

图8-24　龟甲纹砖砌墙

灰掺糯米作为胶结材料，后皆改水泥砂浆替代。

　　另有一种方式是以砖墙为承重墙体，辅以钢筋混凝土梁及楼板强化结构的做法，称为"加强砖构造"，可做高层建筑。一般多为2层到3层，建造时先立柱，再灌梁及楼板。此法广为近代民居所用，大约出现在1910年代。

七、钢筋混凝土构造

　　在混凝土中的适当位置埋上适量的钢筋，以弥补混凝土抗拉应力不足的做法，即称钢筋混凝土构造。其优点是具有较佳的耐久性、耐水性及耐火性，可作高层建筑，但一般台湾民居较少采用。

第三节　建筑细节

一、台阶与地坪

　　传统住家在建造前先做基础，即向下挖掘数尺深，再用石头积土夯实，地面上则作台基，是基础的延伸。台基的高度从0.3～0.5米不等，房屋建其上可防止雨水淹漫，另外也具有尊卑地位的象征。

　　一般而言，正堂是全屋最高的，其他各间则维持着后高前低、内高外低的关系。进出口处安设一至二阶的踏步，做法有以石条砌作、砖石合砌或用砖叠砌，台基的边缘以石条或石块收边，柱位的下方则立礩石以巩固柱身。室内地坪是台基表面的处理，在材料的使用上有土、砖、石。农村的住家，通常将掺砂及石灰的土直接夯实成耐水性强的地坪，经济条件较好的，则多铺砖。

　　砖有六角砖、尺二砖、尺四砖、长方砖等，铺作的方式有斜铺、丁字铺、人字铺等变化。最讲究的做法，是使用石板条，但因取得不易，只有富裕人家才使用石板地坪。住屋如果起楼，楼阁的上层多用尺砖直接铺于木隔板上，可吸声。

　　外埕、天井等室外地坪，铺作时需考虑泄水坡度，材料的使用亦为土、砖、石。客家民宅有时外埕地坪以卵石砌作，并不将土面全部掩盖，如此据说可使地气畅流无阻。

日治时代出现的日式住家，地面架高，室内地坪铺设木板或榻榻米。战后，乡间农家仍然依循旧有形式建屋，只是材料的运用改变，砖及水泥被大量使用。都市中出现公寓式建筑，多使用磨子地坪，其做法是以铜条牵出框架，其中填入小石块，以水泥浆灌注，再用手工机器加水打磨平整，此种地坪硬度强，易于清洗。

图8-25　门厅台基与石栏杆

二、墙体

传统住屋墙体的形式及材料的运用，受地理环境与气候的影响，有其地域性的特色，如嘉义、南投地区盛产竹、阳明山地区产安山岩，这容易取得的地方材料，就成为墙体的主要建材。墙体依材料来分，常见的有以下数种：

1. 土墼墙

将泥土加水掺入稻草、谷壳等捣实，以木模

图8-26　八角洞门与水果形窗

图8-27　北部山区民居剖透图

图8-28 封壁法所砌之优美墙面

图8-29 清水砖墙

图8-30 竹山林宅精雕屏风墙正面

预制成单块的土墼砖，可用来砌筑内墙或外墙。因台湾多雨，砌筑外墙时需要加作表面处理，以防止雨水的冲刷，如粉白灰、穿瓦衫或加一层茅草编织的保护层，披挂于土墙之外。

2. 夯土墙

将掺入稻谷的泥土，用版筑法以木头捶打夯实，但因台湾潮湿多雨，此法较少见。

3. 斗砌砖墙

以砖砌成斗形，中间填以碎砖、碎石、土墼等，是传统民居中最常见的砖墙砌法，也称为"封壁"，指以砖包住泥块之意，内墙、外墙均可使用。

4. 清水砖墙

以清水砖直接平砌的实心墙体，表面不作其他处理，内墙、外墙均可使用。这种砖的质量要求较高，表面色泽均匀平整，砌时要时时以清水洗除砖面杂泥。

5. 乱石砌墙

以块石不规则的叠砌，有干砌与浆砌两种。海边及澎湖地区则常以硓𥑮石来砌作墙体，这是一种海边常见的珊瑚礁岩，去盐分后可用为建材。

6. 平砌墙

以条石作丁顺交错的平砌，常用于墙裙以下的墙面。

7. 人字砌墙

将石材切割成大小均等的长方石块，以45°角交错叠砌，墙面呈现人字纹，是技巧极高的一种石墙做法。

8. 番仔砥砌墙

日治时代出现的一种石砌法，石块间灰缝呈水平或垂直的交错。

9. 页岩砌墙

在台湾南部的山地聚落，以当地盛产的页岩，用斧头劈割成大小均等的石板来叠砌墙体。

10. 编竹夹泥墙

在木、竹结构栋架的空隙，以竹篾仔为骨架，编织成壁体，再于内外抹上灰泥敷填整平，这是中国南方极为盛行的做法。

图8-31　竹山林宅门厅屏风墙

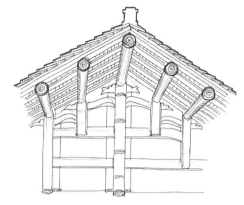

图8-32　麻豆林宅之柱结构

11.木板墙

木板墙用于室内隔间，也称为"枋堵"，在栋架通梁下户以条状木板分隔明间与次间。较讲究的做法，将板墙分隔身、腰、裙板，有如隔扇，并绘制彩画。

12.鱼鳞板墙

日治时期，民间大量使用日式规格的砖材，墙面处理的方法以洗石子及贴面砖为主，和式住宅则于墙体外钉"鱼鳞板"，这是一种源自北美洲的木板墙做法，后来盛行于日本。

三、柱

台湾的传统建筑，承袭闽南及粤东一带的风格，采用木构架系统，多用穿斗、抬梁式的屋架与高大的山墙来支撑屋顶。柱梁结构以水平及垂直向互相搭接，是形成屋架的重要构件。

柱是垂直于地面的承重构件，在清代以闽江上游的福杉及坚硬的花岗石是台湾最受喜爱的材料。柱的断面有圆、方、六角、八角等。圆柱的地位较方柱为尊，通常用于厅堂，圆柱为整根木料去皮而成，厢房及侧廊才用方柱。使用石柱时，上段仍接木柱，以便开凿榫孔，承接梁枋。木圆柱在施工时上下略为收分，称为梭柱。柱子下立一石雕柱础是为防止雨水渗入木柱。粤系的建筑则多用方柱及八角柱，柱础也是方形的。

柱子依所在的位置及不同的功能，有以下数种：

（1）四点金柱

室内中央最主要的四根柱子，它是明间（中港间）最高的柱子。

（2）副点柱

位在四点金柱前后较次要的柱子，也可写为"附点"，用于步口廊。

（3）封柱

被门窗夹住的柱子，即装设门扇的排楼面所用之柱。

（4）附壁柱

与山墙结合的柱子，又称平柱。台湾有些民居故意将柱子脱离壁体，可以防潮。

（5）童柱

在屋架上面骑于梁上，但不下地的短柱子，又称瓜柱，有简洁的方筒、尖峰筒及复杂的金瓜筒柱。

（6）吊柱

又称垂花、吊筒，功能为将屋顶重量传递至檐柱，悬于梁下，多雕成莲花或花篮造型，其功能接近于吊脚楼的悬柱。

四、梁

梁是平行地面的木结构材，整个屋架的体系及屋顶的重量，均靠梁柱的搭接来构成。

梁的断面，亦有圆、方两种，一般以圆形为主，梁以位置来区分，有纵向及横向两种。

（1）通梁

纵向的水平构件，在四点金柱间从下至上有大通、二通、三通之分，在檐口部分的称为步口通梁。

（2）寿梁

横向的水平构件，是位在左右金柱或附点柱之间，具有拉系作用。

（3）桁梁

方向与寿梁相同，是直接承接屋顶的构材。台湾民居多用圆桁，但近山地区的客家民居常用巨木锯出的方桁。

五、天花板

台湾地区传统民居一般不做天花板，即采露明式做法，让屋架以上的桁与桷木完全露出来。有时在正堂外的空间如卧室及走道上做搁栅，是为了增加储物空间而设，唯有在大宅第中正堂的步口廊，在大屋盖之下加上一层暗厝做成卷棚形式。有些较考究的大宅第如雾峰林家，为了遮挡木桁而钉上天花板，室内空间如同方盒子。

至于洋楼及20世纪初期兴建的日式宿舍都设有天花板。因其采取斜撑式桁架，表面不加整理，大都在桁架之下设置天花板遮掩使空间完整，且具隔热的效果。而天花板的做法，是使用木条及木板制作。大部分为几何图案，较精细的做法，更于木板上敷灰泥，做出精细的线脚，并于角落留设通气孔。挂灯位置除留设线孔外，并于周围做立体花叶或几何图形来陪衬灯饰。

六、屋檐

一般屋檐的处理方式各地不同，常随地方上气候如雨量多寡、日照等因素而改变出檐的大小。如垦丁地区的传统居住建筑，因台风多，便多采用出檐极浅的火库起做法，甚至在檐口之上加一道女儿墙栏杆压重，以防强风掀顶。而无论出檐的大小，檐口必须超出台基边缘，以防雨水漫入室内乃是最基本的要求。台湾民居的出檐处理方式大致可分为三种：

图8-33　以铁绞刀（Anchor）固定桁木

图8-34　墙头灿景彩塑装饰

（1）火库起

出檐短浅，所以通常以砖石等不怕水的材料叠砌墙身，在墀头处采叠涩做法分层出挑，承担屋檐，因全为砖造，具防火效果，称为"火库"。

（2）出屐起

以斗栱出挑承托出檐，而出挑长度不一，约3～5尺。

（3）出廊起

在屋前留出一较为宽敞的步口廊空间，以柱梁构架承托屋檐，即设檐廊。在台湾南部，廊的宽度加大，可遮阳以降低日晒温度，后期多改以水泥梁柱替代。

七、屋顶

台湾地区的传统民居建筑的屋顶大都采用两坡的做法，分为硬山顶及悬山顶两种。悬山顶以客家民居用得较多。至于其他形式的屋顶如歇山

图8-35　泥水匠施铺瓦试水

图8-37　水形山墙及磐牌花窗

图8-36　土形山墙

图8-38　火形山墙鹅头

图8-39　火形山墙

图8-40　木制封檐板雕出滴水瓦装饰

顶等，则偶见于小型的附属建筑，如屋前的轩或庭园中的亭。屋面材料的使用以板瓦为主，其做法是在桁上先铺桷木，桷木上置望砖或望板，板瓦再铺排于其上。至于筒瓦，较少用于民居，有的板瓦屋顶在两侧或中央部分改铺数道筒瓦。澎湖地区民居屋前的亭，常以筒瓦为铺顶材料。

屋顶铺作时必须使瓦陇为奇数，即房子的中轴线上必须仰瓦。而为了便于检修屋顶，常于瓦陇上加铺"脚踏砖"以利踩踏，同时也具有压重作用。为了防止屋顶漏水，有些地区的匠师采用"蜈蚣脚"的做法，即仰瓦铺排时，上下两块左右错开，有些地区如中部鹿港一带，则采取在两道瓦陇之上再加铺一道仰瓦的做法。至于脊的处理方式亦有多种，如官宦大宅可作燕尾脊。

一般宅则于山墙顶部做金、木、水、火、土等象征"五行"形状的鹅头。中间的脊可为大脊、小脊或田梗脊。大脊分上下马路，中间可分垛，内置剪黏或彩绘，田梗脊是最简便的做法，通常用于护龙，规带上则加漆黑红。

台湾地区民居的屋顶坡度通常较陡，利于排水，约为"四分水"，即每1尺约升高4寸。而维持前坡高而短，后坡低而长的原则，据说前坡较高可纳生气进屋。至于原住民的家屋亦以双坡顶及球面顶（龟壳）为多，铺面材料为草、页岩或树皮等。较特殊的形式如泰雅族有草做的半圆筒屋顶、曹族及排湾族则出现半椭圆屋顶，可能具有排雨水及防风作用。

日治时期大量兴建的日式宿舍，屋顶形式较为自由，多为组合式斜屋顶，铺面材料以黑瓦为主，脊端置大鬼、小鬼等瓦镇。这对台湾民居屋顶材料影响颇大，1930年后便出现以水泥仿黑瓦制作的"中村式"文化瓦，采干式铺法，而客家建筑在脊端多置形式多变的水泥瓦镇。至于洋楼的屋顶亦多为斜坡顶，早期多为板瓦顶，屋檐或外悬或者内缩，外围做女儿墙护栏。

而平屋顶的做法早期较少见，只有澎湖、金门地区的民居为了增加曝晒作物的空间，将护龙或第一进屋子做成稍有弧度的平顶，上铺尺砖，称为"砖坪"。在钢筋混凝土普遍运用后，现代建筑的屋顶大都是平的，但平屋顶的隔热效果不佳，故多于屋面加铺油毛毡或五脚砖等防水隔热材料。

第四节　排给水设计

一、给水设施

早期的家居生活中举凡饮食、洗涤、灌溉都要用水，当时的用水来源包括雨水、地下水及河水。水的取得不像现在打开水龙头便有自来水可用，而是居民要想办法解决的居住问题之一，能有良好的水源也是台湾早期原住民建立村落或汉人移民定居的选址条件之一，因此有着种种的贮水、运水设施。

1. 井

井的开凿是为了取得地下水供日常所需。通

常位于左右天井或庭院中，井旁设有洗衣石板及槽可就近于井边清洗衣物。

　　在较干旱的地区，如澎湖，通常由数家共享一井，井位于聚落中巷弄的交角处。至于市镇中的街屋，井就位于厨房所在天井中，有时相邻两户人家共享一井，两家围墙正在井的中央。井往往是一个村庄中最早的建设，先民以井水来验明是否适合落脚定居。

　　2.贮水槽

　　通常为了用水方便，厨房附近皆设有水槽贮藏由井或河边挑回的水，早期储水槽常用石雕，可沉淀水中杂质。澎湖的居民更于天井旁边设贮水槽，下雨时将槽盖打开，承接雨水。

　　3.水池

　　住屋旁边设水池，不但在风水上有聚气的作用，在平时更可养鱼，作为屋旁果蔬之灌溉用水，并因家屋易生火灾，可就近取水灭火。

　　4.输水管

　　若住屋离水源不远，可利用水管将水引到家中使用，省却挑水之劳。早期是将竹枝中的节掏空，作为水管使用，称为"水枧"，也可用木板制。

　　5.掐水器具

　　井边打水用水桶，有木桶、铅桶、铁等不同材料。而水瓢的制作材料及形状更多样化，有晒干瓢瓜对剖而成。

二、排水设施

　　民居建筑的排水设施，主要是针对雨水及家庭污水而设。就风水观念来说水的处理，其出处要在"凶"方，象征"吉入凶出"，水路要适当安排以免财气外散。

　　1.排水明沟

　　天井或前埕地面要略带斜度，使雨水流至屋边的明沟中，再导入暗沟。

　　2.八卦水路

　　隐藏在地面以下，暗含八卦的曲折水路，将水导出。这是一种极为神秘的放水法，依据风水八卦理论，将庭院的水经地下排出，并走不同角度，转折处设"七星池"慢慢排放雨水。

　　3.阴井

　　暗藏于地下的水路隔一段距离须设阴井，上有盖，可打开清除其中阻碍水流的杂物，前述及的留设"七星池"亦属阴井之一种。

图8-41　屋后凿井供应厨房

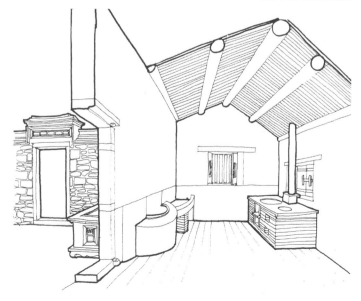

图8-42　澎湖民居之水缸与厨房关系图，内外皆方便利用

图8-43　山墙鸟踏可挡雨水

图8-44　金门民居之过水廊

图8-45　山墙上的通气窗

三、防水设施

在防水设施上，主要的预防对象是雨水。台湾多雨，而早期住屋以土建造，因此有着防水设施，以保护家屋，或不使下雨妨碍家居生活。

1. 水篱起

于土埆屋之檐口下加立一道竹篱墙，使雨水不冲刷土壁，雨天时，居民在廊内行走不受影响，此种做法古时为台湾平埔族住屋常用。

2. 土墙防护

土墙最怕水，其外壁必须加以处理。如加坡草、瓦等做法，并以石为槛墙防雨水冲刷。

3. 屋顶防水

屋瓦铺排时要注意水路是否顺畅。部分地区匠师采"蜈蚣脚"的做法，来防止雨渗入屋顶。近代则多以油毛毡等防水材料预防漏水。

4. 过水廊

在较大的宅院中，正身与护龙之间的通道常加设屋顶，称"过水廊"，使起居生活不因下雨而有所不便。

第五节　通风与防风设计

一、通风设施

早期住家的通风设施，是依赖墙体上的开口如门、窗、气窗及通气孔及建筑的布局如天井、廊等的安排，引起空气对流产生穿堂风，以去除室内的湿气及热气。

1. 窗

外墙上的开窗，有利于室内外空气的流通。至于气窗大部分设于门头两旁，或山墙鹅头坠上做绿釉花砖气窗，有时水车堵上亦做成镂空装饰，亦有气窗效用。

2. 通气孔

在山墙上，中脊桁下两侧做有两个小圆洞通风，使空气不致过于潮湿，以免木料易于腐朽。有时屋顶上亦置通气孔。

二、防风设施

台湾属副热带季风性气候，高温、多雨、且多强风。夏秋之际常有台风侵袭，而新竹、恒春及澎湖更是经年风大，新竹素有"风城"之称。在强风吹袭之下，作物不易生成，风沙大影响家居生活，损毁建筑物。传统民居常采取几种因应措施：

（1）农作方面

澎湖及垦丁地区的做法，是在田间置硓砧石围墙，减缓风势，使作物顺利成长。在新竹一带，则于田陇植树及竹。

（2）民居方面

在家屋四周植树或竹林，使风势减弱。澎湖民居三合院前多有做围墙，以墙门进出，据说便是为了挡风。让在搭亭及井中做事时不受强风影响。而聚落中，住屋采棋盘式布局，也将强风影响减至最小。

（3）门窗方面

在门窗外设兔仔耳，加悬竹编或铁皮做的"吊屏门"，台风来袭时，将吊屏门移到门窗上阻挡风雨。

（4）屋顶方面

就构造来说，强风来袭时，最易损毁的便是屋顶。有时从檐口处掀起，或将脊吹倒，屋瓦掀起，居民无不处心积虑的强固屋顶。

檐口部分，除将檐口尽量压低外，有时檐口加做女墙加固压重。后来翻修时，更檐口的挑檐桁改以混凝土梁，屋面部分则如瓦陇上做脚踏砖加固，或加压石头、砖块。有些人家甚至将旧轮胎置于屋顶压住屋瓦。至于脊的做法，较高的大脊，常将中间做成镂空状，让风可透过，澎湖也见到在小脊上铺排一道卵石的做法。

第六节　采光及照明设施

早期传统民居多承重墙体，外墙开口少而小，采光不佳，室内光线昏暗，夜间活动只能依赖蜡

图8-46　新竹地区民居屋坡较缓，可防风

图8-47　高窗可引入较多光线

图8-48　雾峰林宅木雕八仙窗花

烛、煤油灯等照明设施，居民惜物多早睡早起，充分利用日光，节省燃料。

一、采光设施

1. 门窗

门、窗是最普遍的采光设施。有镂空的雕花格扇门，虽然紧闭，但光线可隐约透进，另有一种美感。玻璃的运用，亦使传统民居的采光获得改善。屋顶上设置天窗，也可获得较佳之光线。

2. 天井

合院中的天井光线良好，使得面向天井的房间皆可获得光线，街屋两侧壁皆不能开窗，所以前后进之间的天井是采光的来源，绝不可少。

3. 楼井

街屋中室内楼井亦具采光功能，光线或者由天窗透进，或由楼上门窗引进，光线效果十分迷人。

二、照明器具

1. 蜡烛

属于点光源。多用于室内，如正堂神案以及卧室。

2. 灯笼

中间点蜡烛或烧桐油，透过灯笼散发出柔和的光线，因不怕被风吹熄，多用于走廊等户外空间。如入山处的寿梁上都会预留挂钓吊灯。至于正厅悬挂天公灯及子孙灯，其象征添丁的意义远大于照明的实际效能。

3. 煤油灯

以煤油为燃料。外有玻璃罩、室内外皆可用，量体较小，方便移动。

三、防晒设施

台湾地区日照强烈，尤其夏日除非工作必须

图8-50　雾峰林宅宫保第支摘窗

图8-49　六角形支摘窗

图8-51　民居正堂供桌上置一对红甘灯

于田野间，否则家居生活皆避免阳光直接曝晒。如屋前加轩，可于轩下工作不怕日晒；又如屋中来往各处通道，如过水廊，屋前的走廊等皆可减少日晒。现代建筑更因施工容易，有着多种的防晒设施。

第七节　防火设施

台湾传统民居若为木竹所造，极易起火燃烧，若为砖、石、土造，因家具皆为木竹造，加上照明、烹调都用火，所以居民在实际环境中采用各种措施达到防火灭火的目地。

1. 防火建材

采用砖、石等防火建材做火库起式家屋。

2. 街道布局

村落中采棋盘式布局，屋间留设巷弄，有防火间隔之效用，澎湖村庄即用棋盘式。

3. 蓄水池（缸）

屋设水池蓄水，或庭中摆设大水缸，火灾发生时，可就近取水灭火。

第八节　防御设施

早期台湾之汉族移民，不但时时与原住民发生冲突，漳、泉、客之间的械斗也经常发生，加上盗匪偶尔出没，居民们不得采取防范措施，使家屋不仅适于居住，且有抵挡攻击入侵者的能力。

1. 隘门

市镇中居民基于血缘关系共同抵御外侮，在街巷中设立隘门，敌人来犯，或在外受人追击，逃回此门后，便犹如进入自家势力范围。隘间大小无固定形式，最简单者犹如在巷弄中加上一道有门的墙，复杂者有如城楼，二楼设窥孔，墙上布有枪眼，屏东六堆地区客家庄仍可见之。

2. 莿竹林

种植于住家四周，因生长密实，除可隐藏住家所在位置外，据说可充分减弱旧式枪弹的威力，

更遑论要从其中穿越。

3. 门楼

除可界定住家之领域外，门楼是对外的主要出入口。墙上可设枪孔御敌。若为大型的二层门楼，则上层平时可贮藏弹药枪械，亦可射枪击退敌人，台中丰原三角吕宅筱云山庄有实例。

4. 铳柜

立于家屋旁的二层楼房，平时可贮藏弹药兼作瞭望所，紧急时更可作为避难及作战处，墙上亦布有枪孔，台北近郊深坑的民居仍可见之。

5. 铳眼

即枪孔，家屋中除正厅外，其他房间皆可设枪孔。不但在人蹲着射击的高度有铳眼的设置，在夹层以上亦有，可由高处向下射击。铳眼内大外小，由外观不易看出，而内部较宽适于架火器射击。

图8-52　门环上一般有八卦避邪装饰

图8-53　以砖石构造作铳柜（碉楼）

第九节　防鼠设施

早期农家食物积存在家中，为防老鼠肆虐，多养猫捉鼠，但夜间门户关闭，猫儿进出不便，便于大门、房门旁设一小洞，猫儿可从中自由进出捕鼠。至于狗的进出洞口，与猫相似，但稍大，且狗为防盗，狗洞的位置多设于四合院的前院落门口侧，或三合院之前的院门旁，活动范围多在户外的埕、天井等处。

此外，在嘉南平原一带为了防鼠，将谷仓独立于家屋之外，采椭圆做法，称为"谷亭笨"，下方抹圆，老鼠不能攀爬其上。而原住民排湾族的谷仓则采干阑式做法架高，柱脚设圆盘形"返鼠板"，也可防止老鼠攀爬。

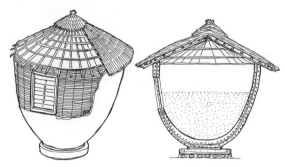

图8-54　清代台湾农户谷仓"谷亭笨"示意图

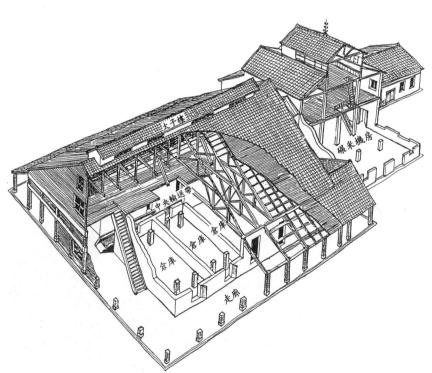

图8-55　台中潭子谷仓剖透视图

第九章
台湾民居之装饰

第一节　台湾民居彩绘

彩绘是一种美术，将美术寄托于建筑体之上，古时也可视为建筑的附庸，有道是"建筑为艺术之母也"。中国古代画师地位崇高，有时比木匠、石匠更受人尊敬，唐朝吴道子擅长壁画，名留青史。画因画师可舞文弄墨，跻身文人阶层，在重道轻器的观念下，拿笔的人地位高于拿斧的人。在台湾社会里，仍然承继这样的观念，所谓执笔师傅，即是彩绘匠师中负责画人物、走兽、花草、山水与楼阁的人，其角色优于一般油漆匠师，被尊为"拿笔师傅"，地位高于"拿刷子师傅"。

事实上，建筑上的髹饰与彩绘，油漆部分技巧更难，它要打底作地仗，一度又一度的上漆，以保证日久不生变化，发挥真正保护木材的作用。寺庙必作彩绘及壁画，民宅则视财力条件，富贵人家才作彩绘，一般只施油漆。但建筑彩绘不涉及结构力学或防水隔热等物理环境控制，所以施工较自由。

台湾民居彩绘在技巧及风格上，受到粤东潮洲的影响较深，证诸实例，落款潮汕及大埔的匠师如苏滨庭、邱玉坡、邱镇邦，留下一些杰作，可与台湾本土的鹿港郭氏匠派相提并论，互作比较。

传统建筑彩绘的构图，一般来说可分为垛头、垛仁等。垛头的作用为形成一个框，围住垛仁。它的作用本是衬托垛仁内的主题，但实际上所费的画工常多于垛仁，原因是它的复杂的线条构图。

通常较为考究的做法为螭虎团图案或盘长图案，匠界俗称为"线肠"，其结构有如中国绳结一样。线条通常为白色，其地则为朱色或佛青色，线条极为明显。

在垛头与垛仁之间，常可见用多色的线条分段落，称为"隔线"，每一条隔线之间用不同颜色填补，并且化色（退晕），这种形式也同样见于水车垛线条的分段，有时还可见隔线上施以发亮的螺片或线框中也出现云彩式画法，有如大理石纹理，匠界称为"谢石"。古时"谢石"（或射石）被归类于如玉之美石。

另外，在梁身之两端或中央承受瓜柱之处，可见绘以包巾（包袱）图案彩画。包巾的出现，可能系古代在梁柱榫卯之际所披上布巾的遗留象征。甚至像皖南及浙南民居或祠堂之梁木的锦纹，也有可能反映古时包覆锦布的证据。梁枋分段的构图，多用螭龙造型，螭龙形状与先秦的青铜器上之兽纹极为相似，螭龙图案除了用于垛头（藻头）外，也用于栱身、瓜筒及束木（月梁）等构件。黑底安金或扫金的做法施于梁枋上，俗称为安金画及撲金画。此法原多用于家具，但闽南及粤东建筑用之，尤其是潮州水平最高，台湾的家庙常可见及。

而匠师在彩绘之前，要遵循古制，寺庙、家庙与宅第必有所区别。色调决定之后，其次是主题，慈禧太后在颐和园长廊有一方匾额，题曰"藻绘呈瑞"，可见古人对于彩绘赋予求吉纳祥之企盼。画什么题材，即象征祈求与愿望。

图9-1　鹿港画师所作民居彩绘

图9-2　浙江温州画师方阿昌在台南民居之彩画

祠堂、家庙及宅第喜用忠、孝、节、义的题材，尤其是"孝"，台北林安泰古宅有"九牧传芳"匾，述说其先祖孝行典故；有些民宅以大舜耕田为题彩绘，亦属"孝"之典范；台中潭子摘星山庄则以主人戎马战功为题；彰化节孝祠在意识上贯彻更集中，以列女传故事为表现主题；如果是关帝庙，则以"忠"与"义"为主题。清末也出现"西洋时钟"的题材，日治时期出现"富士山"，凡此或可说明彩绘题材反映时代意义。

台湾民居的彩画极为发达，几乎大部分的民居都可见到彩画，主要分为木基层彩画与泥基层彩画两种。在墙的窗上常可见泥基层彩画，清风、明月为最通俗的对子。凤毛、麟趾也受欢迎。木作部分的梁枋在油漆之上亦常施彩画，特别是厅堂明间门楣上常绘以八仙彩绘。八仙在民间传说中被认为向昆仑山瑶池金母祝寿，是一种吉祥的象征。门楣上所绘的八仙图案，通常左右各列四仙，各自带骑，中央绘南极仙翁骑鹤，造型玲珑，色彩以红色为底，外观非常华丽。

民居中最多彩绘的部位在厅堂内墙及神龛上的横楣。内墙绘以巨幅山水画，例如彰化竹塘詹宅，四幅彩色画为"春夏秋冬"山水画。桃园大溪李腾芳举人古宅正堂内墙水墨画四幅，题材亦为四季景色。有时以花卉代替山水，例如春茶、夏荷、秋菊与冬梅。

台湾民居的彩绘极富艺术与文化价值，它不仅忠实反映清代台湾汉人移民生活文化的价值观，因为民居的重修不如寺庙频繁，因而常常能保存很古老的原貌。据近年的调查台北林安泰古宅尚保有清康熙及道光年间的梁枋包巾彩绘。而台湾中部的吕宅筱云山庄、林宅摘星山庄及社口林宅大夫第等皆仍保有清代同治及光绪年间彩画，落款为鹿港郭姓画师，是台湾本地出身的画师，具有美术史价值。

进入20世纪，在1920年代台湾民居的彩画达到一个高峰，除了本地的画师，从福建、广东及浙江聘来许多位画师，例如邱玉坡、邱镇邦、苏滨庭、方阿昌等，皆在台湾民居与祠堂留下了杰作。他们的画工精细，题材反映传统中国的人生价值，用笔设色富雅趣，丰富了民居内部空间的文化意涵。

第二节　泥塑与剪黏装饰艺术

一、台湾古建筑泥塑与剪黏之传统

台湾传统民居除了原住民所建造者之外，大多为明末清初由闽南与粤东的汉人移民渡海至台所建。不但工匠聘自闽粤，材料亦不辞辛劳运自大陆。从移民建筑的特征来看，他们所建的住宅及祠庙实际仍为闽粤建筑之延伸。同样的情形，也可见于南洋新加坡、印尼及马来西亚的华人建筑之上。

闽、粤的古建筑盛行在屋脊或墙上施以泥塑及剪黏的装饰。泥塑也称为灰塑或彩塑。早在唐代敦煌石窟中即可见到彩塑艺术。剪黏也称为剪花或嵌瓷，将陶瓷片嵌在泥塑形体之上，中国古

图9-3　淡水李氏宗祠屋脊剪黏龙饰

图9-4　以交趾陶作出书卷壁饰

代较为罕见，但古罗马或伊斯兰建筑却有这种称为马赛克的装饰做法。台湾传统建筑大量运用了泥塑与剪黏的装饰，因而外观上予人以眩目华丽之感。

二、泥塑的基本技术

泥塑在台湾民居上的运用很广，除了屋脊的脊垛、脊头之外，山墙的脊坠、檐下的水车垛以及墙上大幅的装饰，皆可见到泥塑。所谓泥塑，是利用灰泥本身的可塑性，匠师在现场施工所完成的。但也有提前预铸的做法。灰泥的成分各地稍有不同，但基本配方应包含石灰（以石灰石烧制或海边的蛎壳、贝壳等烧成，有专门烧的灰窑）、砂以及棉花（或麻绒），三者以一定比例混合而成。为了增加黏度，常再掺入乌糖汁或糯米汁。为了延缓干燥，减少裂缝，也常加入煮熟的海菜汁，也称为海菜精。这几种材料混合之后，再以人工方式捣成糊状，直到出油为止，此时黏度最高，最适合制作泥塑。

泥塑的颜色除了石灰的浅灰色，也可在制作过程中掺入色粉，如黑烟（黑色）或土朱（红色），或者是利用其将干未干之际，涂刷色料，使吸入表层。因而所制出的泥塑成为彩塑。彩度降低，颜色不反光，显得古朴。

泥塑的题材很多，从有如浮雕的螭虎到所谓"内枝外叶"的花鸟人物，泥塑的优点是可以在屋脊上现场制作，也可以预塑，给予匠师很多发挥的余地。如果制作"内枝外叶"式多层次的雕塑，要以铁丝为骨，层层加厚灰泥。一般而言，在屋脊上的龙、凤、螭虎吐草及人物花鸟，都藏入铁丝为骨。而墙上或水车垛的浮塑，较少用铁丝。

三、灰泥的制作

泥塑材料的调配，主要的灰泥是以石灰、麻绒（用麻布袋的麻丝）、糖汁、海菜粉与细砂混成，近年也有掺入一点水泥，以增加固着力。混成后的灰泥需多次搅拌，使其均匀。再经细网筛过，

除去杂粒，即可加水开始养灰。

灰泥置于大桶之中60天左右，此时灰泥经化学变化，灰油渗出来，其黏性较强。台湾的匠师通常以一包石灰配半包蛎壳灰与半包细砂混合。捣合时用锄头，再加入麻绒。麻绒要以剪刀剪短，避免过长。养灰之后取出小部分置于石臼内捣成黏稠状，即可开始运用。在运用时可再加入一些乌糖汁，更可提高黏度。

四、泥塑内部的骨架

泥塑骨材一般都使用铁丝，约1分至3分直径的铁丝，但脊上巨大的宝塔、龙、凤及螭虎团内部需要5分以上的铁条，古时请铁匠制作。骨架之下还伸出一段支脚，以便插入脊顶之内，才能有效固定。为了避免生锈，近代有人采用不锈钢丝。古时有时甚至用竹条或木条当骨材，泥塑内部使用竹、木骨材应是最好的，传统泥塑神像内部即用木质骨架。在台湾常见的燕尾屋脊内，古时也用竹条。

至于造型较细小的花鸟枝叶，所用铁丝应多作交叉缠绕，有如网状，其固着力最好，日久灰

图9-5　鹿港名匠师李松林所作之福禄样式

图9-6　盐水关帝庙所见之福禄泥塑

泥不致松脱或龟裂。

五、模印的技术

泥塑虽然多以手捏土而成型，但有些题材可用印模技巧完成，例如人物的面孔，武士的盔甲战袍或需要大量重复的构件。模子多以陶瓷为之，也有用木模子，有点类似台湾做糕粿的模印。一般而言，人物五官现场施工不易控制得细致，特别是眼、眉、鼻与嘴部的表情，所以多利用模子印制。人物模子依据戏出里的生、旦、净、末、丑而有所不同，武人的头较大、文人及仕女的头较小。另外，盔甲及战甲则分片模印，黏到身体上时依手脚姿态循势变化。

七、加彩泥塑

泥塑完全干燥之后，呈现灰白色泽，日久难免蒙尘或生青苔。为避免这些毛病，通常要上彩漆，刚上彩漆显得有些俗艳，但日久色彩稍褪，古朴之感自然形成。色粉多为矿物质，也有少部分植物性，色粉要加水胶一起搅和，才能固着于泥塑之上。

早期台湾的泥塑常用色料有土朱、朱砂、乌烟、石青及铜绿等。由于要自己研磨，且价钱昂贵，近年多改用已经研成粉状的色料，它们亦多属矿物质，但也有化学性质的颜料。色彩明亮，且颜色较多，可供选择。例如油性水泥漆、塑料漆，但不耐久。

图9-7 厦门名匠洪坤福交趾陶人物作品

图9-8 加彩泥塑门额

六、垛头盘长的技术

屋脊与水车垛的垛头，大多在现场施工，可作泥塑或嵌入碗片成为剪黏，如纯作泥塑，那么采用"盘长"的图案才能显出精细的工夫。盘长在台湾匠界俗称"线肠"或"线长"，系指以线条缠绕出一对上下对称的蝴蝶、蝙蝠或螭虎。制作这种线条繁琐的垛头，要使用特殊的工具，例如很细的灰匙与镘刀，以便挖出凹入的部分，有如木雕的剔底法。线条繁琐的垛头是否可用模印法？匠师也有人尝试过，但因每座建筑尺寸各异，模印法未能普及。

八、剪黏的特点

剪黏又称为剪花或嵌瓷，顾名思义，即将陶瓷片嵌在泥塑的形体之上的一种装饰艺术。它的起源不明，但据文献记载，至少在清乾隆年间已从广东潮州传入台湾。潮州古建筑盛行在屋脊上装饰剪黏这种特殊的艺术，至1920年代，已有潮州匠师受聘到台湾。

剪黏是一种在建筑屋脊上现场制作的艺术，具有即兴创作的特点，因此剪黏重视构图与花鸟人物的姿态，适合远观，其细节大而化之，较不适合近看。但近代也有镶嵌在壁上的作品，楼阁人物的细部一览无遗，朝向精致化发展。

　　剪黏完成后，外观能见到的泥塑有限，主要都被五彩缤纷的陶瓷遮盖，色彩明亮成为闽粤及台湾建筑的特色，甚至亦盛行于南洋华人地区的祠庙。但是剪黏也有脆弱的缺点，经日晒后温度升高，遇雨则骤降，此时陶瓷片可能断裂。近代台湾且多以彩色玻璃片取代传统陶瓷片，色彩鲜艳但更易碎。因而剪黏在屋脊上无法保持完整，大约每隔30年要重修，旧物保存不易。

　　剪黏以泥塑为体，灰浆的成分包括石灰、螺壳灰、细砂、麻绒、糯米糊与水混合，同样地要经过养灰的过程，放置一个月以上再捣出油，其黏度更佳。

九、剪黏的材料与工具

　　剪黏的骨架与泥塑相同，亦暗藏铁丝于胎体内，外表所黏的陶瓷片在古时系用碗、碟剪成破片，从碗边到碗底皆可派上用场。近代则用专为剪黏所制之碗，其釉色较一般碗更为鲜艳，陶壶亦可用，但硬度不足，通常使用瓷碗较耐久。

　　在台湾古建筑上，我们也见过用青花瓷之例，近年台湾又有一种淋烫做法，即用预烧好的釉彩瓷片黏在泥塑体上，尤以龙身鳞片或狮身的卷毛为多。易言之，省却剪的过程，其结果反而太过整齐而失之呆板。

　　前已述及，泥塑人物的头及盔甲可用模印法制造，剪黏亦同，文武人物的头部大多运用模印出来者，上白釉汁后进窑烧成。近代台湾祠庙屋

图9-10　以陶片镶嵌门额文字

脊亦大量使用小口马赛克，例如台北行天宫。

　　至于剪切碗片的工具，主要为尖嘴剪，可将碗片依所需形状大小剪下来，再用平口剪修边缘。近年为切割玻璃片，又用钻石头的割刀，各式剪刀及铁钳也是必备的工具。台南一带的匠师喜将武将战袍盔甲边缘剪成小圆球，据传为汕头匠师何金龙所引入之做法，他们使用细小的尖嘴钳。

十、剪黏施工技巧

　　剪黏的目的是将剪好的瓷片嵌入未干的泥塑上面，有如穿一件多片的瓷衣。捏塑灰泥时要稍瘦一些，才有足够余地嵌上瓷片。泥塑体本身也是层层加厚的，直到最后一层时，等到半干状态即可开始插入瓷片，依各种题材而有不同角度之插法。例如龙头的瓷片以斜角嵌入，但龙身鳞片的角度较平，虎、豹、狮、象的身体亦平贴即可，花卉的技巧也很多，花朵从中心向外张开，每片的角度不同，含苞待放者则以曲度较明显的碗片合成，枝干则多以平贴为主。

　　为使云朵或螭虎的螺纹清晰，有一种贴法是留出白灰的细框，白框稍稍盖住瓷片，使边缘线条柔顺。屋脊的垛头、规带的三角垛与山墙鹅头脊坠等常用此法。

　　剪黏作品亦可上色，在瓷片表面上油漆，可增加色彩的多样化，也可描金线，使人物的帽冠、盔甲、武器及楼台亭阁更为华丽。如要在灰泥部分着色，最好选在七分干燥时上色，颜色可以渗

图9-9　淡水李氏宗祠屋脊剪黏艺术

入泥中。事实上，剪黏、泥塑以及上釉入窑烧成的"淘烫"（又称为交趾陶）三者可以并存。例如规带牌头上，山景以泥塑为之，人物为交趾陶，但树木楼阁以剪黏完成，三种技巧交互运用，更为可观。精于此道的匠师，通常三种工法都熟练。

第三节　近代台湾民居的交趾陶及泥塑匠师

在 1920 年代的台湾，由于农田灌溉水利设施的完成，大大提高了稻米的生产，全台各地许多寺庙得到一个机会大兴土木，有的全面改筑，有的局部修缮，提供了许多机会给匠师表演。由于安定的社会环境与优厚的酬劳，吸引了不少名匠从闽、粤渡台，其中来自泉州的陶匠值得我们注意。

清代初年，闽南已经有自己的传统。在泉州开元寺内有一座照墙，照墙上有一堵落款乾隆乙卯年（1795 年）洪阳辉造的麒麟交趾陶，尺寸非常巨大。作者洪阳辉出现在墙上，可见他可能是

颇富名气的匠师。这是目前我们所知道的泉州一带年代最古老的一个案例。仅次于洪阳辉，为同治五年（1866 年）从晋江来台的蔡腾迎，台中丰原三角吕宅筱云山庄存其杰作。

在调查台湾及闽粤古建筑的同时，注意到了建筑上的交趾装饰，特别注意其落款年代与署名，所得到的史料虽然有限，然而看出泉州一带从清初以来似乎存在着交趾陶的传统。

过去有人太强调台湾与广东石湾的关系，恐怕史实并非如此。而泉州陶艺至目前为止的研究阙如，也是原因之一。我们应及时对泉州的陶艺师进行调查，在建筑物墙上的作品也愈来愈少了。

众所周知，台湾的交趾陶艺术至迟在清代中叶即流行，当时多附属于寺庙或富贵民宅的建筑之上。至于剪黏出现的年代更可上溯至清乾隆年间。陶艺在古建筑上具有多彩的装饰作用，因釉色明亮，且不易褪色，成为中国古建筑常见的材料。尤其是元朝之后，琉璃瓦与琉璃砖技术达到一个高峰，佛寺、宝塔与牌坊多运用琉璃，从而

图9-11　清同治初年的交趾陶作品

图9-12　台中神冈吕宅交趾陶博古图

图9-13　加彩泥塑书卷装饰

图9-14　屏东民居之加彩泥塑

图9-15　白瓷彩绘为二次烧造技巧

丰富了建筑的外观色彩。[1]

　　台湾的建筑装饰，崇尚多彩，因此彩绘、交趾陶、剪黏与彩塑成为一座建筑受到信徒重视程度的指标。据建筑个案的研究与闽粤古建筑的比较，我们发现各地特色与偏好不同，泉州以石雕取胜，漳州以砖雕较佳，潮州以木雕与彩绘最盛。剪黏以潮州、汕头一带较丰富。至于交趾陶，则分布并不很广，像福州一带即少见。过去有人研究认为台湾的交趾陶源自广东方面，甚至有人认为叶王的技艺系学自从广东来台南建造两广会馆的匠师，事实上两广会馆建于清光绪元年（1875

年），时叶王已50岁，与叶王的年代不甚符合。[2]

　　1920年代的台湾，来自泉州的陶匠值得我们注意，他们的作品多分布在台湾北部，作品数量多，且质量优异。

第四节　泉州来台的陶艺匠师柯训与洪坤福

　　北港朝天宫妈祖庙在1908年酝酿大改筑，向福建征聘了数十位匠师，包括石匠、雕花匠与陶艺匠师。其中柯训与洪坤福师徒二人对近代台湾建筑陶艺装饰之影响至为深远。

　　柯训为泉州同安县马岙乡人，他在故乡的作品尚未发现，仅知他带了徒弟抵台。目前朝天宫所存柯训作品很少，但正殿背面墙上的水车堵，在1970年代尚可见到亭阁布景的泥塑。至于人物，目前在正殿前拜亭右侧仍保存一些，虽未见署名落款，但应为柯训作品无疑，这组人物山景为大木匠师陈应彬所献。[3]

　　柯训是一位传奇性人物，我们仅知他是近代台湾寺庙陶艺的重要开山祖。其高徒洪坤福却是更重要的人物，不但留下的作品多，且授徒多人。包括张添发、陈天乞、姚自来、陈专友、江清霞与梅清云等名匠师。

　　洪坤福在台北保安宫大殿内墙的龙虎堵落款"鹭江"，即来自厦门，他的作品存世尚可见一些，例如保安宫，台湾龙山寺，新港奉天宫及北港朝天宫。至于台北孔庙、员林妈祖庙、嘉义地藏庙与台南普济殿的交趾陶作品多经后人修补。

　　金门旧隶属于泉州府同安县，宅的建筑风格与同安为同一系统。目前可见许多洋楼实与厦门相同，清末华侨从南洋回乡兴建许多洋楼，并大量运用日本所产的彩瓷面砖。在金门山后于光绪年间所建的王氏大宅18栋之中，我们发现有数座的墙面安装了许多交趾陶，宅的构图严谨，色彩丰富，题材多为博古、走兽、如意、螭虎与花鸟等。

　　金门的交趾陶是否为金门磁土所烧，尚不得而知。但以金门与同安、厦门地理相近，我们推测匠师应聘自内地。但可以确定的是泉州一带从乾隆年间至光绪末年，交趾陶颇为盛行，常使用在寺庙民居的照墙、水车垛与墙垛之上。这些证物可作为柯训、洪坤福所代表的泉州派陶艺匠师的脚注。

第五节　泉州洛阳桥来台的苏阳水

1910年代北港朝天宫、台北保安宫及台北龙山寺大修，吸引了不少名匠来台参加工程，至1920年代，桃、竹、苗的寺庙与民居随之兴起改筑之风。其中新竹新埔的广和宫（1928年）、桃园南崁五福宫（1925年）、龙潭龙元宫（1926年）以及桃园新屋庄宅天水堂等出现了一批极为优秀的交趾陶，新埔广福宫前殿的交趾陶落款"泉州洛江苏阳水"，让我们知道匠师来自泉州东北的小村庄洛阳桥。近年我们有机会专程到泉州洛阳桥考察，经人介绍终于寻得苏阳水故居，并获其族之助，从家谱中查明同时期来台的数位苏姓匠师。[4]

苏阳水因为作品上署姓名与地名款，成为追踪他们这一派陶艺匠师的线索。据其族谱详载，字本水，泉州惠安县洛阳桥西方村人，生于清光绪二十年（1894年），约在1920年代初与叔父苏宗覃、兄苏萍与堂叔苏承富、苏承宗来台。苏萍字本萍，出生于光绪四年（1878年），先于1910年代抵台，在北港朝天宫与柯训、洪坤福师徒对场，1924年又在新竹城隍庙与洪坤福对场，惜这些作品大都毁于近年的数次重修，他的戏剧人物最佳，除了桃园南崁五福宫外，现在很难见到庙上的原作。

苏承富本名务富，出生于光绪二十六年（1900年），1920年代来台，多在彰化一带承造寺庙，曾作台中城隍庙与元保宫的剪黏与交趾陶，后又至东势作文昌祠，惜这些作品大多不存。苏阳水的徒弟朱朝凤为新竹新埔客家人，跟随苏阳水在桃、竹、苗附近工作，这个地区的大宅第多可见到苏阳水兄弟的杰作。[5]

苏阳水一派的交趾陶，人物造型头大身小，身体修长，姿态优雅，色彩淡雅，秀丽之气溢然

图9-16　泉洲名匠苏阳水所作童子交趾陶

图9-17　苏阳水在新竹新埔庙宇之交趾陶作品

而出。那怕是走兽坐骑，也呈现轻盈俊美之姿，具有一种汉代民间陶偶的韵味。

第六节　安溪来台的陶艺匠师廖伍

1908 年开始大规模整修的北港朝天宫，不但是台湾近代寺庙改筑风气的开先河之作，也是匠师大竞技的一个里程碑。前面提及的柯训与洪坤福之外，当时尚有廖伍、蔡锦也参与工作。廖伍来自泉州府安溪县，蔡锦来自于泉州城内东街菜巷。因朝天宫保存史料得知，蔡锦擅长剪花，柯训擅长人物花鸟交趾陶，而廖伍专长于泥塑。

廖伍的名字除了出现在寺庙账册中，最重要的是也出现在建筑物墙上，可见当年他的地位不比寻常。在雾峰林献堂家族墓园，以洗石子技巧建造的墓园拜亭，梁柱与斗栱皆备，有如一座木结构建筑。墓旁石柱见到泥水匠廖伍、曾仁的姓名。廖伍同时也承建大里吴鸾旗家族墓园，这座宏伟的大墓系以洗石子建成，成列的希腊柱子与

山头拥有繁琐华丽的浮塑雕饰，恐怕为全台仅见之作。大里吴氏墓园为对场之作，廖伍承作左边，右边可能为曾仁之作。[6]

廖伍在丰原妈祖庙也留下杰作，山墙上的脊坠及水车堵的泥塑与剪黏，其人物花鸟与亭阁布景，作工精密，为全台罕见之作，当可视为廖伍寺庙之代表作。廖伍的交趾陶为数不多，雾峰林家顶厝景薰楼门楼的"凤凰牡丹"可能为其作品，附近民居有一些作品也可能出自其手。

第七节　闽南来台陶艺匠师作品之特色

综上所述，在 1910 ～ 1920 年代活跃在台湾中北部的交趾陶匠师，几乎皆出身福建泉州，包括洛阳桥、安溪、厦门等地。如果名之为泉州派的交趾陶亦颇恰当。泉州陶匠最早有实物可征者，有乾隆年的洪阳辉，有同治初年来台的蔡腾迎。这或足以推测泉州在清代交趾陶装饰已蔚然成风。

图9-18　窗楣上之书卷装饰

图9-19　受广东潮州影响的凸肚柱

图9-20　澎湖民居常见之镶贝壳磨石子花窗

交趾陶的釉色在近年已有诸多匠师研发出来数十种颜色，但我们仔细观察泉州匠师在1920年前后的作品，发现他们只能用到土黄、明古黄、草绿、浅绿、海碧青、宝石蓝、红豆紫色、粉红、褐色与黑色，大约不超过10种。

交趾陶装置的位置以屋脊、水车堵、墙垛为多。如果长期暴露在阳光与雨水之中，则易褪色，不耐久。交趾陶通常与泥塑或剪黏配合，例如山水为泥塑加彩，亭阁为剪黏，人物走兽为交趾陶，如此的搭配较多，也较容易制作。人物及带骑只作正面，背面挖空，才容易烧制。这种特性同样见于广东佛山及石湾的寺庙。

在水车堵上的题材多以历史演义故事为多。如果在宏伟宅第里，则以忠、孝、节、义题材较合适。在水平展开的水车堵中构图，有如中国传统绘画的横幅长卷，山水以低远的布局呈现，而近景以石头、大树与亭台楼阁点缀其间。最主要的仍是人物或走兽。中国南方神仙传奇故事非常盛行，神怪故事丰富。民居因受儒家影响而少用神怪故事题材，但寺庙则不受限制。水平开展的构图，有一点类似汉代画象石，但汉代的人物呈现平面化，交趾陶则为立体化。民宅中除了水车堵外，墙垛也是布置交趾陶的适当位置，一般以螭龙团炉、博古花鸟、八仙、耕读渔樵与琴棋书画最为常见。如果在寺庙，则题材更广，例如龙虎堵及历史演义。

仔细分析每个匠师的作品，釉色浓淡深浅及造型姿态神韵仍有异，像洪坤福以姿势见长，细部并不刻意经营。苏阳水则较重视脸部、帽冠、服饰及盔甲细部的刻画。他们两位的人物多取自

戏剧，戏服色彩花样考究，武将面孔画脸谱，有京戏的影响。特别是武将盔甲周围以小圆粒状物装饰，显得更精致。背景的山景，多以泥塑表现，也有少数陶制品，不论材质为何，其山形似乎得到宋元山水画如荆浩、郭熙、李唐等笔法影响，颇值得深入探析。

苏阳水的交趾人物比例略为修长，手脚及身体的细部比洪坤福精细，他的人物有良好的身段，显示他对传统戏剧的了解很深刻，一举手一投足皆显现优雅的神韵。

墙垛的交趾陶似乎没有水车堵的人物山水亭阁布局来得多样化。前已述及，水平展开的构图常常诉说着一个故事，从郊野的景致逐渐转变村落，村口有牌坊或小庙，再接到宅第的门楼，门楼内老小妇孺引颈盼望迎归人。如果是武场人物，则武将跃马奔腾，或后有追兵，旌旗飘扬，背景配以山、石、树、亭或城门等。观者视线随着人物故事情节而移动。要欣赏水车堵的内容，可从传统绘画着手，它将平面转变为立体，梁枋的人物彩画与水车堵交趾装饰是相通的。

注释：

[1]元、明至清，山西琉璃技术提高，佛寺、宝塔多用琉璃装饰.匠师系谱近年经屋瓦铭记，已初步建构出承传关系.柴泽俊.山西琉璃，北京：文物出版社，1991.

[2]李乾朗.台湾寺庙建筑之剪黏与交趾陶的匠艺传统.《民俗曲艺》，1990年6月.

[3]李乾朗.北港朝天宫建筑与装饰艺术.财团法人北港朝天宫出版，1993.74.

[4]2002年10月经泉州洛阳桥石厂吴继贤厂长介绍，至西方村访问苏阳水族人.

[5]见《台湾传统匠师派别之调查研究》，文建会出版，1988年10月，98.

[6]大里吴鸾旗墓园为西洋式，墓碑采埃及方尖碑形，但山壁的挡土墙采用希腊柱式.在1999年"九·二一"大地震时受损至巨，近年已经修复，保存了大部分洗石子柱头原物.

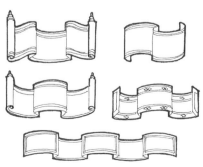

图9-21　台湾常用之书卷造形

第十章
台湾民居与生活形态变迁

第一节　19世纪台湾民居的家庭生活

19世纪的台湾，平原地区与丘陵地带的开发已近饱和，人口增多，社会组织成熟。各地出现望族，他们建造许多大宅第，透过这些宅第，我们可以体会当时的家庭生活情况。

19世纪的台湾显现已经形成一种封建的社会，清廷的统治已达200多年，行政区域调整为二府八县四厅。因社会剧烈变动，发生戴潮春事件与施九缎事件，冲击了安定的社会，但也刺激

图10-1　门前树立旗杆为中科举之象征

图10-2　台北陈悦记古宅前之石雕旗杆

了富户士绅之兴起。经过水圳之开凿，台湾中部得水利之便，农村经济兴起，地主富商竞相建造大宅。而文人雅士阶级亦随之增加，庭园也成为大宅附属的建筑。新竹的郑用锡建造进士第及北郭园，林占梅建潜园，雾峰林宅建造莱园，板桥林本源家建规模宏大的庭园。文士谢管樵、吕西村与吴子光等客寓台湾，提振文风有影响力。

随着文风兴盛，科举人才增多，台湾中部出现了著名的藏书家，丰原三角的吕氏建立"筱云轩"，收藏许多书籍，有联曰"筱环老屋三分水，云护名山万卷书"，吕氏一族在19世纪末出了三位秀才，得到海东三凤之美誉。

虽然台湾进入富庶的社会，但移民之间的争端也达到高潮，清道光及咸丰年间，分类械斗时而不断，台北盆地在咸丰三年至九年之间发生"顶下郊拼"，伤亡无数，因而民宅多建铳柜，以防火构造筑楼，凸出于房屋一角，作为防御警戒之用。

在这样一个既是富裕而文风盛行，但又随时充满战斗张力的时代里，人们的家庭生活如何？事实上，在激烈冲突的时代，往往产生高度的文化，例如日本战国时期出现了城堡天守阁，而中国的福建在明清之际动荡不安时代产生了客家圆楼，这些有特色的建筑大都是在特定的历史背景下出现的！

一、民居如何处理人与自然的关系

台湾汉人民居虽多分布于平地与丘陵，但靠海地区与近山地区因地理气候因素而有所差异。靠海地区如澎湖，安平与鹿港的民宅，其屋顶坡度较缓，可以避风。近山地区如大溪、三峡、东势、草屯及宜兰地区，因雨水多，屋坡趋向较陡的设计，可收挡雨之效。

通常我们说"古井"一词，事实上一座建筑在定基之前，常先凿井，以测土质及水质，水的因素极为重要。台湾"井"的存在常常早于建筑物与聚落，有好的水，人们才有定居的念头。住宅中的古井不可任意挖掘，否则可能伤及地下水

图10-3　预设左右护室之山墙

图10-4　客家重视文字，厅堂内用长联

脉，俗称"败风水"。台湾农村民宅喜在门前设"半月池"，兼有蓄水及风水意义。从蓄水来说，农民所养的水牛、鸭鹅水禽及鱼类皆利用到水池，水池发挥为气候调节温度功能。从风水上来说，所谓"引水界气"、"吉入凶出"，可引来吉气，造成"五世其昌"。

台湾还有一句俗谚"光厅暗房"，所谓"一明二暗"布局，在正厅或护室，常用三开间，中间厅堂设较大窗子，而左右卧房门窗较狭小，产生"光厅暗房"效果。从传统生活习俗而言，日出而作，日落而息，人们在卧房里的时间很少，暗的环境适合休息。民谣《农村曲》有歌词："透早就出门，天色渐渐光"作诠释。

传统古宅也是一种生态系统下的产物，它的座向多采坐北朝南或背山面水方位，适合台湾亚热带气候。它也是一种生产链或生活链，人与田地、水圳、竹林、水池、家禽、牛羊牲畜等共同构成互相依存之生态系统。古时农民一年四季依

节气作息，养牛耕田，养猪消化厨余，并增加收入，养鹅据说可防陌生人，也可防蛇。种竹林可采笋子，水池边种丝瓜，并使池鱼有遮荫之所，这些点点滴滴相互之间皆具有共存共荣的关系。

二、民居中的生活文化

19世纪台湾的民居反映了多元的人神与人际关系，正厅中央摆设上下桌，上桌供奉祖先牌位，墙上挂"祖德流芳"横匾及观音、妈祖画像。基于慎终追远思想，台湾人对祭祖极为重视，视为尽孝道才能获得祖先之福荫。

祖堂供桌上的香炉有两种，圆形的称为天宫炉，方形的称为公妈炉，圆炉敬神，方炉祭祖，两者明显有别。每天早晨，家人一定要烧香敬祖。每年有特定日子，例如祖先的忌日不能忘记，也要烧香祭祖。儒家所谓"敬鬼神而远之"的思想，事实上在台湾并非如此。

图10-5　板桥林宅廊道以屏风分隔男女使用

图10-6　过水廊以圆窗分隔内外

19世纪台湾的古宅第，不但重视祭祖，甚至普遍通行"泛神"观念，门有门神，户有户神，灶有司命灶君，井有井神，床有床母神，这些神明与住宅共存，不得怠慢。闽南移民的天公炉悬挂在厅堂半空中，称为"天公炉"。客家人的天公炉通常设置在屋外墙上。

处理人与神明的空间设计之外，最值得注意的人与人之际的空间。我们知道，19世纪的台湾社会已趋于封建化，贫富贵贱及男尊女卑的社会已经成形，不但嫁娶考虑门当户对，社会阶级规范了人们的行为举止。住宅中的生活纪律严明，士绅家庭尤其注重这些规矩。

要真正了解19世纪的台湾民宅，一定不能忽略当时妇女的社会地位起落。1833年，大甲街头树立起"林氏贞孝坊"，1880年新竹出现"苏氏节孝坊"，1882年台北出现黄氏节孝坊。而彰化在1886年建造一座"节孝祠"，供奉合乎当时道德价值观的台湾中部节孝妇女，甚至到1895年之后日治时期，仍维持这种风气。这无疑说明

至少在19世纪至20世纪初期，台湾社会普遍存在重男轻女的现象。

台湾住宅中反映重男轻女观念之设计非常明显，住宅中常出现妇女的回避空间。士绅家庭的妇女流行缠足，使足不出户，要出门必须坐轿子，不能随意抛头露面。著名的台湾歌谣《双雁影》有一段歌词颇能描写妇女深锁庭院中的心情，"秋风吹来落叶声，单身赏月出大庭"，妇女赏月也只能在庭院中驻足而已。

如果仔细分析台湾古民宅，我们将会发现其空间系由纵向的"仪式空间"与横向的"生活空间"交织而成。从门厅经中天井到正堂即属于"仪式"，例如红（喜）白（丧）事即在中轴在线进行。

而正堂下的"子孙巷"连通左右护室，是妇孺居家生活及作息之场域。如何使这两组空间互不干扰？19世纪台湾民宅使用屏风及围墙来阻断视线。

根据实例分析，有纵墙与横墙两种设计。彰化永靖陈宅余三馆采用横墙分隔内外，丰原吕宅

图10-7 供妇女行走的暗廊道

图10-8 雾峰林宅之妇女廊道用花瓶门

图10-9 鹿港商店街屋之阁楼

图10-10 台湾民居最常见的顶桌与八仙桌

筱云山庄与社口林宅大夫第采用两道纵墙划分左右，而板桥林本源三落大厝甚至使用屏风分隔内廊与外廊。外廊供男宾行走，内廊供家中妇女或婢仆行走，各行其道，十足反映出当时宅第中男女空间之分际。

富贵人家的生活是否值得羡慕？以今天的眼光来看，无疑是一种禁梏，也许富人有园林的亭台楼阁可以纾解，我们无从体会。至于一般人家，家中平日生活起居也有其甘苦。俗谚"男主外，女主内"，家事也是非常繁重的。厅堂有供桌、祭具、太师椅及茶几要清理，卧房中有安眠床、五斗柜及洗面架要打理，灶脚有大灶，水缸、碗橱、菜橱要打扫。屋后有鸭寮、猪圈要照顾，每天还要花时间至附近溪边洗衣物。每逢年节那就更忙了，台湾民间习俗特别重视正月、天公生、元宵、清明、妈祖生、端午节、七夕、中元普渡、中秋节、重阳节及冬至，搓圆仔及做年糕大都是妇女的重头戏。

民宅中的天井与檐下挑梁构造，它与石磨可配套使用，石磨置于屋檐下，而推架吊在梁下，长棒子可用来压挤水分，一切都搭配得很合理。

台湾民宅也发挥着教化的功能，从墙上的对联到门柱楹联，石雕木雕的内容多系表彰忠孝节义，小孩从小在住宅中接触这些寓教于艺的事物，耳濡目染，日久自然有所影响。古时少用玻璃，窗子系糊纸而成，它的花格子图案有如刺绣，引起人们的巧思。晋水一经堂蔡腾迎的交趾陶、鹿港郭友梅的彩画都是19世纪民宅中的杰作。从这个观点来看台湾古宅，我们发现一座乍看平凡的住宅，事实上到处都充满了合理的安排，深富灵性且细致的设计与朴实生活的写照。

第二节 清末住宅迈入封闭的平面布局

台湾自从清咸丰十年（1860年）因《天津条约》五口通商之后，开放北部的鸡笼、淡水与南部的安平、打狗为贸易口岸，促进了内外文化及经济

图10—11　屏东客家民居厅堂之八角窗对中庭

图10—12　八角门对窗不对门

图10—13　台北板桥五落大厝

交流。茶与樟脑的输出取代了过去只有稻米为大宗的输出现象。台湾平地的开发已达饱和，为了种茶及采集樟脑与木材，汉人逐渐逼向山区，也直接引起原住民的抗争。至光绪年间才有刘铭传巡抚的开山抚番政策。

在社会、经济、政治与文化剧烈变动的时代，台湾民居产生了明显的变化，其中富绅地主巨宅的平面逐渐迈入封闭性格局，反映封建社会之

形成。

以建于咸丰三年（1853年）的台北板桥林本源三落大厝及建于同治五年（1866年）的台中神冈吕宅筱云山庄为例。前者因经商致富而成为大地主，后者为地主进而成为士大夫，子弟中出三位秀才，这两座住宅的家庭都是当时台湾社会向中国传统封建体制发展的代表。男尊女卑，亲疏有别，内外分明，反映至住宅的设计中。

板桥林宅三落大厝正面有三个入口，中央为主人出入，两侧为低辈者或佣仆使用。门厅之后的左右廊，以屏风、格扇分隔内外，使访客不易窥见护室侧庭内居住者之活动。后堂院子的左右亦围以高墙，使主从有别。这种在中庭左右围以高墙之做法，也可见于吕宅筱云山庄。归结而言，至清末，台湾的富绅巨宅为了提高居住者不同的私密性，使家庭成员依其地位各得其所，而增加了许多屏风与高墙设计。

清末台湾士绅阶级的住宅，作为家族之表征，空间安排与尊卑秩序反映了台湾社会人际关系逐渐达到了封建社会之顶峰。一座住宅的中央核心供奉着祖先牌位，它的左右及前后，环绕着家族由长辈依序而降的成员使用空间，并且将妇女的生活空间压缩至最封闭的后院与角落。早期开垦时期的较自由开放的布局，随着社会成熟，逐渐朝向严密的社会组织发展所导致之结果。

第三节　日治时期台湾民居空间与形式之转变

一、20世纪初台湾民居建筑的背景

清光绪二十年（1894年）因中日甲午战争，中国遭败绩，乃割让台湾予日本，开启了50年的日治时期。由于这段时期也正是世界上近代建筑运动萌芽至茁长的过程，台湾在日本殖民统治之下，较迅速地接触了现代化的洗礼，在文化上更广泛地吸收了日本以及西洋的影响。

民居建筑作为生活的直接反映，也很自然地

图10-14　板桥林家花园全景

图10-15　板桥林家花园

图10-16　板桥林家花园书卷形墙　　　　图10-17　板桥林家花园方鉴斋曲桥

图10-18　板桥林家花园蝙蝠漏窗

图10-19　板桥林家花园蝴蝶漏窗

显现出变化，特别是空间的使用与外观形式上的审美要求，皆与过去几百年的传统民居有了差异，若与"二战"后的现代台湾民居相较，这是一段文化转型期的住宅，是从古老的中国过渡到现代文明的重要阶段。

日本在19世纪进行明治维新，引进西洋文明，得到台湾之后，在各地建造大量的洋式建筑，诸如火车站、州厅官署、医院与学校等皆采用当时流行的后期文艺复兴式建筑。至1920年代又流行现代主义的风格，建筑平面趋于不对称，外观造型趋于简单自由，公共建筑的设计风潮对民间住宅起了明显的影响。台湾当时的社会内部产生较大改变，由于国民教育普及，政令贯彻成效良好。

日治时期的台湾社会在政治上虽然不曾间断对日人之反抗，但是经济与文化水平仍明显提升。又因卫生条件改善，医疗设施普及，人口增加极快。据统计，清末光绪年间的台湾人口约有260

万人，至1940年代增为600多万人，人口在50年间增为两倍多，住宅需求量很大。

在1920年代，中国大陆在五四运动的影响下，大量的青年出国留学，极大促进了新文化的发展。台湾社会内部也有相同的文化启蒙运动，美术方面即有许多青年远赴日本及法国求学，他们成为台湾最早的西洋画家，常举办展览，如"台展"或"府展"。在建筑设计方面，日治时期台湾人子弟在小学毕业之后，常被鼓励进入农林、商业与工业专科学校，其中台北州立工业学校的土木科与建筑科成为培养建筑技师之摇篮，必须修习五年。从1915年起即陆续有毕业生投入实际工作。不过他们所受训练偏向于技术方面，因此多朝向营造业发展。少部分的建筑师从事设计工作，且多任职于乡镇级营缮部门或糖厂、盐厂、电厂与自来水厂的营缮单位，担任厂房及宿舍建筑之设计。

当然，广大的台湾乡村尚未面临都市化的改

图10-20　淡水英国领事住宅

图10-21　淡水传教士马阶住宅

图10-22　台南传教士住宅

图10-23　桃园中坜洋楼

造，乡村的居民多从事农耕，生活仍停留在农业社会，早出晚归，日出而作，日落而息。因此，乡村仍在建造传统三合院民居。不过，起居室、卧室、厨房、厕所略有改变，起居室不再摆设严肃的太师椅，厨房使用自来水，省却了储水缸。卧室不再放置马桶，房屋旁边另建一间厕所或浴室，尤其受到日本浴室之影响，常设置桶式洗澡缸。这些乡村住宅的设计者，大多为地方上的泥水匠或木匠，他们使用的工具如锯子、刨刀与墨斗，也受到日本的影响。

总结起来，日治时期的台湾民居因政治、社会、经济与文化受到全面的日本与西洋之影响，人民的生活与清代发生明显的变化，基本上是一种现代化的过程。建筑师职业开始出现，在建筑法规的管制下设计住宅，设计思想承袭日本以及当时西洋较前卫的潮流。但在1930年代日本倡导所谓"兴亚"主义之后，有些住宅显现出浓厚的东方或台湾本土精神。

二、时代设计思想的影响

19世纪末期西方工业革命之后，建筑设计思想深受当时社会变革与建筑构造力学进步之影响。建筑要摆脱繁琐的装饰迈向规格标准化的工业化产品，钢铁与玻璃增加了空间的跨度与光线的明亮，使得古典建筑的厚重与幽暗被解放了。

日本在明治维新时吸收的仍是欧洲古典建筑设计思想，有几位英国的建筑家被聘至日本讲学，

培养了第一代的西化派建筑师。但是到了1920年代，东京发生大地震，这些砖石造的厚重建筑大多被震倒，也使人们对这种外观庄严宏伟，但缺乏耐震能力的建筑丧失了信心。

时值欧洲盛起的现代主义运动，包括德国的包豪斯（Bauhaus）、分离派（Secession）及新艺术（Art Nouveau）等设计思潮。其中以维也纳为中心的分离派对1920年代的日本与台湾发生了明显的影响。然而像欧洲一样，这些较前卫的建筑设计思潮在1930年代之后，逐渐受到法西斯主义压迫，在台湾只有民间的商店与住宅继续这种简洁而明快造型的现代主义设计，公共建筑反而走回保守的路线，甚至发展出"兴亚"主义的建筑，在钢筋水泥建筑上戴一顶东方式的琉璃瓦大屋顶，日本称之"近代和风建筑"。

住宅的演变，除了生活的内容与建筑设计思想的原因外，当时台湾各个主要城市正在进行都市计划，日人谓之"都市改正"，似乎有意要将传统台湾的中国式城市扭转改变为西洋式的城市，例如格子状或以圆环为中心的辐射式街道设计，在圆环或丁字路口建造官署、警察局、博物馆或医院等大型建筑。都市计划进行之时也举办讲习会，介绍都市计划的目标与做法。台北市与高雄市皆经过大刀阔斧的改造，为现代化城市建设奠定了基础。这样的过程也拆除了许多富有历史价值的中国式寺庙、官署、书院、豪宅与园林，在日人蓄意铲除中国文化之根的政策下被

图10-24　台中大甲王氏洋楼

图10-25　桃园大溪和平街牌楼屋

牺牲了。

都市计划的具体做法，规定城市沿街住宅与店铺的宽度与高度，主要街道的建筑物要留设3.6至4米宽的骑楼（亭仔脚）。1936年公布的《台湾都市计划令》规定住宅区内最高以20米为限度，其次并进行市地重划，定出住宅区的街廓。至于住宅的构造亦明文规定，如混凝土、砖、石构造之强度依照《日本标准规格》。跨度在5米以上之屋架，应使用洋式屋架。归结而言，因都市计划颁行，住宅的尺寸与构造方式受到规范，外观形式也就改变了。

三、民居平面、空间与形式的变化

台湾传统的民居除了具有千年传统的原住民住宅外，主要是明末清初大陆汉人带来的中国式合院民居。其中又可以分别闽南式与广东客家式，他们由于语音有别，风俗习惯亦略不同，导致民居平面与形式亦各异其趣。日治时期因交通改善，各地民居的差异逐渐减少。

经过现代化的过程，台湾民居在1920年代之后呈现较大的转变。在平面方面，为适应暑热，走廊的宽度增大，跨度亦增大，有时系以水泥梁代替木构架。正厅与房间的开窗增大，光线明亮。古时台湾民居有"光厅暗房"之习惯，现在的房间也趋于明亮了。厨房内的大灶逐渐减少，大家族分成小家庭，灶的规模减小。另外，民居中视屋主社会地位而增加小空间，例如医师、律师、

事业家及城市中产阶级，他们的住宅内增加了玄关（门厅）、子供室（小孩房）、便所（厕所）及庭园（前院或后院）等空间。

在空间组织方面，由于增加了许多空间，因此对称型的平面已经不足以负荷，通常使用不对称的平面，墙体内附设壁柜，此后受"押入"（日式壁橱）之影响。室内走廊不安排在中央，改设在房间边缘，以得到较多的采光。

外观造型方面，因斜坡瓦顶渐被水泥平顶取代，外观上出现较多的女儿墙，女儿墙的形式成为住宅的天际线。1930年代流行三角形山头（Pediment），但30年代之后流行水平式的女儿墙。在檐口及窗口，更喜做出水平式的遮檐，成为建筑物造型上很突出的线条。

由于受到分离派（Secession）及表现主义（Expressionism）建筑思想影响，当时又有来自美国的装饰艺术（Art Deco）风潮，住宅的开窗更趋自由，喜作圆形、三角形或其他不规则形状。窗子上也常设置铸铁栅栏，有安全及装饰作用。更值得注意的是外观的色彩演变，在1920年代，砖砌改变为贴面砖，最初多用深色的面砖，如红色及褐色。至30年代色彩趋淡，多用浅绿色及白色。这种浅色调事实上也是受到当时现代主义运动影响，建筑物呈现明快与轻巧的面貌。

回顾起来，日治时期的台湾民居，具有承先启后之历史意义。它一方面改变了传统三合院的布局，一方面增加了许多符合新时代生活的空间，

图10-26　台中陈氏洋楼

图10-27　台北迪化
街新艺术风格街屋

并采用了现代的建材与结构，进而使造型亦转变
了。从台湾民居发展来看，展现了传统与现代之
间的过渡性格。

第四节　20世纪的洋风与和风住宅

一、早期洋式住宅多为回廊殖民式样

台湾开放通商之后，西洋商行及教堂逐渐
设计，商人及传教士所建的住宅，多采用19世
纪流行的所谓回廊殖民式样。顾名思义，它的
平面外缘设回廊，用砖砌成半圆拱，可收隔热
之效。在19世纪的亚洲西洋殖民地如印度、印
尼、马来西亚与菲律宾等地，西洋人多喜住这
种类型的华宅，也可说是一种调适热带气候的
建筑。

通常平面为方形或曲尺形，简单者单面回廊，
较考究者设三面或四面回廊。虽然在亚热带或
热带所建，但仍设火炉，火炉设在平面的中央。
以台湾所见之例，多用中央廊道式，即入口设
中央，进入室内后，廊道居中，左右分布房间。
因此廊道较暗，但房间临外侧回廊，可获明亮
的光线。

加拿大传教士马偕于1882年在淡水建的自
宅，即属典型的回廊殖民式样建筑，平面略呈正
方形，坐北朝南，三面设回廊。中央入口及廊道，
左右各有房间，并有火炉。另一侧为1891年建
成的淡水英国领事官邸，平面为"丁"字形，三

图10-28　鹿港辜氏
洋楼

图10-29　南屯草屯
洪氏洋楼

面设回廊，中央设入口，门厅内设楼梯通二楼，使到达左右房间的距离均等。

这类西洋人所居住的太宅第，除了平面左右对称的特色外，房间也有尊卑之分，主人住在正面的房间，佣仆被安排在后面房间，与厨房为邻，以方便操作家事。淡水英国领事馆内还设置仆役用的楼梯，与正厅主人用的大楼梯有别。总之，洋人住宅出现在特定的地区，如居留地或租借地。在完善的规划下，宅第周围留设绿地，广植草木。重视房间的采光通风，并雇用仆役为其服务，仆役的房间虽然也附属在大宅第之内，但都极为窄小。但建筑的平面布局反映出男女主人的平等思想，这是当时台湾洋楼住宅与台湾士绅住宅最明显的差异。

目前尚保存的 19 世纪末及 20 世纪初年的回廊殖民式，尚有高雄英国领事馆（1866 年）、淡水总税务司官邸（1880 年代）、淡水女传教士宿舍（1906 年）及淡水牧师楼（1909 年）等。

图10-30 淡水英国领事馆洋楼

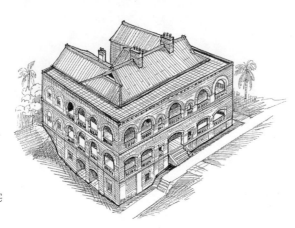

图10-31 马阶住宅为三面回廊设计

二、20世纪初期的洋风与和风住宅

光绪二十年（1895 年）因中国在甲午战争战败，割让台湾给日本，开启了长达 50 年的日本统治时期。日本当时值明治维新高峰，实施"脱亚入欧"政策，全面模仿西洋。明治年间崛起的政治家、企业家、商人及文士们都向往西洋式住宅。他们因为见到英、法、德等国因工业革命之赐，变成富裕的强国，且在海外掌握许多殖民地，日本兴起崇拜与模仿之心。不但皇族建造模仿巴黎凡尔赛宫的东京赤坂离宫迎宾馆（1906 年），贵族及上流社会富商巨贾也跟随追求洋式生活情调，提倡西洋文明不只思想的问题，也是生活空间的改造问题。西洋住宅日本人称为"洋馆"，以拥有洋馆作为社会地位之象征。

日治时期的台湾也受到这股崇拜风潮影响，台湾的旧式地主子弟有些被送到日本或欧洲留学，他们回台后即着手兴建洋房。另外一些得宠于日本统治当局的士绅，为送往迎来的社交需求，也兴建豪宅。这种住宅大都采用中西合璧式，既有西洋式外观，但内部仍有祖宗牌位厅堂之设，且房间的分配仍保持清代男尊女卑的特色。易言之，仍是台湾传统封建社会之延伸。

在日治初期，台湾总督府的高等官员如总督、民政官或军司令官等的官邸，主要仍采西洋式建筑，但稍后常在一侧另附建日本式住宅，称为和洋混合风格住宅。1901 年建造的总督官邸，采后期文艺复兴式，平面呈长方形，入口朝南，而北

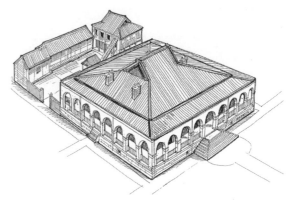

图10-32 1909年建淡水埔顶牧师楼，由吴威廉设计，洪泉施工

侧辟有园林，凿池堆山，广种花木。建筑为二层楼，四面皆设回廊。屋顶采法国流行甚久的孟莎式（Mansard roof）。后来因遭白蚁腐蚀，乃于1912年由著名的建筑家森山松之助修建为更华丽的形式。

民政长官的官邸设在总督府前面北边的街廓，采用尖顶的半木式洋式建筑风格，这种将木梁柱裸露在墙面外的建筑，是欧洲北部诸国从中世纪以来常用的形式。日本在明治维新以后逐渐出现的资本家及政治家，常常兴建别墅庄园来彰显自己的社会地位，半木式洋房的浪漫异国情调是别墅最常用的。台湾的总督府民政官与军司令官乃至电力会社与银行之宿舍，多采具有半木式趣味的及有尖塔屋顶的建筑。这种建筑的平面并非规矩的长方形，而是凹凸不对称的平面，入口常凸出一个门廊，用圆拱或希腊柱式装饰。入口门厅设楼梯，一楼安排客厅、书房、餐厅、厨房及佣人房。后院有露台，使庭园与餐厅更为接近。二楼则为主人、眷属卧房及起居室，并且常设有

壁炉，烟囱突出在急斜屋顶之上，令人有西洋童话故事中小木屋之联想。

不过值得注意的是，无论是台湾富绅或日本人所建洋房，其建筑多少呈现一些东方的特征。台北富绅辜显荣、陈天来与高雄陈天和的洋楼住宅，在中轴设正厅，摆设中国式家具如供桌及太师椅，并供奉祖先牌位，两旁墙上挂字画及对联诗句。而日本人所建的官舍，其中有一个房间成为和室，地面提高并铺上木板或榻榻米。或者在洋馆一侧附建日式木造房舍，两者以廊相衔接。台北的台湾总督官邸在初建时纯为一座洋馆，经过十多年后即因实际需求而附建一座日式房舍。基隆富绅颜钦贤的住宅，主体为一座半木式洋楼，旁边附建日式木造平房日式庭园，名之为"陋园"，可惜近年被其后人拆除。

现存较为完整的早期洋馆除了总督官邸外，大约建造于1910年代的旧台湾银行副总裁（日人称为"副头取"）宿舍可视为典型的代表。日本在明治维新之后，取法西洋，住宅设计风格亦

图10-33　台北陈氏别庄为英国半木式建筑

图10-34　台北金瓜石太子宾馆日式园林

受影响。许多官舍及富人豪宅大多实行洋楼形式。但有趣的是，日人在公众应酬方面全盘西化，但实际私人生活的一面仍保存日本古老的传统。因此在洋楼一侧或后面，常附建日式木造房舍。台北这座银行"副头取"的宿舍即在洋楼之左右侧各附建日式房屋。这座巨大的宿舍，1949 年之后，充为国民政府要员严家淦先生官舍。严氏对台湾财政金融发展卓著贡献，他辞世后，近年这座巨宅被列为保护的古迹。

这座住宅位于台北市区南门外，平面坐北朝南，略偏东南。平面分为三部分，中央洋楼为二层楼，平面近正方形，楼梯设在角落，不设在中央位置，这是较罕见的。靠南的一面设回廊，合乎亚热带气候的条件。它的屋顶为四坡式，有点像中国式的攒尖顶，但最高处凸出一座小塔楼，早期不但具有通气作用，也是造型特色。回顾日本明治及大正年间洋风住宅，屋顶常见凸小塔楼，并安置铸铁栅之装饰或避雷针。

至于两侧的日式住宅，从 1910 年代地图与 1925 年地图比较推断，西侧的年代较早，可能与洋楼同时。但东侧的部分可能迟至 1920 年之后才兴建，它所用的木材可能是阿里山所产的优质桧木。平面有外廊特征，使室内可以直接望及庭园，很典型的江户时期日式住宅。

1920 年代的台湾，城镇与乡村出现了许多西洋式住宅或具有西洋建筑装饰的街屋，当然对为数极多的台湾传统合院住宅产生冲击。传统合院光线阴暗，与洋楼明亮的空间形成对比，于是有人提出要改善旧有的合院式农村住宅。这种改良的设计，主要是增大窗子并增设厕所卫生设备。鼓吹提倡的成果并不成功，大多数农村仍然认为传统的住宅足以满足农民的生活需求。

三、1930年代的现代主义住宅

1930 年代的台湾建筑受到当时流行欧美的现代主义设计运动的影响，在建筑材料、结构、空间与造型各方面起了明显的变化。住宅的平面不再拘泥于中轴对称，祖宗神龛的位置也可以设在住宅的一个角落。建材逐渐以钢筋水泥取代砖造，空间的布局也较自由，房间的通风采光受到重视。

更明显地是外观造型不再突出尖塔或三角形屋顶，代之而起的是水平的流线形造型，屋顶也多为平的楼板，强调窗子上面的遮阳板，窗子的形式也呈多样化，例如圆形或半圆形，窗格子多呈几何形。外墙只有简单的水泥粉刷，或贴上所谓"一丁卦"（半砖）、"二丁卦"（全砖）的磁砖。磁砖的釉色有白、灰、浅绿、褐黄及暗红色等。特别是至 30 年代后期，为了防空理由，公私建筑多用褐色面砖，称为"国防色"，据说较可躲避敌机的空袭。

板桥富绅林本源家后代林熊征在台北有一座豪宅，即同时使中式合院住宅与洋式现代住宅并存。另外，在台北淡水河边的高桥氏住宅，十足的现代主义作品，似乎受到柯布西耶的影响，有屋顶平台，也有连续的水平窗，引进明亮的光线。

1930 年代之后，能够接受现代主义设计风格的住宅，大都为知识分子，例如医生及工商业者。由于日本统治当局刻意限制台湾人走进法政职业路途，所以医生及工程师成为台湾知识分子唯一的出路。在设计者方面，30 年代开始有台湾人建筑专业训练工程师步出校门，他们所受的教育多为讲求功能与技术的建筑思想，他们设计的住宅亦离不开简洁实用之要求。

回顾从 19 世纪末叶及 20 世纪中期，台湾经过了复杂的变革，从政治、经济、社会与文化层面看，台湾的住宅文化都反映出来。住宅作为人民生活方式的指标，可以验证不同时期的差异与背后的意义。19 世纪末期的住宅，反映着中国传统封建社会的家庭权力分配的方式。20 世纪初期的洋式住宅，反映着西方势力的冲击，至 30 年代，又呈现出国际化与现代化的影响，个人与家庭的关系也获得新的验证，妇女的地位提高了，子女的生活空间也更受到重视了。

图10-35　淡水传教士洋楼

图10-36　台北迪化街洋式牌楼屋

第五节　台湾民居中的家具

　　家具与人的生活息息相关，家具可谓是人的肢体之延伸，家具强化了人的工作创造力。无论中西，家具伴随着人类文明史的发展，它标志着人的活动与审美观点，因而当20年代现代建筑运动初起时，家具的设计也吸引着许多建筑师，例如查尔斯·伦尼·麦金托什（C.R.Mackintosh）、马歇尔　布劳耶（Marcel Breuer）及里特维尔德（Gerrint Rietveld）等著名建筑大师皆留下了传世之作的家具。

　　中国家具与中国建筑史同时发展，汉代厅堂的宾客皆席地而坐，其家具与唐朝以后的家具明显不同。近年因黄花梨硬木家具成为古董收藏的目标，不但价格高昂，数量亦非常稀少。黄花梨是一种极珍贵的木材，明代的富贵人家采用它来制作细骨风格的家具，有其高超的审美要求。随着黄花梨或酸枝木家具之受重视，中国古典家具亦有不少学者投入心血调查研究，通常收藏是第一步工作，有数量多且质量精的收藏，才能为研究奠定良好的基础。硬木家具的收藏与研究，如日中天，使过去不为人重视的常民家具也受到注意。

　　台湾家具的研究有些困难，首先是家具的收藏缺乏系统化，没有专门的家具博物馆。其次是家具年代的断定不易，台湾只有寺庙的大供桌才有落年代款的习惯，供桌常在寺庙落成或大修时所置，可见捐献者及年代落款。当然，家具常年

被使用，它易损坏，保存不易。易言之，家具的使用周期较短，可能十多年即被汰损，今天能看到真正200年或300年以上的家具其实很困难。

　　但是，台湾的家具有其魅力，如前所述，家具忠实反映文化的积累。台湾历经荷兰、西班牙、明郑、清代与日治时期的不同历史阶段，其家具应当包括原住民、汉人、日本与西洋等多元文化因素，且它们之间可能也发生微妙的影响。易言之，有纯度高的风格，也有混合风格，这种家具颇值得注意，也很值得搜藏。

　　台湾古家具的研究，早在21世纪初期即有日本学者注意，如民俗学家国分直一与画家立石铁臣。建筑家千千岩助太即在深入高山调查原住民建筑时也注意到其家具，因为家具与常民生活最密切。清代台湾汉人社会特别重视敬天法祖生活态度，从富贵大户到一般人家的厅堂大多摆设供桌，供桌分为顶桌与下桌，所谓顶桌，即较高的翘头案，两端凸起书卷状的木头，也有平头案。所谓下桌，指正方形的四脚桌。顶桌摆设"五供"，包括香炉（天公炉或公妈炉）、一对烛台与一对花矸（花瓶）。下桌作为摆设供品，平时亦兼为正式的餐桌。基于伦理制度，厅堂的家具常与房屋的年代相同，为我们研究年代提供了可靠的线索。

　　至于住宅厅堂的椅子有两类，富贵人家多用太师椅，一般农户则用长板椅，分置厅堂左右墙下。太师椅只能坐一人，独善其身。而长板椅可同时排坐数人，较具弹性，适合一般家庭。椅子

图10-37 台湾常见的家具

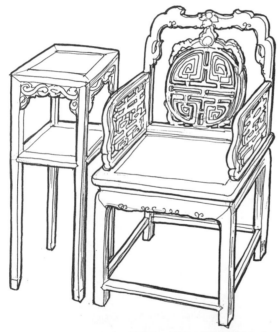

图10-38 台湾经典家具之太师椅与茶几

图10-39 台湾的红眠床（架子床）

折旧或损坏较快，不容易长久保存。

反而是体积较大的"安眠床"（红眠床或架子床）、菜厨及衣柜能保存得较完整。台湾清代的汉人家具使用多种木材，包括肖楠、茄冬、龙眼木、樟木、榉木（鸡油或鸡柔）、枫木、杉木、乌心石木及檀木，至日治时期才出现一些使用红桧、扁柏及亚杉的家具。

乡村地区也有一些竹制家具，桌椅与橱子皆以竹材为之，但不耐久。由于台湾的地理条件与福建、广东相近，因此台湾能找到的木材，闽、粤亦能找到。这样也造成研究上的困扰，究竟清代台湾的家具中，本岛所制与从大陆输入者如何区别？至目前为止，尚未见研究得到答案。

不过，比较台湾汉人家具确与闽、粤之风格一脉相承，不易分辨，尤其是望族富户的精细家具，例如雾峰林宅及板桥林本源的厅堂太师椅，使用硬木，用料较细，且有螺钿（镶贝壳）或镶大理石做法。大体言之，士绅富户家具多用硬木，造型轻巧，可能为大陆传入。一般人家的家具多用软木，形式趋于厚重粗犷，可能多为台湾所造。

19世纪的台湾汉人家具，时当清代道光、咸丰、同治与光绪朝，家具工匠不易查考，但有不少望族古宅第仍保存较完整的厅堂家具，如淡水中寮李宅、大溪李腾芳古宅、新竹郑宅、台中社口林宅、竹山林宅敦本堂、龙井林宅与彰化马兴陈益源大宅等。这些家具的可贵之处不在于它的古董价值，而在于它具有年代上的研究价值。我们归纳比较，大体可以发现一些共同的特色，并且闽、客地区亦有各自的特色，闽南人的家具雕饰多，客家人的家具则倾向简洁风格，曲线较少。

进入20世纪，寺庙及家具匠师渐明朗。北部方面，陈应彬、杨秀兴与黄连吉的寺庙供桌突显了个人特征。台南一带也出现了深具地方特色的家具风格，例如三角形的牙板及繁琐细致的浅浮雕，或"黄杨入石柳"技法。19世纪中叶开放鸡笼（基隆）、沪尾（淡水）、安平与打狗（高雄）四口通商，外商及传教士可以长期居留，建造洋楼，他们所使用的西洋家具并未造成影响力量。

以现存的淡水英国领事馆及马偕所用衣柜来看，似乎多用枫木及杉木，形式简单大方，只有边缘出现线脚（moulding）。但20世纪之初，日本引进的洋式建筑与室内设计风格却发挥影响力，随着1920年代的现代化运动，民智大开，台人有许多自日本或欧洲留学回来，他们的视野开阔起来，很快接受外来式样的家具，特别是住宅空间增加了所谓接应室（客厅）或和式（榻榻米）卧房。客厅的家具出现了圆桌、孔雀椅、沙发及藤椅，和室里出现了矮几。洋式家具除了形式以外，常有"车枳"的特色，以车床做出莲藕形支脚。

20世纪以来，社会的变化与家庭生活形态面临较大的改变，也反映在住宅空间中，客厅逐渐取代祖厅，传统以中轴对称摆设的供桌与太师椅，被较低矮的沙发椅取代。卧房内的架子床也改变为洋式弹簧床或日式木板床。卧房内增加了所谓"洋服厨"（衣橱），新的生活习惯即有新的家具来配合。

日治时期的台湾家具发展，嫁妆是一项不可忽略的推动力量，台湾人嫁女儿附带赠送家具，除了床由男方提供外，许多桌、椅、衣橱等家具由女方购置。当时较大的城市如台北、新竹、台中、彰化、嘉义、台南、高雄及屏东等皆出现了典型的家具街，一条街有十多家的家具店供应各式桌椅及沙发。值得注意的是具有木工艺基础的老城镇，如大稻埕、艋舺、新庄、鹿港、北港及台南安平有不少提供订制的家具店，店家有图片供人选择，选定之后开始依尺寸制作。

在我们调查的日治时期家具中，洋式的影响非常明显，并且大体上呈现古典与现代二种风格。所谓"古典"，即从洋式建筑中撷取山头（pediment）或半圆拱（Arch）形式语汇融入橱柜或神龛上。"现代"式则有如现代主义的建筑，偏好不对称的造型，并喜作几何形，较接近新艺术风格。古典的山头又特别流行重用曲线的巴洛克风格，常用于住宅厅堂的祖宗牌位神龛上，寺庙的大型神龛亦很常见，被称为"向楣"（斜楣），造型颇像大溪老街或台北迪化街的街屋山头，家

具造型与同时代的建筑造型相似，于此得一实证。

日治时期引入的西式家具与住宅中，"应接间"的出现互为表里。所谓"应接间"，即今天所谓的"客厅"，主要作为家中成员休息、聊天与谈话的空间，也是接待客人的空间。亦即接受西式住宅的起居间（Living room）。应接间的空间大都呈正方形或长方形，一面有主墙，可设置

图10-40　竹椅

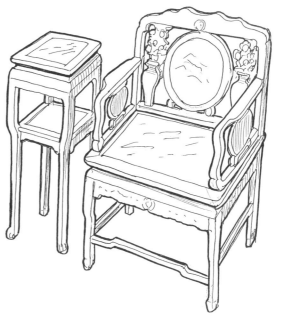

图10-41　镶大理石的太师椅

壁炉或摆柜子，放置书籍、纪念品或足以彰显家庭荣耀的物品。另一方面多辟大窗，面临庭院，可得良好视野。

在应接间内，主要的中心家具多为一个圆桌子，圆桌子在清代台湾传统住宅里，并非放在祖厅，而是置于厨房，作为餐桌之用。日治时期应接间的圆桌是客厅的核心，有四脚、三脚或是单脚等形式，桌脚有优美曲线，桌面常铺上编织的桌布，让它自然地垂在桌缘。

配合圆桌，还有四只靠背椅，一般没有扶手，但较宽敞的应接间也可置扶手椅或藤椅。这种椅子与中国传统的太师椅高度相同，但形式较简单，1930年代流行带有新艺术特色之设计风格，椅背常做成几何造型。

藤制家具之流行，与日治时期富贵人家所崇尚的西洋别墅渡假情调似有一些关系。台湾民间常运用竹材制作家具，藤制品较罕见，大约至日治中期才出现洋式的藤制桌椅，藤制家具放在"榻榻米"上，显得轻巧而舒适，故广为人们接受。

至于应接间内如果有壁炉，那么较低的沙发就是必备品。几张沙发围在壁炉前，成为亲切的谈话空间，这是较高级的住宅里极为明显的家具，通常为木骨布面，也有塑料皮或真皮制品。沙发的造型与30年代的现代建筑风格相匹配，多属于简洁线条的式样。

日治时期的建筑师大多来自日本，总督府营缮课的主要技师多出身东京帝国大学，他们接受到良好的西洋建筑训练，著名者如野村一郎（设计台北总督官邸）、小野木孝治（设计台北赤十字病院）、近藤十郎（设计台北医院）、松崎万长（设计台北铁道饭店）、森山松之助（设计台南州厅）、井手薰（设计台北公会堂）、栗山俊一（设计台北邮局）及铃置良一（设计基隆港务局）等。从当时出版的《台湾建筑会志》所载资料，大部分的室内设计仍由建筑师完成，但家具设计与制作出自何人则未明。在这本发行16年的杂志上可看到室内设计的广告，例如设址于台北市荣町三丁目（今台北市衡阳路）的"秋本商店装饰部"，其营业项目包括室内装饰及洋家具。台北以外地区的城市，相信也有类似的室内设计承包人。其中也可能有一些台湾人士，因自大正年间起，台北州立工业学校及私立开南学校也开始培养建筑及土木人才。随着新式建筑流行，特别是1935年几次大地震之后，民间住宅复兴颇为蓬勃，像鹿港、西螺、新化及大甲等地，常常实施大规模灾后重建工程，整条街皆经重建，家具的需求应是迫切的。鹿港著名的家具店"吴随意"以其悠久的传统手工技术，所制作的洋式家具广为中部居民喜爱，有不少嫁妆的桌椅、橱柜多出自鹿港木器店。

回顾起来，19世纪后期台湾的住宅开始发生改变，首先自通商口岸开始，西洋传教士及洋行商人的住宅引进西式家具，但当时尚未造成实质的影响。1895年日本统治台湾后，以明治维新的西化精神为理论建设台湾，从都市规划、建筑设计至室内空间塑造，大量采取西式风格。台湾人到日本及欧洲留学者日众，生活形态明显随着时代脚步而改变，其中最重要的传统住宅中祖厅的地位逐渐被客厅（应接间）取代，而客厅里也出现了新的家具，包括圆桌及靠背椅或沙发。卧房里的家具也改变了，卫浴设备取代了洗面架，洋服厨取代了原有的衣柜。家具形式也随时代潮流发生革命，传统的太师椅及红眠床（安眠床或架子床）逐渐消失。当时台湾的流行形式颇能跟上欧美，我们推测工匠可能参考杂志图片而设计。凡是摆设在祖厅的家具，多多少少融合本土的造型特征，放置于客厅的则完全采西式设计。家具之保存不易，如今我们在台湾古宅第中所看到的，多不能成套，只剩下零星的一张椅子或一张桌子等，对研究而言颇为不易。

第十一章
台湾各地民居之特质

第一节　北部大屯山区之聚落与民居

一、人文发展背景

　　台湾北部大屯山区域，在台湾的开拓史上被视为是甚早的地区。汉籍上最早记载的是明万历年间张燮撰《东西洋考》，在"鸡笼及淡水"条内有"磺山硫磺气每作火光沿山躲铄"的记载。清康熙二十三年《福建通志》卷五载："淡水城之东。山后有磺山……过淡水城，入干豆门"。《台湾纪略》一书有"磺产于上淡水，土人取之以易监米芬布"。可知当时土著平埔族以采硫磺作为交易品。郑成功入台之前的西班牙人及荷兰人，即从淡水登陆，进入本区探采硫磺。采硫史可说是本区的早期历史，入清之后，汉人采硫日多，最出名的是浙江人郁永河的事迹，他的《采硫日记》述之甚详。康熙年间《诸罗县志》云："磺山在干豆门之左，山产磺，形如鼎之覆，而三足出其上，童无草木，山之下有磺溪"。乾隆年间，官方设屯丁以防私采硫磺，制造火药。至同治年间《淡水厅志》所载，因采硫发生纠纷，又被封

图11-1　台北盆地民居，入口为凹寿式

图11-2　宜兰平原之漳州风格民居

禁。然而进入山区进行农垦的汉人却是有增无减。尤其是以沪尾港及小基隆为登陆口岸的闽南、粤东汉人移民，进入本区西侧及南侧的谷地进行农业垦拓。

　　光绪年之后，台北盆地开垦已趋饱和，汉人移植山区日多。而刘铭传主政台湾时，振兴实业，开山抚番。本区的采硫才获开禁，官方并且设立机构积极开采。因而人口渐增，有些聚落于此形成。

　　汉人在清末大量移入之前，土著凯达格兰平埔族原有数十个番社，如毛少翁社、北投社等。当汉人进入后，与土著订立契约，并引入较进步的农耕技术。平埔族之活动遗迹在北投及金山一带曾经过民俗学者调查，但今天已经被淹没了。汉人进入本区可能有四个路线：

　　（1）先进入台北盆地，再由士林、北投进入山区。

　　（2）从沪尾登陆，往北新庄方向进入。

　　（3）从小基隆登陆，这个口岸且有客家移民使用。

　　（4）从金山方面进入本区的东北向山谷。

　　移入的汉人主要以泉州、漳州及客家人为主，南边士林一带，以漳州人为多，北投地区则以泉州人为多，顶北投一带亦以泉州人为主。海拔较高的纱帽山及竹子湖地区又以泉州的安溪县人为主。淡水方面，水枧头、小坪顶及忠寮一带以泉州人为主。小基隆方面，原为客家人，但近代已经被福佬所同化了。金山方面则以漳人为主。近代的开拓，山仔后以漳州平和张姓与何姓较多，也有些南靖的吴姓。磺溪内的是自山仔后的吴姓分支去的。竹子湖多为安溪的高姓与平和的曹姓。十八分是安溪的吴姓与同安的陈姓。湖底是安溪的许姓、詹姓及吴姓。

　　日治时期，本区有温泉，乃设疗养地于北投，北投逐渐成为温泉胜地，山区广植黑松或相思树，而汉人入山垦拓与定居仍持续不断。

　　行政区域变迁，初称为芝兰堡，清初隶属诸罗县，雍正元年设淡水厅，隶属淡水堡。光绪元

图11-3　北部大屯山区三合院民居

图11-4　大屯山区石造民居

年淡水设县，又隶属于淡水县之芝兰堡。光绪二十一年（1895）初置台北县，后改为厅及州。

二、大屯山区之传统聚落

一般分析研究台湾的聚落，大略分为集村（compact settlement）与散村（dispersed settlement），指出北部多散村，南部多集村，并提出水源、原始景观与汉人开垦组织及防御之几种影响因素。事实上，台湾的聚落形态分布非常复杂，特殊情况非常多。大屯山地区内的地形变化多，交通阻隔，每个聚落亦有其特色。

早在汉人入垦之前，原住民平埔族已有不少聚落，大部分分布在本区之南麓。据清初浙人郁永河《裨海记游》对北投附近平埔族聚落之描述："屋必自构，衣需自织，耕田而后食，汲泉而后饮，绩麻为网，屈竹为弓，以猎以鱼，盖毕世所需，罔非自为而后用之。"可惜这些聚落今无一存在。至于汉人的聚落，首重向阳背风之地，水源充沛，附近地形有利于耕作者。分析本区之聚落地名，即多与地形有密切关系。

（1）用"湖"字者：指小盆地，如粪箕湖、竹子湖、顶湖、枫树湖与尖山湖等。

（2）用"坑"字者：指低陷之山谷，如蔡公坑、土地公坑等。

（3）用"顶"字者：指山上之小平台，如坪顶，二坪顶。

（4）用"底"字者：指河谷之平地，如溪底、

湖底。

（5）用"寮"字者：指早期垦拓之临时住屋，如兴福寮、永春寮。

三、聚落之布局

大屯山区内之聚落，大都属于漳泉移民所建立的汉人形态聚落，汉人自大陆移民来台，很自然地将故乡的一套应付环境的方式移植进来。有趣的是，漳州人及泉州的安溪人在福建皆以农业生产为主要谋生方式，他们抵台后亦仍然擅长山区之垦拓。本区的山村聚落，即多为漳籍与安溪移民所建立。

台湾古代聚落的布局，经过初步调查研究，大约有两种主要类型。一是以街屋为单位所组成的，许多街屋共同面临一条街道，每个单位兼有住居与商业之功能。亦即此种聚落具较明显的商业功能取向。日后如果条件充足，可以逐渐发展为城镇或大城市。另外一种即是以合院住宅为单位所组成的聚落，每个单位有自己的庭院，但并不面临一条街道，甚或没有主要的街道。这种聚落以海边的渔村、山坡的农村较多。易言之，属于第一产业的功能。住民亦大都为渔民或农民，少有经商者。这种聚落的布局，除了适应地形外，通常系纳在一个类似棋盘的格局里，每一个单位占住一个空格。在传统建筑研究术语中，被称为"梳式布局"。在福建、广东以及金门、澎湖、台湾的渔村中颇为多见。

图11-5　大屯山区人字砌石造民居

图11-6　大屯山区石造民居大门设在山墙之特例

图11-7　新竹地区民居前带轩亭

图11-8　大屯山区民居以石叠墙

大屯山区内的古聚落，基本上属于梳式布局的一种类型。

本区的聚落所处地形，甚少有平缓的，而且住居的数量并非很多，故严整对齐的梳式布局无法运用。早期入山开垦的居民，顺适地形，先作阶段式的整地，并解决排水系统，居住单位即按各家大小需求，配置于阶段式基地上。此法一则可使各家皆有大致相同的方向，二则前后不致于遮挡，各家均得靠山向阳之利，所谓"后有山为屏，前有水为镜"。

此种布局，除了有效利用地形并顺利排水外，日照面亦较多，后排的住屋不会被前排挡住，以本区雾多雨多之气候而言，争取阳光之照射非常必要，采光及通风亦获得解决。其次，各家之出入口，可以共用一段石阶坡道至各家前院，亦有守望相助，促进邻居感情之作用。

阶段式的布局，先要适度整地。本区盛产安山岩，早期开拓者用来堆筑梯田或坡坎。建屋时亦以石堆砌挡土墙及填方之护坡，形成可资利用的小平台，每段深度约在5至10米左右。缓坡的斜度一般皆在10°～30°之间，而阶梯式平台亦沿着等高线分布，有时呈凹入之等高线，亦有呈凸出之等高线者。在各个不同高度之平台上，除了建造住居外，也可建家畜住所及仓库，住屋旁边亦可种植蔬菜、茶树及果树等，可以说充分利用地形的各种好处。

四、北部大屯山区之燕楼李氏匠派

忠寮李氏堂号"燕楼"，祖籍福建泉州同安，渡台第一代始祖为鼎成公，时于清乾隆十六年（1751年）。族人经营农业，垦山耕田，筑房舍于北投子理（今淡水水源地）。至第四代始分为四房，即太平、长生、江中、山石等四柱。至清末光绪十年，已传至第六代，宗族颇旺盛。其中第三房的第六代，在清光绪年间开始出现建筑匠师。

第三房的第六代李璋瑜为李懋宽之子，自璋

瑜以下传至今天已经是第九代及第十代。李璋瑜被认为是忠寮燕楼匠师之鼻祖，他的技艺又承自何人呢？燕楼李家在清光绪初年曾出过文武举人，现在忠寮尚分布着四座古意盎然的大宅第。其中以忠寮里八号的"旗杆厝"最称精工。这座"两落四护龙"的宅第若按其所"岁魁"匾落款，应为光绪五年（1879）前后所建[1]。前厅步口廊及正堂皆使用木造栋架，十足泉州派木结构风格，尤以正堂瓜柱的压地隐起木雕饰最为罕见。外墙石雕亦在水平之上，施以"柜台脚"及"地牛"，显为高明唐山匠师作品无疑。我们推测当光绪年间李家大兴土木，自泉州延聘匠师抵台建造时，李璋瑜参加施工，并向唐山师父学艺，奠下日后传徒立派之基础。

李璋瑜之子李五湖（湖师）及李枣柴（红枣师）亦继承父业，成为日治初期忠寮最具代表性的匠师。李五湖再传永坤、重兴、永填，沅益之子李自然则是目前尚执业的一位传统匠师。当然，自光绪初年迄今100年来，忠寮燕楼匠师培养出来的工匠可能多达数十人，而李家嫡系的匠师享有较高声名。

忠寮燕楼李家匠派最拿手的是砖石工，亦即泥水匠。他们建造的房子以民居为多，寺庙很少。作为一支地方匠派，他们的作品分布颇广，除了淡水镇的范围内，还包括三芝乡及阳明山、北投一带，数量当在数百座以上。在我们所调查过的台湾匠派中，他们属于实力坚强、拥有自己风格的一派。因之，他们累积了许多专业的技巧，别的匠师很难与之抗衡。

燕楼李家匠派最擅长于石造技术，究其原因，很可能是得自地利之便。大屯山所产的石材属于一种安山岩，质地坚硬，色泽青灰，有的偏红，质地良好，颇适合作为建材。忠寮地区李氏宗族居住的散村型宅第即使用当地所产的石材，一则取就地取材之便，另外的原因是交通不便，大陆的花岗石很难运至。李家匠派也因专长于石造，他们替人建屋亦以石造为多，几代下来声名远播，在淡水、北投、士林、草山、三芝及金山地区，

忠寮石匠师变成为特定的名称了。

据初步调查，大屯山及七星山周边地区大多可见他们的作品，或受它们影响的作品。其中以北新庄、忠寮、后寮、水枧头、南势埔兴化店、白石脚、林子街、小坪顶、永春寮、顶湖、大庄、兴福寮、山仔后、竹子湖、新安、天母、北投、十八分、北投子等村最多，其次如马槽、溪底等地亦曾发现。分析起来，燕楼李家匠派的影响圈大致涵盖了大屯山脉及周边地区，海拔在200米以上的山区地带。这些地带的石材较充足，而且早期因交通运输不便，砖的来源在低海拔平原，相形之下，石材比砖材便宜。

经过几代的技术累积，他们的施工颇为扎实考究，获得屋主信赖与欣赏，因此一栋接着一栋建造，有整个聚落的民宅皆出于他们之手的例子。古时的建筑匠师为拓展工作机会，赖以维生的条件便是熟练的技术与勤劳的态度，再加上合理的报酬，即可博得屋主的信任。据我们访问第四代的李自然匠师，知道了一些早年他们受聘建屋的情形。日治时期，大工一天约1日元，后来增至一天3元，小工1.5元。一座正身五开间起的三合院宅第，工期大约半年至一年。建造时，李家匠师即为主匠，负责设计与施工，但是勘舆由地理师决定。另外，采石及打石块粗坯由专门的打石匠供应。至于砌砖及铺瓦作脊由主匠担任。由于他们的作品大多以砖石构造为主，较少运用木栋架，因此自己亦充任木匠，制作屋顶之桁木、楣木及寿梁。大约一座宅第的完成需用到10多名工匠。

图11-9　淡水忠寮
李宅为石造民居

五、燕楼李家匠派建筑的特色

根据我们对忠寮燕楼李家匠派所建民居之实测调查以及匠师访问，综合图面分析与口述原则，得到不少有关古代宅第建造之方法与理论。关于这些结论中，部分可能归属于地方特殊手法，但大部分仍然依循古代各地一致的原则，亦即反映了台湾或闽粤地区的大传统。透过这些原则，将使我们更进一步地了解中国古代民居或风土建筑在朴素浑厚的外表内层，鲜为人知的基本理念，而这些理念亦串成了古代匠师的建筑思想。他们信奉这些数代相传的约定俗成的指导原则，基本尺寸皆记在心中，因而设计时不必绘制详细的图案。

燕楼匠师在择地、相地及方位选择方面，与台湾其他匠派一致，均由屋主委由风水先生勘定。据李自然匠师告知，勘舆时分金线两端的木竿皆有特定名称，前端为"李定芳"，后端为"张坚固"，这是颇耐人寻味的典故。风水师勘定分金线之后，燕楼匠师即据以推算屋宇的平面及高度尺寸。燕

图11—10 北部客家民居常用宽阔步口廊

楼匠师遵循的法则是"一卦管三山"，即"坎卦壬子癸，艮卦丑艮寅，震卦甲卯乙，巽卦辰巽巳，离卦丙午丁，坤卦未坤甲，兑卦庚酉辛，干卦戌干亥"，再依《九星法》决定吉利尺寸。这种算法与其他地区的寺庙匠师相同，不过燕楼匠师只算"尺白"，不计"寸白"。

在平面格局方面，燕楼匠师有很细腻的处理技巧，院子用"步"计，谓之"放步声"。一步四尺半，奇步为佳。至于步口廊，分大凹寿与小凹寿两型，皆以文公尺度量。前者约5米深，后者约2米2寸至3寸之间。正堂宽以地母挂计，不过常习惯地使用13米、14米、15米、16米的宽度。我们测绘燕楼匠师所建民宅，未发现小尺寸之差异，经匠师亲自指点，才领悟他们的一套平面收口技巧，谓之"凳斗"。"凳斗"为了表示三合院的左右护龙不致向外张，故意向中庭内斜，中庭前后宽差2寸上下。同时正堂平面也作内宽外窄之微调，约差1寸或5分。燕楼匠派这种尺寸修正技巧，尚是我们调查各地民居所初次获知的，应详记之。

另外，"五间见光"或"不见光"之平面形态，燕楼匠派之习惯与台湾其他地区相同。而且正堂左右巷路向外呈"三曲"及"五曲"。这种手法亦与其他匠派相同，我们推断是属于大传统的系统。为了表达中轴对称与正堂之核心地位，燕楼匠师且将木桁依根梢方向放置，根向内而梢向外，子孙廊石窗之窗板亦向中轴关动。

燕楼匠派最拿手的绝活既是砌石墙，这方面的技巧也最多，令人至为折服。首先，我们先了解他们常用的几种砌砖法。以不规整的石条水平叠砌，灰缝宽窄不一的称为"四指寮"。以燕楼李宅四房祖宅为代表作，这栋至少在嘉庆或道光之际即已存在的石造古屋，是我们在忠寮地区所调查过的石造建筑中，集各种砌法于一屋的杰作。我们推测，如果他不是出于燕楼匠师之手，那么燕楼匠师必定从这座古宅学习不少，它是燕楼匠师技法的泉源，构造的典范！

其次是"人字砌"，燕楼匠师称之为"人字躺"，

取斜倚之意。人字砌的灰缝非常曲折，应是较坚固的砌法。燕楼匠师作人字砌的墙堵，发展出一套很考究的工法，以下列出一些较主要的名词，并释其意，即可领略其奥妙。

（1）三胎石：正堂后墙中心点正下方之五角型基石，为一栋宅第立基之第一块石，有如受胎。需择日安置。

（2）控头：石墙转角时之五角形石块，作为人字砌之收尾。

（3）齿尾：为三角形，置于人字砌之最上一层，以收平边。

（4）石嘴：置于人字砌之最下一层，呈五角形，尖角向上。

（5）腹内刨：人字砌时，在一定高度时直通内外边之勾丁石。

单从这几个名词，即可明了燕楼匠师砌一堵人字砌墙的名堂非同小可。他们发展得愈细致，构件种类愈多，而功能之分配亦不同。另外，实际操作时，还有一些秘诀，例如每块石头后面要塞三块小石片，使与另三块石头卡住，这是符合力学原理的技巧。有一种土浆砌法，不用灰泥，显见"人字躺"之坚固了。

砌"人字躺"时也必须使用特殊的工具，中国各地的风土民居构造繁多，发展出甚多种功能各异、形状怪异的工具来。研究古代匠师的工具现在已经成为一门专门的学问了。燕楼匠师使用一支瓦刀砌作"人字躺"。瓦刀的形状有如小圆锹，但厚度约近1厘米，是一种兼有挖灰泥与敲击石块两种功能的工具，这也是台湾其他匠师较罕使用的。

除了"四指寮"、"人字砌"，还有"平缘"（即平砌）外，另有一种外来的砌法，燕楼匠称之为"番仔砥"。番仔砥是以长方形或正方形石块叠砌而成，构成不规则的分割，有点类似蒙得里安（Pieter Cornelis Mondriaan）的现代画。

关于"番仔砥"在台湾北部之初现，燕楼匠师有一种说法值得参考。1930年日本人在草山建造公共浴场"众乐园"[2]，当时引进这种西洋式

的砌法，承包商聘李枣柴匠师施工，浴场完成之后，遂大为流行，许多别墅及围墙竞相模仿。

燕楼匠派虽然是民居匠师，但仍很注重外观形体的审美，与寺庙的理论大同小异，现就主要几个部位说明：

（1）屋架大都使用硬山架桁（搁檩）式，箭口（檐口）前高后低，谓之"拖坡"。屋顶斜面呈直线，少有弯曲，因此屋顶外观较平缓，也显得朴拙浑厚。

（2）阴阳坡之深浅，是以中心线向前算4寸左右决定，亦即前后坡深度差8寸。

图11-11　竹东地区二楼式民居

图11-12　新竹林宅问礼堂白墙为其特色

图11-13　竹东彭宅之洋式拱廊

（3）正身正面屋檐之起翘，"三间起"时两端升（生）起2寸或6寸，而中脊升6寸，即"脊"为"檐"之2倍左右，与台湾一般匠师所遵循的"前弓后箭"理论亦吻合。

（4）正身檐口下之水车堵，很少放置交趾陶。大多数以砖出马齿（牙子砌），或以砖砌成花窗模样，实为"盲窗"。几乎所有的燕楼匠师作品都具有同样特点，很容易指认出来。

第二节　中部平原民居之特色

一、中部地区的移民

台湾中部在清代隶属彰化县，雍正元年（1723年），虎尾溪以北、大甲溪以南设彰化县，原住民为平埔族巴布萨人，清代汉人入垦，靠海地区如线西、蚵寮及鹿港等地以泉州移民为主，但靠山地区则以漳州移民为多，例如大肚溪以北的南屯多为漳州人及粤东嘉应州人。

值得注意的是，同安县虽隶属泉州府，但地近漳州，据道光十年纂修之《彰化县志》所载，芬园及永靖都有"同安厝"地名，可证同安移民与漳州及粤东移民常相容混居，而彰化东边的南投地区，乌溪及浊水溪流域的早期聚落多为平埔族洪雅人，清初汉人入垦时主要为漳州府平和县、南靖县、诏安县及海澄县移民，其地与粤东惠州为邻，闽西永定县客家人亦有一些入垦。彰化南边的云林县二仑乡有永定厝、虎尾镇有潮州惠来厝、斗六镇有海丰仑，原来皆操客语之移民。而彰化县本身的移民也颇纷杂，最早原为巴布萨族半线社人所居，至清代众所周知鹿港多泉州移民，但北斗、埔心、永靖、田尾及福兴则多客籍人士，员林、芬园一带多漳州移民，八卦台地附近同安寮则多同安人，几乎每隔十多公里即出现不同口音。

再以彰化市区而言，一座清代筑城池的县城内，同时居住了泉州、漳州人、汀州人、福州人以及泉州府下的同安县人。他们各自拥有守护神庙，例如泉州人支持元清观，漳州人敬拜威惠宫（供奉开漳圣王），同安人支持庆安宫（供奉保生大帝），汀州人支持定光佛庙（供奉定光古佛），潮州人拜镇安宫（供奉三山国王）及福州移民支持白龙庵（供奉五福大帝）等，可谓多元并存，文化多采多姿。

在台湾岛上我们发现汉人移民史上，各籍移民开垦下，混居情况最普遍且互相影响最深刻的，莫过于台中、彰化与南投地区了。南靖、平和、诏安被称漳州客，饶平、大埔被称为潮州客，至今有些祖先来自客家或潮汕地区的人已经忘记母语或者形成"方言岛"，大多都被闽南漳泉语所同化了。

在语言及风俗的演变背景下，建筑是否发生同样的情形？建筑反映生活习惯与宗教信仰，而大兴土木又需要人力与资金。清代彰化有鹿港通商之便，中国沿海的建材与工匠来源不虞匮乏。

中部地区的民居、寺庙、书院及聚落反映出与大陆泉、漳、潮及客家地区密切的关系。在长期混居与交流情形上，各匠派之间互有影响。和平相处的日子与械斗频繁的时期都是促进双方交流的原动力。清初先是汉番冲突，汉人逼迫原住民让出土地，继而乾隆末叶，中部地区常为了争水而发生分类械斗，闽南泉人靠海，漳人占平原，客家人向八卦山及南投方面逼进，其中客家人也有化整为零，分散于漳泉二族之隙缝，生存可谓辛苦之至。

我们回顾彰化的历史，再对照彰化的古建筑，两者之间互为因果。以二林仁和宫为例，它多为泉州同安人所捐献，但庙中嘉庆二十年的重修碑记也出现嘉应州人（即客家人），可证清代的彰化古建筑充满了分分合合之张力。

二、中部民居的平面格局

古时粤东及闽西的客家聚落存在着一种公田制度，有的归于宗祠或寺庙，其收益提供族人求学或求功名所需，因此造成客家人性喜集居或谓生了多层横的"围龙屋"。相同的多层横屋布局，从最基本的一堂二横，到双堂四横及三堂六横等。为了提供众多族人同居一屋，厅堂也增多，有所谓南北厅、东西厅或四厅相向等布局。在屋后建半圆形有如圈背椅的"围龙"，将堂屋背后包围起来。这些不同的民居是建立在合族而居与安全防御要求之上的结果。

　　清代台湾中部的客家移民也多来自闽西与粤东，但他们抵台开垦，却面临一个不同的环境，彰化的平原多，山地少，可耕土地及八堡圳提供之水源也很充沛，况且人口也不多，村庄以地缘性较多，血缘性较少。因而不需要建造高层式土楼，最多只采"多横屋"格局即可应付。最典型的代表为八卦山下的月眉池刘宅，宅为两堂十三横屋式，以闽南语称之为"两落十三护龙"。刘氏始祖来自漳州南靖，这里有许多方楼及圆形土楼。其次之例同为南靖移民所建的水井萧宅，它为"一落七护龙"格局。堂屋比较多的如八卦山麓的石头公赵宅，它拥有五落，左边四护龙，右

图11-14　台中丰原民居之八角门楼

图11-15　台中大里林宅之门楼

图11-16　台中大安
民居之正堂

聚居。为了容纳许多族人同居于一处，客家村庄成为有组织的布局，即村中有祠堂或寺庙，村外有水圳环绕，且讲求水口、水口山或靠山之规划，即俗谚"前水为镜，背山为屏"之理想环境。

　　为了容纳上百人聚居，以建多层横屋或多层楼的"土楼"来解决居住问题，这就在闽西永定一带产生了为数甚多的土楼，粤东梅县一带产

图11-17　台中大安
民居前厅为洋楼

图11-18　彰化八卦山麓之多护式大宅

图11-19　台中大甲杜宅门厅

图11-20　台中大甲杜宅之过水门

图11-21　台中大甲杜宅之侧院

边五护龙，形成一座面宽很广、进深很长的大宅。

这些巨大的宅第，其主人多来自漳州府，建筑物皆创建于清代，历经百年以上，多次修葺，其格局仍存，只有屋瓦及墙体曾经更新，屋瓦多改为水泥文化瓦，墙体早期多为穿斗式或土墼，后来改为红砖墙（漳州多用黑瓦及青砖），不过我们仍可分析其平面布局所反映的特征。

正堂建筑独立于中轴在线，左右不与护龙衔接，少数例如八卦山翁宅宗庆堂。这种正堂或前厅独立式的布局，与屏东客家地区万峦五沟水刘宅相同。客家民居与闽南泉、漳在空间上明显的差异源自于妇女地位，客家妇女参加生产劳动，所以不缠足，房门直接对外院禾坪，为使护龙长巷能开敞，可直接进出，通常正堂与护龙不相接。这种特征普遍见于屏东客家地区。究竟是客家影响彰化民居？或彰化民居继承漳州传统？则尚未明。

正堂若宽达五开间或七开间以上，左右护龙屋顶各自独立，可不搭接在正堂上，这种特征以永靖陈宅余三馆最具典型代表。也因为如此，其护龙本身也是中高旁低对称式，中间设小厅，与另一护龙遥遥相对，也有称之为"东西厅"或"南北厅"。究其原因，与客家社会尊重昭穆之序有关，虽是护龙（横屋），也让其厅房皆备，例如社头刘宅芳茂堂。同样做法亦多见于桃、竹、苗地区客家民居。

内廊（隐廊）与外廊（明廊）的设计一直是台湾民居空间设计的关键，因为它标志着家庭妇女的作息方式与人际亲疏的空间控制。古代妇女不能随意抛头露面，但她们却是家庭中不可或缺的劳动力，因而廊道与庭院的关系至为重要。一般泉州移民多喜使用内廊，使不出门可从正堂走到左右护龙任何房间。但客家地区却多喜用外廊，即正堂左右卧房直接对外开门，横屋房间亦直接对着禾坪开门。彰化地区有许多外廊式民居，例如社头乡萧宅文山堂、水井萧宅及田尾的许宅孝思堂等。

图11-22　台中丰原民居，院中置亭

图11-23　南投竹山林宅步口廊

图11-24　南投民居之正堂转角为暗廊设计

第三节　高雄地区民居

一、历史背景

高雄地区位于台湾岛南部，在下淡水溪以西、二仁溪以南，境内主要包括旗山溪、荖浓溪与阿公店溪流域，东北方崇山峻岭，主要为3000多米的玉山南峰及其山脉。因而全区地理条件颇为复杂，地质多样，著名的月世界即为一种恶地。但平原地带土壤非常肥沃，物产丰饶，自明郑以来即设县。事实上，史前文化亦很丰富，在凤山临海一带的凤鼻头，近年来考古出土物证实具有不同时期文化层。

凤山的名称得自本地区的武洛塘山，其东南角呈狭长形，临台湾海峡之处又突起，外观有如飞凤，昔日凤山八景中有"凤岫春雨"，远近驰名。本区经过调查的人文史迹不少，最古者除了史前遗址外，再如万山岩雕，包括孤巴察峨、祖布里里及莎那奇勒峨岩雕，皆属全台罕见之文化遗产。[3]

荖浓溪流域适合农耕，原为平埔族游耕狩猎之地区，清初康熙年间开始有粤东嘉应州移民入垦。施琅虽有短暂海禁，但客家人入垦仍持续增多。下淡水溪西岸的大树、大社、仁武、大寮、林园、鸟松、冈山、路竹、凤山与打狗平原地区，则以漳州、泉州移民为多。清康熙二十二年设凤山县为兴隆庄，即今左营，林爽文事件之后曾移县治于陂头街，即今凤山市。200多年来人文荟萃，建筑文化源流广泛，包括史前遗址、明清民居与寺庙、19世纪洋式建筑与日治时期近代建筑等。

　　打狗地区汉人最早停驻之地应是旗津，在明郑时期，设置万年县，郑氏屯兵于此，像左营、右昌及前镇皆属屯垦保存下来之地名。清代汉人入台激增，打狗地区扩及前金、大港埔、五块厝、篱子内及苓雅寮。同治初年哨船头开辟为通商港口，成为台湾南部蔗糖之主要输出港口。日治时期实施建港及都市计划，盐埕埔填土成为市区，打狗从一小渔村逐渐转形为港都。综观高

图11-25　麻豆林宅门厅

图11-26　台南麻豆林宅正堂

图11-27　麻豆林宅之侧院

雄地区之开发过程，其所产生的建筑文化反映出三种特质：

　　（1）开拓与教化性　包括民宅、寺庙、书院与惜字亭，左营旧市区还有留着清代科举或士绅之古宅，呈多进合院布局。大门上仍高悬举人匾额。楠梓、冈山、大寮、林园、大社及仁武等地区仍保存一些清代住宅。

　　寺庙则以鼓山元亨寺、龙泉寺、旗津天后宫、大冈山超峰寺最古，但大多历经多次重整修，其中只有旗津天后宫、旗山天后宫与凤山龙山寺仍保存旧貌，被指定为古迹，受到保护。

　　（2）政治与军事防御性　清代称凤山为"郡南第一关"，自古以来即为兵家必争之地，先后筑有凤山县城，城郭附炮台以资防御。[4]开港以后，海防日趋重要，洋务运动时聘西洋技师建造鼓山、旗后及哨船头之炮台。

　　（3）文化交流与国际性　19世纪末开港之后，出现洋行、教堂、领事馆、洋楼与灯塔。除了哨船头山丘上的前清英国领事馆，山脚下仍保存英领事馆办公室及货栈仓库。苓雅的玫瑰天主教堂初创于咸丰九年（1859年），日治时期再就其址重建，建筑风格近于哥特式。而英国领事馆仍保存完整，红砖拱廊环绕外墙为其特点，也是适应南台湾炎热气候的设计。

　　凤山县旧城是今天台湾所存最古老的清代城池，也是保存情况较好的一座，其城墙长度尚有数百米，仅次于恒春县城，在台湾城池史上具有重要的研究价值。清初因地方变乱，凤山县城曾在兴隆庄（左营）与陂头街（凤山）之间数度迁移，两地皆由官方建城。

　　朱一贵事件之后，康熙六十一年（1722年）首先筑土城，周810丈。左倚龟山，右连蛇山。清代台湾民变，凤山居多，为此清廷加强城池之建设。从清道光五年（1825年）中元节至次年中秋节，再修凤山旧城，此次范围略更动，舍去蛇山，全围龟山在内，周长扩为1224丈。设四门，城额曰"凤仪"、"奠海"、"启文"与"拱辰"。

　　这座凤山旧城在台湾建筑史上至少具有三项

特征：第一，城内包住一座山，并且部分城墙紧贴着大潭（莲池潭），利用水池作为天然护濠。城壁利用当地所产的砗硅石砌成。城墙内含龟山可获良好制高点，以利军事防御。第二，四座城门的门额以易经取名，东为有凤来仪，西为襟山带海，南主文运昌隆，而北门则为北辰，众星拱之。特别是北门城壁外尚保有一对门神神荼与郁垒，泥塑做工颇精，神情庄严威猛，具有很高的艺术价值。第三，城内市街尚未全部完成，但龟山麓已有寺庙兴隆寺、龟峰岩与八蜡祠。惜这些古寺庙今皆不存，特别是八蜡祠可能为台湾唯一之孤例。而孔庙学宫不建于城内，反而建在北门外，面对莲池潭，以潭为天然泮池，这确是突破清代台湾县城旧有规制。[5]

凤山县城有新旧之分，旧城在左营，新城在今凤山，旧城陂头街。凤山县城经过历代变乱，屡废屡修，复经近代都市扩张，如今只剩片断城墙与炮台遗迹保存下来。虽然如此，但它仍可作为历史之见证，特别是具有古代凤山县城遗址之坐标作用，凭着这些残迹，可以建构出完整的范围。

凤山城留存的见证物包括东便门，以及题为"训风"、"澄澜"与"平成"的三座炮台。在清代，这座城是台南府以南最重要的，所以文献上提及其外北门有额曰"郡南第一关"。据日治时期所摄的旧照片观之，城门座大多以砗硅石砌成，拱门为砖砌，而城座上亦有砖砌女墙。也许由于经费短缺，城门楼未建。

凤山城在台湾城池史上的研究价值很高，它反映出城池的形状未必为圆形，也未必为椭圆形，它竟然有点像曲尺形，而且巧妙地利用城外池塘作为城濠。其次，它的炮台并非独立的，而是利用城墙扩大而成，这种做法显然是较简略的，但也反映一种过渡。有趣的是每一座的形状皆不同，各自依照地点、方位、防御面与制高点来建造。例如"训风"为弯曲形，顺应东南角弧形城墙而设计。"平成"近正方形，形如其名，严正面对西北方。"澄澜"为不规则八角形，位处西南角，

图11-28 麻豆郭宅门厅

获得多角度扼守之利。这座设计与左营旧城或恒春城所见皆迥异，成为台湾仅见之例。

高雄地区的建筑，无论是民居或寺庙皆反映着一个建筑史上的共通现象，即早期移民在筚路蓝缕的开拓历史中，建筑多因地制宜，就地取材，并且反映当地气候。高雄地属北回归线之南，夏季长且炎热。因而民居的防潮与隔热设计较受重视。民居多采深出檐，以斗栱承挑屋檐，得到较佳的防晒效果。寺庙平面多喜用所谓"工字殿"，即在二殿之间夹以"过水亭"，如此虽使中庭变狭小，但反而可以获得荫凉。

其次，高雄地区既有海又有山，西临台湾海峡，东接中央山脉，地形丰富且复杂。近海地区的居民以闽南人为主，而靠山地区则多客家人。事实上，高雄市区盐埕附近在清初亦有粤东移民，其地至今仍有一座三山国王庙。此庙创于清初乾隆年间，仍有当时"咸济群生"匾保存下来。凤山城内的凤仪书院于东侧设试院，试院有房舍供闽童与粤童分别使用。可证实闽、粤二籍学童也在一起就学，这在清代并非普遍之举。[6]凤山作为凤山县治，有官府驻防，社会风气较为开放，闽粤二籍移民在清代虽时有械斗，屏东客家人成立六堆自卫组织。但在高雄方面，似乎闽、客之交流较为密切，而民居建筑文化之互相影响也趋于明显。[7]

二、民居与文教建筑之实例

1. 楠梓杨氏古宅

高雄市的左营，楠梓与高雄县的仁武、大社、

图11-29　高雄左营
古聚落

路竹、林园、美浓等乡镇仍保存不少古宅第，大都为官绅人家或地方望族地主的旧宅第。有的规模极大，包括三进及左右护室，有的结合东西文化，有洋式之装饰。也有的如大社许宅，墙上布满优异的砖刻，深具民俗艺术价值。

再如美浓郊区的林氏宗祠，中央是祖宗祠堂，两侧仍为住宅，前面建独立门楼，成为最典型的台湾传统家庙。老宅第中，楠梓右昌杨氏古宅创建于清末光绪年间，但右昌地区早在明郑时期即有屯兵，当时已有聚落。杨氏先祖据传随郑成功渡台。杨氏后人于光绪八年（1882年）中武秀才，曾任军职，另有子弟考上文秀才，可谓文武双全的世家。

这座古宅第的平面为三合院布局，正身带护室，正身屋脊采燕尾式，象征科举门第。门楣高悬"兄弟同科"横匾。大楣之后有防盗的立闩。正堂墙壁嵌有砖雕，吾人应知，在清末光绪年间，台湾流行砖刻，以台中大肚磺溪书院砖雕为一时之选。台南及打狗方面亦具有很高的水平，可以说当时南部砖雕胜过北部，而北部因有观音山石为基础，北部石雕略胜南部。楠梓杨秀才古宅第的砖刻出自何人之手？虽无法求证，但无庸置疑，它为台湾南部建筑砖雕艺术史留下极好的见证。

2. 凤仪书院

凤仪书院目前在台湾所存清代书院中属于原物百分比甚高之孤例，大部分主要建物仍存，少

数残存的也可见到墙基，未来复原可行性很高，并且作为历史研究的价值亦很高。凤山是清代台南府以南的文化重镇，凤仪书院内同时容纳了闽南与客家学堂，这是全台较少见之例。凤仪书院作为一座学校，它保存许多不同功能的建筑。有照壁、头门、讲堂、厅事（办公）、学舍（供学生或院长居住）、圣迹亭（惜字炉）、圣迹库（书库）、义仓（可能供应米粮）、奎楼（供奉魁星）与试院（供考试之所）。

凤仪书院内容丰富，它不但是学校，也兼具祭祀与议事之所，它由民间士绅与地方官吏共同出资倡建，用今天的话讲，即官民合办。管理者由董事数人合作，礼聘有学问者担任院长，主持教务，并设监院一职，有如经理，主持事务。书院附有院田，每年可收租来维持一切开销。学校内设有宿舍，供学童住宿，当然也有学童居住自家中。书院内设敬字亭，定时以隆重之礼恭送字灰入海，这是古时候尊敬文字的一种祭祀仪式。书院内供奉文昌、魁星、仓颉与土地公，儒与道并祀。

3. 美浓敬字亭

美浓原名弥浓，原属鲁凯族地区，但是后来汉人越番界侵垦。朱一贵事变之后，客家移民进入本区急增。林爽文事变之后，六堆形成严密的防御体系，社会渐趋安定，文化得到发展，敬圣亭亦普遍出现。敬圣亭也称为敬字亭、惜字炉或圣迹亭。清代台湾各地极为普遍，每12年举行一次隆重的入海仪式。如以现存者数目来分析，

图11-30　惜字亭

图11-31 高雄弥浓庄敬字亭

图11-32 高雄弥浓庄敬字亭

似乎客家地区较多，也显示客家传统耕读精神，重视文风。

弥浓庄敬字亭为清初乾隆年间创建，后屡有重修，至乙未（1895年）割台之役，曾毁于战火，后来再重修，即今日所见之形貌。[8]平面为六角形，高三层。下层为台座，中层设拱形炉口，字纸从此送入，门额题字及两侧柱之对联已不可见。上层辟一烟口，用以排烟。整座敬字亭造形优美，比例均称。屋顶曲线如雨伞，也略像轿顶，脊尾扬起卷草，顶中央置泥塑葫芦，象征吉祥。各面皆以灰泥塑出假窗（盲窗），尚可见泥塑及陶片剪黏之花草图案装饰。砖的砌法颇具变化，出檐叠涩线脚多层，虽是一个小炉，但却体现砖造建筑灰缝与红砖构图之美感。在下淡水溪对岸的屏东地区亦可寻得各式各样的惜字亭，其造形与美浓这座又不同，因地制宜与表现特色成为台湾南部惜字亭之重要特征。

第四节 屏东传统民居

台湾的地理幅员虽然不大，只有3万多平方公里，但由于崇山峻岭阻隔，地形复杂，从平地至海拔3000米以上的高山，水平距离不到几十公里，气候从亚热带逐次变化至温带，山岳阻隔了台湾各地的交通，同时也制造了台湾文化的多样性。台湾原住民的文化即呈现多样性的特色，各族的风俗习惯不同，其地理与历史人文背景差异明显，各族的联系，多符合因地制宜与就地取

材规律，形成自身悠久的传统。台湾的汉人移民自17世纪的明末清初逐渐增加，闽粤移民各自也有本身的文化，语言不相同，建筑风格亦有异，因此汉人300年来的垦招与发展，其社会亦形塑了各地的特色。比较台湾南、北及东、西各地传统建筑，寺庙的差异较少，但民居的差异却很明显。民居作为一种生活的建筑，原本就是人的生活具体化的产物，从人与人的关系，到人与自然的关系，甚至提升到人与神的关系，俱表现在空间环境的塑造技巧上。

屏东汉人移民中又有漳、泉、潮与客家之分，客家实际又有嘉应州（梅县）、大埔与惠州（海丰与陆丰）之分。各族群在几百年中，抗争与融合现象是并存的，建筑技术互相学习并受到影响，久而久之也自然汇聚成地域性特色，这种特色是因台湾的环境而产生，并非来自大陆。

屏东县的自然地理条件复杂，有靠海的新园、东港、林边、佳冬、枋寮、枋山、车城、恒春、满州、牡丹与小琉球岛，也有内陆平原的万丹、屏东市、九如、里港、长治、麟洛、内埔、竹田、潮州、新埤与万峦。山区如高树、三地门、雾台、玛家、泰武、来义、春日及狮子乡等。人文背景差异也很大，例如屏东市原为西拉雅平埔族马卡道支族所居，现当地仍有"番仔埔"旧地名可追寻。[9]清初乾隆年间始出现汉人寺庙，如屏东市关帝庙建于乾隆四十五年（1780年），海丰街三山国王庙建于乾隆十六

年（1751年），慈仙宫建于乾隆十一年（1746年），近代虽经改建，但皆有悠久的历史，也可证明客家人入垦甚早。

再如里港，原名阿里港，位于高屏溪中游，古时原为平埔族马卡道支族所居，清初康熙年间闽人入垦，至乾隆初年已成街肆，《台湾府志》谓："商旅贸易，五方鳞集，市极喧哗，近移驻县丞署于此"。新埤则多系客家人所居，埤为汉人常用的蓄水技术产物，当地有清同治六年（1876年）所建的三山国王庙，或可推证客家人垦拓至迟应在清代中叶。

佳冬旧名茄苳乡，《台湾府志》载为茄藤社，又谓："茄藤港，在港东里，县东南四十五里，水道深，小舟往来，中有汛防。"可推证在乾隆年间，是一个优良的港口。当地亦有三山国王庙，为客家移民之守护神庙。至于满州乡，在恒春半岛东南区，港口溪的中游河阶地，乾隆初年重修《台湾府志》谓"蚊率社"，后也称为"蚊蟀"，原为排湾族人所居，至清初才陆续有粤籍汉人入垦。后因林爽文事件，清廷将它列入禁地，汉人没有增加，至清末又发生牡丹社事件，才引起清廷重视，进行开山抚番。客家人、福佬人及平埔族并存。这一带的汉人也有自澎湖移入者，我们发现有许多民居建筑与澎湖的形式相当接近。

一、屏东地区汉人传统民居的风格

汉人主要从闽粤渡海来台，但他们有些却是先到澎湖，几代之后再移居屏东，也有先到台南再移居，甚至也有先到北部桃、竹、苗地区，数代之后再移居屏东。六堆的客家人即有一些系20世纪之后再从北部移去的。1910年代曾因北部的茶业不振，而南部的米价上扬，有许多中坜一带的客家人迁至高雄美浓或屏东六堆地区之例。因此，南北的客家建筑在屏东可能产生混合的情形。[10]

客家的六堆地区，其聚落与建筑均具有多方面的特色，在台湾建筑史上占有重要一页。六堆原是垦拓时期的安全组织，客家人在进入下淡水溪东岸之后，为了防御而组织起来的空间布局。六堆也称为六队，系左、右、前、后、中及先锋六个防御区域。清代六堆地区早在乾隆元年（1736年）即有阿里港圳之开凿，灌溉广大的平原地区，土壤肥沃，所以聚落众多，人口增加，建筑数量与质量皆优于山区丘陵或恒春半岛。汉人对恒春半岛的开拓较迟，且有大量的漳、泉移民，有的甚至从澎湖移入者，因而其建筑风格，不论从聚落布局、建筑材料、屋顶形态，或平面模式来看，皆与六堆地区有显着的差异。[11]

归结比较起来，屏东的汉人传统建筑，依居

图11-33 屏东万里桐聚落分布

图11-34 屏东万里桐聚落剖视图

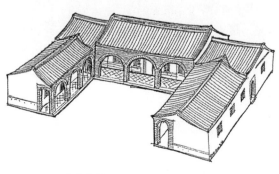

图11-35 屏东佳冬民居

民本源与历史发展程序，大致可分为六堆地区与恒春半岛两个大的地理区域。前者主要为客家建筑，后者主要为澎湖建筑风格。除了广大的民居之外，少数的寺庙匠师聘自外地，例如板桥陈应彬的长子在1930年代移居屏东，建造屏东妈祖庙慈凤宫、水底寮妈祖庙、海丰王爷庙、万丹妈祖庙万惠宫及东港朝隆宫等，这些寺庙自成一格，可归类为台湾北部匠派的延伸，对1930年代以后的屏东寺庙产生不可避免的影响。近年东港东隆宫的修建，集结了台湾南北与当地的匠师，互相合作也互相竞技，装饰虽然趋于复杂艳丽，但不失其时代特色。[12]

除了陈己堂之外，桃园的叶金万在屏东也建造了一座罕见形式的曾氏家庙"宗圣公祠"，这座家庙座落于屏东市区，它融合了传统闽南式与西洋门楼、圆亭而成，西式的装饰多以洗石子技巧完成，发扬了日治时期的"开模印花"洗石子浮塑艺术之特色，同时期内埔的李氏、钟氏宗祠中也大量运用洗石子技巧，建筑形式与现代结合。

再如来自粤东汕头剪黏名师洪坤福，原来在1917年台北大龙峒保安宫大修时，聘洪坤福制作大殿龙虎堵的交趾陶与屋脊的剪黏。落成后，洪氏传授不少弟子，在1930年代初，洪坤福南下屏东，在当地寺庙中留下一些杰作。[13]

另外，我们在枋寮中仑村的保安宫石雕龙柱上发现落款为北埔林添福的石匠师，这座庙初创于清道光年间，日治时期曾大修，也许当时特自新竹聘请石匠师来。万丹的妈祖庙万惠宫初创于乾隆年间，至日治时期大修，大木匠师由陈己堂与惠安来的溪底木匠郑振成对场兴建，木雕有一边出自黄龟理，另一边出自杨秀兴，他们皆一时之选，为屏东留下杰作。寺庙匠师多自外地聘来，然而民宅匠师多出身本地，也是台湾建筑史上之常规。

二、六堆地区客家的隘门与圣迹亭

六堆地区主要居民为客家人，他们在此秉持

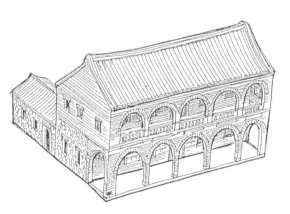

图11-37 屏东枋寮民居

图11-38 屏东六堆隘门

图 11-36 屏东六堆客家民居拱门

着客家族群自古以来传统的文化习俗，营造聚落与宅第，就聚落而言，具有耕读精神。聚落中以三山国王庙、土地公（伯公庙）、妈祖庙或宗祠为核心，他们较少崇拜漳、泉人喜爱的王爷。[14]

耕读精神表现在农业技术与敬字亭普设之上，六堆的客家村庄通常四周有水圳环绕，水质清净，不但用于灌溉也可供洗涤，常见妇女成群立于水中洗衣物。在聚落四周，为了防御，常筑土城，其材料多为小卵石与三合土，非常坚固，目前保存甚多，土城的出入口常设门楼，分为东、西、南、北四座，亦称为隘门，门额常题"褒忠"，系源自于康熙末年的朱一贵之役与乾隆末年的林爽文之役，为求保乡，助官军平乱而受表扬。另有说法，相传也是防御原住民的措施。

佳冬乡六根村现仍保存的西隘门，门额上可见楷书体的"褒忠"二字，两旁辟小圆窗，门楣甚高，以利车马通行。客家人在康熙末年为求平安与共同防御而形成团练组织，六堆的聚落普设

隘门。同样形成的隘门也在内埔乡丰田村新北势庄东栅门看到。门作单开间，但屋脊不做燕尾，木门楣上填以土墼。门额原题为"怀忠里"，隘门左右两侧联以土墙。另外，在新埤乡建功村的东栅门，屋顶做燕尾脊，门楣上可见"褒忠"题额，两旁辟小圆窗，形制与佳冬乡的西隘门相似。[15]

隘门其实是一种小规模的城门，清代的规制，民间自筑的土堡不能与县城、府城相比，其规制较小，所以隘门也较小，有如富贵人家的门楼。清代台湾城门的内外，有置土地公或惜字炉的习惯，高雄左营凤山县旧城北门外仍可见一座福德祠即为实例。六堆客家村庄也同样传承此古老风俗，新埤的连功庄东栅门前仍保存着一座伯公庙，它与栅门为配套的设施，民间认为伯公可助守栅门。[16]

除了隘门之外，六堆聚落及屏东乡下仍可见到惜字炉，也称之为「圣迹亭」，此为古人敬字之设施物，定时焚化字纸。据高雄凤山的凤仪书院所存碑文谓："每岁佣工检拾字纸，汇化于炉。正月之吉，乃送而投诸海焉"。屏东地区保存的圣迹亭甚多，佳冬萧宅前左侧仍有一座形式极为完整的圣迹亭，它的底座为六角形，但顶塔转变为四角形，屋檐曲线顺畅，线脚繁多，造形颇为华丽。另有一著名实例在枋寮乡玉泉村的石头营，造形相仿，底座为六角形，屋顶为方形，这种四角居上、六角居下的造形，可能隐含着某种文化上的意义。据考证同治末年牡丹事件之后，沈葆

图11-39　屏东六堆内埔刘宅

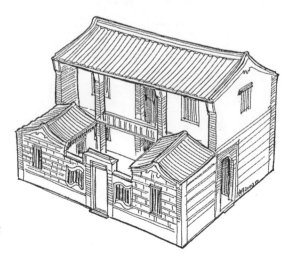

图11-40　屏东内埔民居

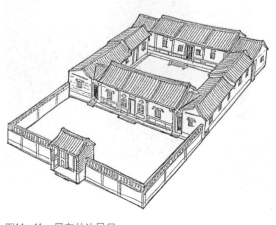

图11-41　屏东林边民居

桢开山抚番政策实施，屏东地区曾设立番社义学，凡有书院或义学之处可能出现圣迹亭。

综上所述，六堆地区承继客家人耕读之传说，为求安全耕作开垦，建造了大量的土城与隘门，诸村联合形成一个防卫体系。在义学附近又设惜字炉，彰显敬字爱文化的民情风俗。

三、六堆地区客家民居之格局

台湾的客家人分布甚为广阔，在清初几乎南北各地都有客家人垦拓的踪迹，像台北盆地的五股、泰山与新庄一带，客家人入垦早于漳、泉人。乾隆年间汀州贡生胡焯猷、道光年间汀州人张鸣岗都是极有贡献的客家移民先锋。至清末，甚至宜兰、花莲与台东皆有客家人垦拓，客家人所到之处即引入所擅长的农耕文化，开水圳、辟农田，最后完成客家聚落。不过北部桃、竹、苗与南部高、屏的客家城镇与村庄仍是大本营，其地的建筑具有台湾客家建筑的典型性，所呈现出来的客家特征也最明显。[17]

与漳、泉村庄相近的客家建筑，可能是互相影响，或匠师互相交流，很容易被同化。易言之，台湾客家建筑与其原乡的嘉应州（梅县、大埔）、惠州（海丰、陆丰）已形成一些差异，相信这些差异源自于地理自然条件。就以闽西的土楼（方楼与圆楼）或粤东围龙屋而言，台湾目前找不到圆楼之例，但是在台中东势一带，仍保存新伯公的刘宅"校书第"、下城的刘宅"彭城堂"与"润德堂"等大宅，它们的核心为一堂双横或双堂双横，但外缘包以圆形的"围屋"。这些实例仍延续着原乡的传统。[18]

至于六堆地区，也有"围龙"形态的民居。如前所述，在六堆的分区联防概念下，以溪流方向与南北相向为中轴，中堆包括竹田与内埔，先锋堆为万峦，前堆为长治与麟洛，左堆为佳冬与新埤，右堆为高雄的美浓与高树（下佳水溪右岸），后堆为九如及内埔的一部分。

六堆区域内的客家仍以堂屋与横屋所组成的矩形格局为多，所谓一堂双横或双堂双横及双堂四横较普遍，但值得注意的有几个例子，包括内埔的钟宅，其外横屋比内横屋长，这种格局多见于台湾中北部民居，漳州人、泉州人与客家人都采行之。另外，将供奉祖先的正堂独立在核心，左右再包以很长的横屋，这种格局在北部较罕见，例如佳冬罗宅与五沟水刘氏家祠。六堆地区的围龙屋，尚可在内埔曾屋见到，内埔曾屋的核心为"一堂双横"（三合院），但它的背后有两屋至三屋的围龙。

除了上述平面格局之外，六堆地区的客家民居还有一个独特的空间值得注意，那就是在正堂与横屋交接之处，常做出介于廊与厅之间的过渡空间，它有屋顶，但墙体辟门窗，通风情况良好。居住者利用它来当成休息聊天及作家事或用餐之所。这种空间在台湾中北部的客家或漳、泉民居中甚为罕见，相信可视为六堆地区的重要特色之一。究其成因，气候炎热可能促使廊厅的空间为居民所重用。

除了这些具有合院形态的民居，我们在内埔的刘宅发现也有狭长街屋，面宽很窄，只得16尺或18尺左右，第一进作为店铺，第二进或第三进则作为祖厅及卧室。内埔刘宅还有精美的后门，门旁的书卷窗似乎透露出一丝书香人家的讯息。[19]在六堆地区的聚落市街中，我们也发现小型的三合院楼房，它的形态介于街屋与一堂双横之间，应是市区用地不足，建楼以增加空间的结果。

四、屏东地区漳、泉民居之格局

屏东沿海的新园、东港、林边及小岛琉球乡，有许多并非客家人。清代曾为平埔族马卡道族人所居，后来汉人才逐渐入垦。而屏东、万丹、潮州等内陆平原，漳、泉人较多。东港的王爷信仰极盛，泉州移民甚多可为证。万丹地区王爷庙与广泽尊王、神农大帝庙存在，亦是漳、泉人的守护神庙，与三山国王庙并存。

图11-42　屏东林边黄宅正堂为二楼

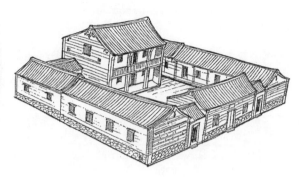

图11-43　屏东林边黄宅

依据这地区所调查得知,一条龙式的民宅颇多,即只有正堂,不做护室。正常前面设步口廊。除了中央的神明厅设门,左右房间也设单独对外的门,方便使用者自由进出,它们的年代较晚,似乎不再考虑安全与防御的要求了。在林边近海之处的黄宅,具有二落二护室的格局,约建于20世纪初年,它的第二落为楼房,山墙上使用"S"形壁锁(Anchor),红砖墙施工极精美,可能为聘自台南或高雄一带的匠师所建。[20]

恒春半岛的汉人建筑以枋山、枫港、车城、恒春与满州较多。满州在清初乾隆年间称为"蒙率"或"蚊率"。最初入垦者为客家人,后来清廷禁止汉人进入。至同治末年因牡丹社事件,引起日本派兵入侵,清廷于光绪元年设立恒春县,建造城池。恒春城目前保存情况良好,近年陆续修复了东门、北门、南门、西门以及很长的城墙。它的城门楼带轩亭,为台之孤例。城门洞以红砖砌内外拱,也是其他城门所罕见。[21]

恒春半岛位于台湾最南端,地质与气候特殊,风力大且盛产珊瑚礁(硓𥑮石),与澎湖相似之处颇多,从清末即吸引不少澎湖移民来此开拓,因而其民居较接近于澎湖的系统。据本地区调查的民居,类型颇多,大体可以归纳为下列几种:

(1)条龙式:即只有正身,小三开间、大至五开间或七开间的对称式平面。据合理分析,屋檐口常筑女儿墙,可收防风之效。

(2)正身带护室式:即学术上所谓三合院,客家称为一堂双横,可能为了防风,外墙的门窗,开口较小,并且入口少作"凹寿式",只是在正面墙上辟出门窗而已,外观看起来,显出朴拙浑厚之风。

(3)带回廊式:在三合院的正身或一条龙式的正面,设置梁式回廊或半圆拱廊,适应恒春半岛炎夏的气候,这种类型由于造价较高,通常为地方望族或富户所用。

(4)带出厦式:所谓出厦,即在房屋一侧增建带单坡顶的廊道,常为沿街店铺建筑所用,屏东乡间独立合院也可见到,从类型上看,可视为带廊式的一种亚型。

在实际调查案例中,上述四种类型或多或少具有因地制宜与就地取材的特色,例如山墙使用海边的硓𥑮石,门口院子围以矮墙可防风砂尘土。有些民宅正面采用双房壁,形成内部廊道,可能也是防风的设计。

根据上述初步比较分析,屏东地区由于文化内涵丰富,类型多元,其民居建筑充分地反映出各族群的生活方式,这也是历经多年的社会发展与自然调适所形成的结果,在汉人客家的六堆方面,我们归结出以下几项特色:

(1)堂(正身)与横屋(护室)相交之处,设置一种介于"廊"与"厅"之间的空间,屋顶与墙、窗、门皆备,但不作卧房,供家庭成员作息或用餐之所,光线充足,空气流通。这种"廊厅"在闽南民居未见,甚至北部桃、竹、苗客家民居也罕见,若至粤东客家地区考察,发现这是源自于客家原乡的古老传统做法。[22]因此,我们推论,屏东及高雄客家民居未受到闽南人住宅影响，它保存较完整且浓厚的粤东民居精神。

（2）六堆民居的正堂或横屋，外墙上直接辟设房门较多，例如正堂两旁的房间各自单独设门，直接面对禾坪（门口埕）。这种空间安排反映着妇女勤于劳动，重视户外作息的传统习俗，客家妇女少有缠足恶习，她们与男人一样参与生产活动，门口禾坪的农业劳动常用妇女担当，因此房门直接对外。这点与闽南住宅的卧室必先经过正厅不同。

（3）六堆民居的墙体使用红砖甚为普遍，有些只有下半段槛墙用红砖，但有许多例子将红砖砌斗至屋檐下，外观呈现朱红色比白墙更多的现象。这点与粤东原乡崇尚白粉墙的风格有异。粤东的梅县常用青灰砖，外观予人的色彩感受倾向于淡雅，台湾六堆却表现出温暖而热情的意象，红砖尺寸较闽南所用大而薄，可能来自九曲堂一带的砖窑厂。

（4）六堆民居在施工方面尚有自己的特色，例如尚可见多处采用版筑法，隘门边的土堡或民居的山墙如不用砖砌，就用版筑，在三合土中掺入小圆石，有如近代的混凝土，坚固异常，诚为台湾他处所未见。再如屋顶桁木排得很密，这在广东及江西南部也很普遍，据说与防御有关，可防入侵者破瓦而入。

（5）在建筑风俗方面，六堆民居与北部客家民居一样，将天公炉置于外墙上，直接与天相通，正堂内左右墙在中脊之下，悬挂或书写长联，多是勉励子孙的字句。房间口在下脚，辟猫孔，以防鼠，亦是普遍的做法。

在恒春半岛方面，汉民族的泉、漳、客民居可归结出下列几项特色：

（1）建筑风格承继自澎湖较明显，可能与移民来自澎湖、高雄或匠师聘自澎湖有关。事实上，恒春半岛的自然地理条件与澎湖颇为相似，屋顶坡度较平缓，屋身也较低，可以有效防风，门口埕为了防风砂，常筑小矮墙分别内外。

（2）为了防风，在屋檐上加一道女儿墙，虽然系得自西洋建筑的影响，但对防风确有实效。为了防热，正面常作回廊、拱廊或双屋墙体，但靠海边的民居，正面也常作封闭式墙，门窗尺寸较小，这可能也是出于防风的考虑。

（3）靠海地区的民居屋顶，常常增加压瓦砖（又称脚踏砖），有时瓦上加一层薄薄的水泥浆，其目的是可以密封瓦片之间的空隙，当台风来袭可防水。

（4）至于在建筑民俗方面，恒春地区民居常在正厅供桌之下，故意留出一块泥土地，或供奉三颗小石，也属一种三胎石，象征地气可上通，也是一种土地龙神的崇拜方式。

第五节　南部恒春地区之民居

恒春半岛三面环海，东边是太平洋，西邻台湾海峡，南濒巴士海峡，北接恒春纵谷平原。陆地范围西由龟山向南至红柴坑之台地崖与海滨地带，南面包括龙銮潭、猫鼻头、南湾、垦丁、鹅銮鼻，东沿太平洋岸经佳乐水，北至南仁山区。

恒春半岛在地形上是属于中央山脉的余脉，以低山及丘陵台地为主要的地形单位。北部是山区，南部是珊瑚礁及丘陵区。地势东高西低，西侧为倾斜台地，珊瑚礁断崖临海，海崖下遍布裙状珊瑚礁。半岛南端是龟仔角台地，属于珊瑚礁石灰岩地区，海拔高200米。猫鼻头和鹅銮鼻是最南端突出海域的两个小半岛，其间海岸线曲折，形成许多小湾。

本区主要河川皆短而小，河床险峻，雨季时河流湍急，旱季则呈干枯。主要河流有港口溪、榄仁溪、石牛溪等。其中港口溪是由高士佛、满州等山中之大小涧所汇流而成，经响林、满州、射麻里等折而南，至港口出海，为恒春半岛最长的河流。位于西侧的龙銮潭为本区最大之湖泊，是由众小河汇积而成，再由潭北泄水口北流，经四沟、三沟到头沟由射寮入海。其他在山顶侵蚀残余面上可见数个小湖泊，如南仁潭等。

《恒春县志》描述："恒春虽三伏，可着薄棉，冬至前后，苟无大风，单裕亦可卒岁。至谓冬时衣葛者，不过贫窭子偶一遇之，非大概也。命名取义，故曰恒春。其田园有水利者，冬日栽秧，蛙声盈耳，如内地三、四月景象。"夏秋之际，雨量最为丰沛，即《恒春县志》所称"骑秋雨"："夏秋之间，霪雨连绵，大约五月起、八月止，溪流横溢，道路泥泞，行人为之裹足；郡城音信，有数月不通之候。海上行舟，亦以风险，不敢高舵，以致百货昂贵。故谚有云：'骑秋雨，一来不肯止'盖苦其多也。"其余各月蒸发量大于降雨量，干燥期长达八个月之久。冬季东北季风，因其来向与东北信风相符，故风力强劲，由于风常沿山落下，故俗称"落山风"，为本区气候特色之一。《恒春县志》对"落山风"亦有记载："自重阳以至清明，东北大风，俗谓之落山风。昼夜怒号，淘淘飒飒，或三四日一发，或五六日不止，海上行舟视为畏途。即植物中，枝颖上锐，如木棉、桑叶、高粱、甘蔗等，均不苞芜，多致零落，晚禾将熟，农家每齐其根而偃之，俾不受风，故生气不顺，收成减色，其阴害夫农商者，实非浅鲜。安得贤长官修德回天，永免此患！然马鞍山以南，地势稍低，风威稍损，冬日有雨少风；马鞍山西北至枋山，六七十里，则多风无雨。一邑之中，天道之下不齐如是。"

恒春半岛开发甚早，其历史渊源可区分为史前与近代时期，迄今已发现60余处史前历史遗址，其年代可远溯至7000年前，并为台湾地区最南端之史前遗址。随着明末早期汉人的移入，而进入历史时期。

恒春地区最早的汉人移民或可上溯到南宋帝昺（1278年）厓山之役失败后渡海遁逃者，在明郑万历十五年（1661年）颁谕文武官员、士兵、百姓之开垦章程后才展开。相传属于郑氏军队的朱、柯、赵、黄各姓屯弁与兵丁，在车城湾登陆，旋即于附近平埔开屯招佃，垦辟统领埔、射寮、大树房及网纱诸庄。清代文献谓："台湾为孤悬海外之地，易成奸究通逃之薮，故不宜辟地聚民"，对垦抚一事采消极政策。康熙末年朱一贵之役及

乾隆末年的林爽文之乱后，清廷甚至将枋寮以南地区，列为禁垦荒埔。及至同治年间的美商船"罗拔号"和牡丹社事件，引起美、日分别进军，外人的觊觎才使清廷积极开山抚番。光绪元年（1875年），恒春设县筑城，光绪四年，台湾道夏献纶更订开垦章程，设招垦局，募民来台开垦，并给予种种优惠条件，奖励汉人移垦台东、恒春、埔里等地，但效果不彰。光绪十三年，台湾巡抚刘铭传为积极推行新政，于全省各地当"生番"冲突之处设抚垦局，恒春设有恒春抚垦局，时恒春知县程邦基，为免土地开垦权为少数人垄断，更改垦拓之法，切实推行耕种，亦未收实效。惟恒春地区，此时已告全部开拓。日治时期，本区隶属于高雄州设恒春庄，并成立热带植物的林业试验所，试育牛畜及其他家畜。

汉人对恒春地区的垦拓，最早是明郑时，范围东至统埔、西至射寮庄，南迄房树庄（大光）、北抵宣化里（琅峤庄）。明万历三十六年（1682年），粤东人杨、张、郑、古四姓建保力村，清康熙三十五年（1696年），闽南人陆续在车城附近海滨建新街、射寮、埔墘、后弯仔等村；雍正初年，粤人王那入垦满州。同治年间，由于琅峤及其西侧一带土地均已开发，无土地之人便南下前往开垦，粤人郑吉来更由仁寿里进垦泰庆里。《恒春县志》所载："又有客番杂居者，如东门之射麻里、文率、响林。"光绪六年，为便利运输，港口村设港；光绪七年，鹅銮鼻设灯塔指引过往船只，即汉人对恒春地区的开发是以四重溪、保力及网纱等溪流之出海口为始，进而向南开发至大光、水泉等处，其后向东沿港口溪支流进入满州地区，并向南进入。而闽籍间接移民多由澎湖、高雄、林园方面经海路迁入本区，客家则多由内埔、万峦、佳冬等地而来。

早在汉人入垦之前，高山族原住民已居于本区；道光年间，更有凤山平埔族向南迁移至恒春，后因缺水利之便，有一部分向东进入射麻里（永靖）。汉人入垦后，或辟荒地，或以物易地，或贩卖日用品让原住民赊贷，再要求以土地偿还等

手段，由原住民手中取得土地。而彼此间因交易、税租或某汉人族群联合原住民以对抗另一汉人族群等而时有冲突。但一般而言，相处仍算融洽，彼此通婚情况亦多。经由经济、教育等管道，原住民与汉族间的界限逐渐消弥。

一、恒春地区传统聚落之分布

排湾族、阿美族及卑南族等高山族虽早在汉人进入本区之前便世居于此，但随着汉人的入垦，或迁移，或逐渐汉化，其早期聚落地点与形态，今已无法一一考证。就《恒春县志》卷一疆域中所记载之村庄与现存之聚落稍作比较，可知随着各个时期的开发，道路的开拓，新的聚落产生，原有聚落有的扩充，有的因生活条件着实不佳而逐渐没落。

区内传统聚落之分布，主要系因自然环境的限制和影响而产生。因冬季风势强劲，旱季长而以背风向阳，水源的取得及生产环境为主要考虑因素。居民以一级产业为多，以农、渔为主者集中于沿地及平原地区，丘陵坡地则以旱作及放牧为主。

大致上，早期西、南侧聚落是以沿海自然港湾或台地上水源为发展之起点，东部则以沿港口溪及其上源支流河岸为聚落重心，后期则多沿道路两侧发展。

早期聚落之名称大致是以地形特色、水源、特殊地景物或沿用高山、平埔族用语语音而命名。以地形特色为命名者，如蚵广嘴因港湾形似蟹钳而得名；因水源而得名者，如龙泉水、水泉、龙宣水庄等；以特殊地景物命名者，如大茄苳、大树房、白沙、船帆石等聚落；高山、平埔族社名或用语译音，如射麻里、文率等，部分名称在后期发展中而有所变动，如猪朥束改为里德，射麻里易名为永靖等。

恒春半岛西岸的聚落多为来自澎湖的移民所辟建，且其靠海的自然地势与澎湖有不少相似之处。因而，本区内之聚落布局特色属于澎湖的传统。澎湖的聚落，多分布于海边较避风的地方，

地名有"澳"字者，即说明此种聚落选择地形的特征。居民将住居沿着山坡的方向，背山面海，并且循着一种在广东被称为"梳式平面"的棋盘形配置。各座住居大同小异，大多为小型的三合院，正身约为三间至五间，护室亦只得二间或三间，每个单元之间为狭窄的巷道，具有通风及防火之功能。

就整个地形坡度而言，这种排列虽然大都维持同一个方向，但受到凹入的坡地限制，一个聚落往往出现两种方向以上的建筑组群。坡度或缓或陡，各地不同，但是也必须合乎一个原则，从一座住居的正堂神龛位望出，通过前屋檐之延长线，必定高过于前面住居的屋脊。易言之，让神位可以直望天空，而不受前面房屋屋顶之阻挡。

呈梳式（或棋盘式）布局之聚落，各居住单元之大小亦不一，因而事实上无法达到前后左右皆对齐的理想。如果前面一座的墙角挡住了后面一座的出入口，通道就可能从"十"字形变成"丁"字形了。关于"丁字形"信道，在传统上认为可以聚气聚财，台湾不少较古老的聚落及市镇皆有例可循。但是在澎湖的聚落里，则被认为是屋角冲到正门，为应避讳的事。此时，可以在墙角上嵌上一块石头，上刻"泰山石敢当"或"石敢当"等字。在恒春一带的聚落里，虽然有许多屋角对到另一座住居大门之情形，但我们并未发现安置石敢当石块之例。

聚落里纵向的巷道，常随着山坡坡度而有高低曲折之变化，丰富了聚落中的景观。这种颇类似窄缝的巷道，依据学者华南理工大学陆元鼎教授对粤东潮汕一带聚落之研究显示，它具有对流通风之功能，亦即调节聚落之微气候。

另外，纵向的巷道多朝向海岸，自然也使居住单元能看到海景，对于住在海边的人而言，无论如何总是要看到海的。

在聚落的排水系统方面，巷道沿着坡度一直通到较低的海岸，亦形成自然的排水设施。一般而言，传统的古聚落皆采自然排水，其聚落多选址于较高之处。

二、民居平面之形态

《重修台湾府志》中对琅峤十八社居处之描述为"筑厝于岩洞，以石为垣、以木为梁，盖薄石板于厝上，厝名'打包'。前后栽种槟榔，蒌藤。至种芋艺黍时，更于山下竖竹为墙，取草遮盖，以为栖止，收获毕，仍归山间。"与石板屋颇类似。汉人之入垦可上溯至明郑时期，但此时期之民居多已不可考。清领时期所留下之民居亦不多，

图11-44　为防恒春地区落山风，民居外墙采封闭式

图11-45　恒春民居之祖厅布置，中为天公灯

推测部分民居之台基或为清代物。其次，是1896年至1945年日本统治期，此时期产业形态有所改变，道路拓宽，人口增加，居民之经济条件稍有改善，旧有民居或改建、或重建，新的材料及施工法的应用，深深地影响住屋之形态。

清初颁布法令规定男子只能单身来台，因偷渡者众，乃终解此禁令，但携家带眷者，亦属少数，故移民多以核心家庭为主。又本区土地贫瘠，居民经济有限，早期住屋以一条龙式为主，且格局较小。经过多年的发展，家庭成员增加，经济亦较为充裕，乃加建护龙。另外，因居民多从事农、渔等一级产业，家庭成员均需分担劳动事务，要求动线简单，可直接往来田间或直达海边，不若官绅大宅强调礼仪及私密性，故无多进住宅之例。

早期民居内部空间之最大特色为正身进门后，有一横巷缓冲空间，此巷道与正面平行，宽度不一，由80～150厘米不等。穿过横巷进入第二道门后，方为厅堂。横巷的形成实即将"出廊起"的檐柱间的空隙以砖石墙壁封闭，亦即将外部的廊，转换成内部的巷道，据当地耆老所言，此做法为应付当地冬季强风及台风。平时除作通道使用外，亦可晾衣或置物。巷道之设置解决了防风的问题，却因为承重墙体只能辟较小的内窗，因而室内显得阴暗。

1920年代，红砖以机器窑大量生产后，砖造日益普遍，邻近地区较大之村镇出现红砖拱牌楼面街屋。本区新建的民居多为"出廊起"式，以钢筋混凝土梁支撑亭仔脚，桁架露明，前廊十分宽敞，可于此晾衣、乘凉、休憩，更有步口廊设天花，梁上置女儿墙或压檐栏杆。结构强化后，引进大量光线，采光为之改善。柱身形式早期多为红砖方柱，后期更出现圆柱、梭柱等，形式变化丰富，端赖匠师之巧思。另外，墙面装饰材料亦较为多样化，洗石子、日式花瓷砖（Tile）、掺黑色水泥和传统的泥塑及瓷盘剪黏混合使用。

空间布局仍循中国传统精神，以正身明间厅堂为最尊贵之空间，摆设供桌奉祀神佛及祖先牌位。左右墙摆设长椅凳，厅堂两侧为卧房，由厅

堂两侧墙辟门进出或由巷道进入。以龙边较尊，多为主人或长辈之卧房。厅堂后若设有房间，则必为家中长辈之居所，亦由龙边出入。若为五间起，则厨房皆设于龙边梢间，虎边梢间则为低辈份者之卧室或为贮藏室。当空间不够时，亦有将巷道末端开辟为卧室之例。护龙则大多数为分家后小房的居所，或为农、渔具储藏室，亦有筑成平顶，由正身边或护龙前设有小梯直上者。

　　前埕大多围以卵石或砝砧石叠砌的矮墙，其高度适中，常成为邻居聊天之座椅。前埕除用来曝晒农作物、渔获或柴火外，有时于角落加建小屋，豢养牲畜或建鱼灶处理渔获。若为平顶，则可循阶而上，兼具堆置杂物及远眺之用。传统民居之形体组合，正身以三开间为主，两旁屋顶依序下降，亦有将五开间做整体屋顶者。护龙屋顶又较正身为低，并依次往前下降。正身三间中，左右次间虽因两端屋顶稍升而提高，但其内部大多设置物之夹层。正立面中央辟门，上设门额，左右次间设窗，因为承重墙体，开口皆小，呈高大于宽之长方比例。墙面以红砖砌叠涩出挑，出檐极浅，多为硬山红瓦顶，上置脚踏砖固定屋瓦。为防强风掀顶，屋坡极缓，进深1尺，屋坡才升高2至3寸，即匠师所谓"二分水"或"三分水"，走近时几乎看不到屋顶。加上巷道空间使屋身进深加长，有达9米者，故整体造形封闭沉重而稳定。

三、民居的材料与构造特色

　　本区传统民宅之台基材料，一般使用粒径约30厘米左右之大卵石及砝砧石，只有白砂陈宅使用石条台基。因为台基凸出地面不高，故少见有阶梯踏步之做法。台基不论使用卵石或砝砧石，外观上只露出一皮，故砌法尚称规则平整，较细致的做法则把石材修整为长方形块。在构造上有两种形式，视台基与墙体使用材料之异同有所区别。使用相同的建材时，则台基的做法与墙体平齐为同一平面，外观上台基与墙体为一体，可见墙体是由地面直接垒砌而成；使用不同建材时，

则台基凸出墙体5至10厘米，可看出墙体砌于台基上，且形成一明显之墙基线以示区分。一般材料为卵石台基配合砝砧石与砖墙，或砝砧石台基配合砖石墙。

　　铺面为地坪表面之装修，可使地面更为平整易踏，可分为室内与室外地坪。传统做法是先以碎石级配铺底，再填以砂土夯平，铺上表面材料。地坪的铺法需遵守"前低后高"的原则，并且室内较室外高，内侧较外侧高，以利排水。

　　本区传统民居室内铺面有一特殊做法，即位于神龛及祖先牌位供桌下方之地坪，并不以铺面封闭，而保留其原有泥土层。根据访谈得知与传统风水观念有关，主要为建屋时择地，大都选择有灵气的穴地，而房屋依方位建造后，穴地刚好就在正堂之神龛下，为整栋建筑之核心。为避免灵气被封闭，故作铺面时留下穴位，以符合"地灵人杰"之寓意。

　　本区传统民居之墙体，正立面外墙有两种较特殊的构造形式，一为骑楼式，即正堂之前有外廊，廊之外侧有一列立柱，廊柱支撑骑楼上方之屋顶，骑楼屋顶有女儿墙护拦。另一种形式为正身正面有两堵外墙之构造，即外廊之外侧再砌一堵墙体，所形成的狭窄空间，当地人称为"巷路"。恒春地处亚热带，受季风影响，夏季多台风，而秋冬两季又有落山风，巷路做法即为有效之防风措施。

　　本区内的传统民宅壁体材料，除了一般常见之清水红砖、土墼砖之外，大量使用砝砧石，而

图11-46　利用海边珊瑚石所砌之墙

灰浆则使用硓砧灰浆添加蛎壳灰。除硓砧石墙为单一材料外,其他墙体都以砖、土、石混合使用,砖多使用于砖柱及开口门窗之边框。而墙堵由土、石混合砌成后,配合清水红砖依适当之比例砌出墙腰线及开口边框,使整堵墙体在外观上划分成几个不同之部位,再按个别需求,于各个部位做不同之表面处理。一般墙堵之表层是以硓砧灰浆添加蛎壳灰粉刷整平之方式简单处理,亦有较讲究的,施以斗仔砌砖。外墙腰堵通常以砖或白灰做一或二道外框,至于中间部分则有几种常见之方式,包括露出墙体材料,如硓砧石乱石砌法,或灰浆粉刷及画砖、贴彩色瓷砖、磨石子及洗石子粉刷。洗石子通常配合不同之颜色,做出各种变化之图案,亦有配合彩色花砖使用。

内墙墙体之处理较外墙简单,通常只以清水砖砌出墙腰线,腰线以上使用白灰粉刷,而腰线以下使用不同之材料,主要考虑以易于清理之材料为原则。由于内墙亦具有承重功能,厚度与外墙差不多,因此常常可在内墙上留设壁橱柜。壁柜之位置主要在于正厅左右墙上,厨房亦见之,以储放炊具等物品。

"猫孔"亦是本区传统民宅的特色之一,根据访查结果,几乎户户皆设,在正门或房间门的门柱下方一侧,开辟一个小洞专供家猫出入,是为猫孔。洞之四周多以红砖砌成方框,上楣略凿成曲线,似为装饰之意。留设猫孔,为防鼠患,人所尽知,但亦可了解古时之家屋设计,将防御、防盗、防灾、防鼠等安全措施作了妥善的考虑,饲养猪只可解决剩菜剩饭,饲养猫狗可帮助防鼠及防盗,人与居屋、家禽、家畜等构成一组生态关系。

四、营建匠师

民居是传统建筑中最能表现材料、构造方式、实际使用与应付外在环境的一种建筑类型。中国古代的民居建筑多出自地方的匠师之手,从选地、定基、绘图设计、购料乃至于建造,大体上皆由

匠师包办,其间当然还有地理先生及诸多匠师配合。在清代及日治时期的台湾,建造寺庙与民居的匠师是不同的,寺庙的用材用料较考究,雕刻彩绘繁饰众多,而民居的雕饰有限,不但仅能在屋脊、山墙、屋檐及门窗做一些花样,而且题材亦不若寺庙那么丰富。据老一辈匠师说,盖寺庙多聘老匠师,而年轻的匠师只能建民宅。

无论如何,民间的地方工匠是完成民居的主要工程。恒春半岛与台南及高屏下淡水溪流域因早期交通不便,很难直接沟通,匠师亦无法直接聘自台南高屏一带,因此其匠师来源颇引起我们的注意。

据我们实地勘查,探访老一辈居民,得知一部分的匠师为本地出身的,一部分则来自澎湖。再访问老匠师,得知其设计建屋一般规矩:

(1) 大门尺寸。恒春地区民居,为了防台风、海风及强烈的落山风,正身前常以两道墙取代步口廊。两道墙皆辟中门,外面那道门要合门公尺,一般都取 3 尺 6 寸宽(合"义"字),高为 6 尺 4 寸(合"官"字)为准,亦即大门合"官"、"义"两字为佳。第二道门则要比第一道门略宽几分或几寸,形成外窄内宽格局,合乎"有关无现"之谚语。这种做法,台湾其他地区如中部及桃竹苗客家地带亦同,匠师们认为如此才能聚气聚财。

(2) 房门尺寸。房间门则作单扇,古称为"户"。房门一般取宽为 2 尺 8 寸(合"本"字),高度为 5 尺 8 寸(合"财"或"官"字),如此象征早生贵子或财源茂盛。

(3) 前埕之尺寸。前埕为三合院之前院之谓,一般人都误以为三合院之左右护龙为平行,事实上,台湾不少的匠派,如北部淡水的忠寮匠师及澎湖匠师,皆认为应将护室外端略向中央缩,形成外端开口较窄之平面,此谓"包护龙"。恒春民居一般皆收五分,因此肉眼几乎很难看出来,它的作用应仍为所谓聚气纳福之象征。桃竹苗客家地带,三合院之前埕若有围墙,则往往将围墙向内凹进,使前埕形成宽度大于深度的形状,恒春地区则有时承继澎湖以矮墙围出前埕之做法。

（4）屋内之中脊高度与平面长宽尺寸。室内之中脊梁为一栋民居中之最高尺寸，匠师谓之天父尺寸，而天父尺寸必定要大于平面的长或宽尺寸，此说可使屋顶不致发生过低之弊。

（5）厨房中灶的位置。要使灶的炉门向前面，而用锅铲的方向要朝内，象征收进来而不是泼出去，这种将日常行为与住居之禁忌结合起来的想法，在台湾其他地区民居中亦可见之。

（6）烟囱与灶身相接处。如何使灶的火旺而好用，也是一门技巧。匠师透露，在烟囱与灶身相接处之空间要大，促进良好循环，烟气在此部位稍作停留再往上排出。

（7）屋顶桷木的排列数目。本区屋顶内桷木的排列数目与台湾其他地区相同，即采"天、地、人、富、贵、贫"六字诀算法，逢六为贫。在中轴的分金线上，要摆仰瓦，且要略偏一边，否则据说会漏财，这种做法，未知其典故出处。

（8）土墼砖（即土墈或土葛砖）之制造。恒春地区之做法以较富黏性的土壤，先予打散再击捣，掺水及稻草，以牛只践踏搅拌，最后再以尺二宽的木模压印即成，其宽度约合于墙壁之厚度。

（9）灯梁的位置。主要是以门楣下缘拉线至中脊桁下缘来定的，此法与台湾其他地区相同。

（10）埋砖契。为建屋之仪式，在动工时，以两块砖并列埋入正厅后墙之下，砖缝与分金线对齐，这种砖，匠师谓之"地基砖"。在闽南及台湾的古建筑里，有一种共同的仪式，谓之"埋砖契"，或谓之"阴契"者，埋下的砖块，且可以墨笔记上动工起建之年代日期。

（11）檐口的处理。恒春地区因为常遭台风登陆侵袭，落山风尤为强劲，所以民居常在檐口上增设女墙，以收挡风之效，这是因应气候之变。

（12）住居与土地之间的依附关系。在正厅神桌下供奉土地公，或替在神桌之下的地面留一个方孔，故意不铺砖或水泥，如此听说可使地气（或谓土气、福气）上升，即地理在此结气或结穴之象征。

第六节　南北客家民居之比较

台湾的客家人来自福建及广东，包括闽西汀州府的上杭、武平、永定及粤东的嘉应州、梅县、蕉岭、五华、平远以及惠州的海丰、陆丰、饶平一带，其中梅县、蕉岭、饶平为主要祖籍地。移民台湾的时间依文献记载可上溯至明末郑氏时期，大量的移民则在清代。

清初为了政治原因，施琅奏请清廷禁止客家人渡台，后屡禁屡废，海禁渐弛，客家移居台湾日多，至乾隆年间，台湾各地形成明显的客家聚落，被闽南移民称为"客家庄"。为了利益关系，闽、粤移民曾经发生数次激烈的分类械斗，互有胜负。不过闽人数量较多，客家人被迫迁移。清初康熙至乾隆年间，客家人对台北盆地的开拓出力甚多，但至道光年间械斗失利，被迫迁徙至桃园台地。有些地区如台湾中部的彰化平原为客家人数较少的地区，逐渐被闽南人同化，成为不用客家语言的客家人。

至清末光绪年间，台湾的客家人聚居地区，

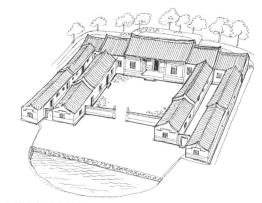

a.台湾北部客家民居

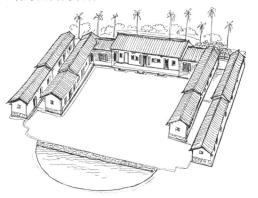

b.台湾南部客家民居

图11-47　南北客家民居比较

形成东、西、南、北分散的结局。北部包括桃园、新竹与苗栗，中部则属东势，南部包括高雄、屏东，东部则为花莲。这些地区多接近山区，不靠海，自然形成一种较封闭的情势。相对地也自然保存了较多的古老传统文化，例如语言、风俗、习惯及建筑等。针对台湾南北几个分散地区的客家古民居，从建筑设计的思想来分析客家的建筑观念，特别是客家民居在台湾300多年来的发展下，各地逐渐产生差异的原因。

一、台湾客家民居与闽粤客家民居形成差异的原因

分析比较台湾与闽、粤的客家民居，我们发现同中有异，异中也有同。推究其因，历经300年之衍变，地理与历史条件不同可能是主要原因。从地理方面而言，纬度相同，但土质及气候不同，台湾常遭台风与地震侵袭，土造房屋高度受到限制，台湾潮湿多雨，闽粤内陆较干燥，因此台湾的丘陵及山区树木茂盛，水源充沛，自然地景有明显差异。不过，就移民文化的性格而言，地理上的差异并非是必然的结果，文化上的变迁才是最重要的主因。[23]

清代台湾山区的垦拓，必定会与原住民高山族冲突，再加上与闽南人常年不断地械斗，台湾客家人与闽粤或南洋华侨客家人所面临的处境是不一样的。清代台湾移民土地之取得，多采用一种承租制度，即所谓番大租、大租户、小租户及佃农等数层关系。至清代中后期，大地主逐渐形成，因此客家人虽有居住安全与防御之需，却似乎未曾产生圆楼或所谓土楼之集居式建筑。据近年田野调查得知在高雄及屏东地区有马蹄形的围龙屋，但数量甚少。台湾客家民居的平面类型较少，应与社会组织与家族关系有关。

其次，据我们调查各地数百座民居实例，发现一个重要现象，清末及20世纪初年的客家民居，有许多建筑材料与细部造形受到闽南人的影响，特别是漳州人的建筑。我们知道在闽南与闽西，永定的客家人与南靖的漳州人相邻，有些地方甚至是混居而不可分的。在台湾也有同样情形，例如桃园的漳州人与客家人居住地相近，建筑材料与风格亦相似。

闽西与粤东客家人渡台的出海口漳州、泉州、潮州皆为闽南人地区，建筑材料就近之便多采用泉州花岗石、福州杉及漳州砖瓦。久而久之，虽然仍聘客家匠师施工，但建筑风格难免不受漳泉影响。北部桃园台地的客家民居深受漳州建筑所影响，普遍使用红砖，屋脊燕尾亦接近漳州式。

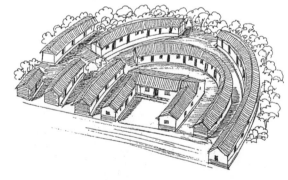

图11-49 屏东内埔曾屋

图11-48 新竹新埔客家民居前院为晒谷场

图11-50 桃园地区多护室三合院

二、台湾北部与南部客家民居之差异

客家人渡台垦拓，在清康熙三十五年（1696年）海禁解除之后大增，台湾南部的台南、中部的彰化与北部的新竹，与沪尾都是客家人上陆之口岸，但这些城市闽南人占优势，客家人势必迁至内陆另谋出路。例如凤山八社的客家人原居台南府城一带，后来才向南方迁移，并越过下淡水溪向东开垦，此即著名的六堆客家区域。再如沪尾的客家人原与泉人合作，并在市街里共建妈祖庙，后来分道扬镳，客家人在郊外另建定光佛寺，甚至到清末，此庙附近已经没有客家人，而香火亦随之冷却下来。淡水河中游的新庄，原有许多客家人，并建立三山国王庙，但经过道光年间的几次分类大械斗，客家人迁出，而三山国王庙香火亦转冷清了。这些史实无疑清楚地说明清代渡台的客家人要寻找一地定居下来，的确要付出很多的代价。新竹东南山区北埔地区之开拓，客家人与闽南人合作，一起对抗泰雅族，今天北埔山

图11-51　新竹新埔刘宅门厅屋脊起翘极优美

区仍然以客家人较多。

台湾北部客家人所居的桃园、新竹、苗栗要面对原住民泰雅族与赛夏族之反扑，南部的高雄、屏东客家人要与排湾族、鲁凯族以及丘陵地区平埔族人争水争地，互相之间的关系长期处于紧张状态。所以靠近山区的客家村庄都有防御措施，并设隘寮警戒。客家村庄早期多自筑土堡，设隘门固守。北埔有土城、关西据险要高地建街、六堆的美浓、新坪与佳冬、新北势庄、建功庄等聚落如今尚保存着隘门。

南北两地的客家人虽然皆来自嘉应州、惠州及汀州，祖籍相同但是渡台百年之后，也逐渐形成南北之差异，不但语音有些不同，建筑物的风格各自发展地域性的特色，反映在建材、平面布局、屋身高度、屋顶形式与屋脊线条等方面。分析其原因，仍不外地理与社会两种因素。[24]

地理上，桃、竹、苗与高屏的气候、水文、生态显着不同，北部多雨潮湿，南部炎热干燥，所以北部民居多以砖造为主，南部多以土造及木造为多。北部屋顶多用硬山式，南部多用悬山式，可增挡阳防热功能。南部平原受台风侵袭频率高，屋顶坡度较缓，北部多偏居山区，有山为屏障，但屋顶坡度趋陡一些，以利排雨水。至于社会因素，北部客家村庄多与漳人相邻，互相影响不能避免且北部湿冷的丘陵适合种茶，坡地上的三合院禾坪面积较小，不若高屏地区的禾坪宽大。

在平面布局上，南北最大的差异即在于北部采用五间见光，南部则用五间廊厅之制。所谓五

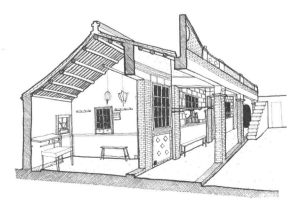

图11-52　屏东万里桐民居剖透图

图11-53　新竹关西客家民居

间见光，指的是三合院的正屋左右第五间房与横屋（护室或厢房）相衔接之处，呈90度直角相接，但故意向外偏3尺或5尺宽，以便增辟一窗，引光线进入正屋内的巷道。这种做法在台湾闽南式民居极为常见，特别是北部的漳、泉民居，为了安全防御，外墙太厚导致室内过于阴暗，乃在三开间正身的左右边间，再增设一小窗，匠人称之为"五间见光"。至于"五间廊厅"，指的是将横屋不直接触及正屋，在两者相交之处，让出一个走廊来，其空间性质介于廊与厅，故谓之"廊厅"，闽南人俗称为"过水廊"或"过水亭"，意指它具有挡雨之功能。台湾南部客家民居喜用这种五间廊厅之平面格局。

炎炎夏日，居民群集在两翼的廊厅纳凉或妇女们在串门子聊天，这个半室内与半室外的廊厅空间功用丰富，有的人家且充为饭厅及厨房使用，取其通风明亮之长处。另外，客家妇女无缠足恶习，所以在民居中处处可见忙碌于家事的妇女进进出出，她们也下田，辛勤工作一如男人。客家人的家庭生活反映到民居的空间设计。在屏东佳冬的萧氏大宅，宅的数十间卧房白天只用竹帘分隔内外，而闽南人的卧室则安排在最幽深之处，并用隔屏遮挡。从这里，我们很容易分辨客家妇女在家庭中具有两性平等的地位。

台湾北部的客家民居，长期受到邻居的漳人或泉人影响，已有变化发展之现象。而南部民居身处于较完整的客家文化圈里，保存了较多大陆原乡嘉应州、惠州一带之特征。在1920年代因为台湾中南部的水利灌溉系统完成，稻米生产量大增，并有烟叶生产，普遍建造烟草楼。而北部的茶叶曾一度衰退，有不少桃、竹、苗客家人迁移至高屏定居，这是台湾本岛客家人的第二次移民，甚至有东移至花莲与台东者，生活习俗文化交流所产生的居住建筑演变，更丰富了客家民居之形态。

1920年代之后，台湾农村经济的改善，提供年轻一代到日本与欧洲留学的机会，思想开放，接受外来文化，也属一种启蒙运动，民居的格局也不囿限三合院，村落中出现了医院、银行、车站及公会堂等公共建筑。

三、台湾客家民居重视风水

风水之术源自汉朝，但在明清时期最为兴盛，证以勘舆术书多为明清人士所著，当可推论之。中国汉人建筑重视风水学，但少数民族或边疆地区并不受风水术所绳。台湾在地理上虽偏居福建海外，但移民来自文化颇高的闽粤，自然带来了风水之说。不仅台湾如此，远渡南洋新加坡、马来西亚与印尼的华侨，其寺庙、民居与坟墓，莫不聘勘舆师定位定向，对中国本土而言，实有过之而无不及。[25]

台湾的客家建筑与闽南建筑相比较，我们发现客家人更重视风水学，可能有三个原因。

（1）清代台湾的垦拓史上，由于多种原因，客家人地区多偏于内陆近山地区，闽南人多占据靠海平原。例如桃园属于台地，新竹、苗栗、东势属丘陵及山地。美浓、高树、内埔、万峦属丘陵地多而平原少，只有靠海的新埤与佳冬才有较多平地。这些地势不平、冈峦起伏且有山谷的地区，很合乎风水学里的龙脉、砂与穴之理论。台湾河川多呈弯曲流向，所谓负阴抱阳的地形与地势很容易寻得，风水之术深受重视，特别是峦头派的风水理论得以发挥。

（2）闽西与粤东一带地形复杂，除了崇山峻岭之外仍布满了溪谷，这种地形原本即很适合风水寻龙点穴理论之实践。客家人自中原数次大迁徙，当他们定居中国南方闽、粤与赣省交界地带的山谷时，耕读成为传家之精神，为求功名利禄以出人头地，风水之说特别深入人心，也是很自然的发展。相类似的地区有皖南一带，山多阻隔，地势封闭、人口外流，读书风气兴盛，为求功名风水之术特别流行。台湾各地民居，凡是望族富户及士大夫阶级之宅第无不遵照风水理论，反之升斗小民或贫困者则采随遇而安的态度，得到庇荫之所即可满足。台湾客家人与闽南人长期在政治与经济方面竞争，重视风水以求人才出脱，当属合理之解释。[26]

（3）台湾客家人多定居内陆地区，多从事农耕，而沿海通商口岸如基隆、淡水、新竹、梧栖、鹿港、北港、台南与高雄等港口皆为闽南漳、泉移民所控制。因此客家村庄基本上是一种农业经济的社会，农业生产与土地形成紧密不可分的关系，对土地也产生安土重迁的情结，可从清代的客家义民与抗日义军得到验证。清代的抗清民变，闽南移民抗清却常受到客家人助清军围剿，光绪二十一年台湾被割让给日本时，组织抗日义军的有不少客家领袖，重大的战役发生在客家地区，甚至义军中出现妇女，此皆为客家人与其所开垦的土地有着深重情感所以致之。

归结起来，地理形势、传统伦理思想与农业生产三项为客家特别重视风水的原因。客家人的住宅与聚落呈现共同的设计与规划理想，在民居方面：

（1）三合院多用为农宅，四合院多用为士绅阶级住宅，显示四合院包围内院与居住者上层阶级之要求私密性有关。

（2）农宅前晒谷场禾坪面积，桃、竹、苗较小，显示茶叶生产量可能高过于稻米，高屏一带每年有两熟至三熟，禾坪面积较大，但两地皆采中轴左右对称。

（3）当人丁旺盛时，多采增建左右横屋解决住房问题，为了实际用途与符合双伸手环抱之风水理论，外横屋之长度常有长于内横屋之做法，使禾坪构成"凸"字形的空间。

（4）禾坪之前凿水塘，正屋背后有小丘（化胎）或树丛，符合"前水为镜，后山为屏"的空间概念，其实是源自于负阴抱阳与引水界气之风水理论。

（5）房屋四周之排水道，从后流向禾坪两侧再汇聚入池，池形多辟为半月形，使象征环带之水，水流出的方向，则聘风水师评量，合乎"吉方入，凶向出"。据说可有求财或求丁之区别。为使天地之间的气能贯通，院子地面常铺卵石以

图11-54　关西客家民居罗宅

图11-55　客家民居正堂摆设

图11-56　新竹客家民居，正堂前立轩亭

图11-57　客家民居屋后之"化胎"

利渗水。

在聚落方面，客家村庄呈现下列几方面特质：

（1）村落以祠堂或地方守护神为中心，神明较少，例如佛祖、妈祖及三山国王，不像闽南人所崇祀的多达十多种神祇。客家神明尚保存只供牌位，不重塑像之汉人古远之传统。

（2）村落四方建伯公庙，即土地公庙，具有镇守四方之象征意义。客家的伯公庙古时只置后土石碑，不一定供奉塑像，此亦古礼之制。

（3）为求地方繁荣，人才辈出，台湾客家庄常在村落一角择良址建惜字炉，定时焚烧字纸，以示对造字神仓颉之尊敬，如今龙潭、佳冬、新埤皆可见。在村庄东方（震或巽方）竹塔状的惜字炉，也反映出地理风水理论。

第七节　澎湖民居

澎湖之开发甚早，可上溯至宋元时期，其古聚落及古民居为数不少。而澎湖居民有其独特性，与金门、漳泉或台湾之民居有显着之不同。

以乾隆年间的《澎湖纪略》及光绪年间的《台湾舆图》内之澎湖厅图，将图上出现之村落地名作一核对，确定聚落之先后发展。属于乾隆时期之前即已存在的聚落有马公、东卫、菜园、乌崁、蒔里、风柜、隘门、林投、菓叶、镇海、赤崁、瓦硐、通梁、合界、池角及赤马等。在光绪年间地图出现的显然发展较晚，约有铁线、井垵、南寮、湖西、青螺、红罗、西溪、东石、潭边、沙港、中墩、讲美、岐头、后寮、小门、横礁、大菓叶及二崁等。以上这些较古老的聚落较能保存一种传统模式的原型，在研究比较上具有很高的价值。

一、澎湖聚落之模式

澎湖聚落多位于所谓"澳"之地，澳即水隈也，水隈之地，皆可安居。澎湖多依水家，傍涯作室。其屋宇俱结于山凹之内，故不称为村，而名之为澳。据《澎湖纪略》所载，澎湖居民初多以苦茅为庐舍，至清初才多易以瓦。宋元时期澎湖之聚落难考，其后明朝，有"海寇啸聚，红夷窃据"，聚落亦不见残迹。即以荷人所筑红毛城，其址虽可确定在风柜，然亦无法寻得。入清之后，《澎湖纪略》谓："招徕安集，以渔以佃，人始有乐土之安，而澳社兴焉"。至雍正五年（1727年），增为十三澳，每澳又有数社，合称为澳社，即今所谓聚落。

澎湖聚落之布局多依自然地形，为向阳背风计，住宅多沿同样坐向。此种类似棋盘格之配置在广东、福建亦甚常见，特称之为"梳式布局"。

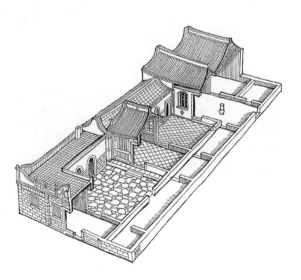

图11-58　澎湖二崁陈宅透视图

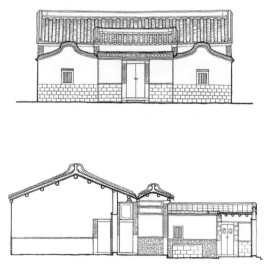

图11-59　澎湖二崁陈宅立面图与剖面图

现今澎湖保存较完整，规模较大者尚有兴仁村、二崁村、沙港村及通梁等村落。聚落中除了住宅单元外，就是一些不太规则的巷道，左右相邻两屋之间的巷道较窄，前后两座单元之间的巷子稍宽敞。但无论如何，为求有效防风及防晒，纵横巷道皆窄小。这种公共的室外空间，即为居民出入之途径。在聚落中常设置公井，方便居民取用。澎湖四周环海，井水不可多得。较著名的有东卫村前井，《澎湖纪略》谓："泉流甚旺，即亢旱亦不干涸，实澎湖之第一泉也"。另妈宫之万军井亦甚有名。镇海西寮井当地人认为可比美东卫井。井旁常设洗衣板，或植榕树以为荫。井边铺石地面，并设排水沟，以利排水。

图11-60 二崁陈宅之内院

二、澎湖民居的空间

澎湖民居分布于数十个大小岛屿之上，然而却拥有共同的形式特质，可以证明澎湖本地的共同影响因素深深地支配着至少300年以来的民居形式。一般而言，澎湖为一种紧缩的最小三合院格局，面宽三间，进深亦三间，包括左右护室两间及正身房间。它的面宽约在10至12米。进深略长，约在15米左右。在平面上，是由厚而封闭的外墙所围闭，天井狭小，而且正面围墙很高，总显得封闭。此种做法，为的是适应澎湖的强劲海风。在住宅附近的旱田里，居民以硓𥑮石堆成所谓巢墙，发挥挡风作用，以利农作物生长。

图11-61 澎湖二崁陈宅

澎湖民居以三合院为基本型，若将前面围墙易以有顶门厅，则成为四合院。澎湖民居称此门厅为前亭。相对的，在正厅前常建有一座亭子，骑在左右护室墙上，特称之为后亭。后亭有的只占单开间，但也有横跨三开间的，这种属于较大型的住宅。另外，前面护室可以增长，凸出于围墙之外。进深较多的如二崁陈宅，前后三进，形成两个天井。值得注意的是澎湖很少有横向增建护龙之情形，只有通梁及港仔尾有两三例。

经过访问澎湖老一辈居民及匠师，我们初步将澎湖民居的专有术语调查出来：

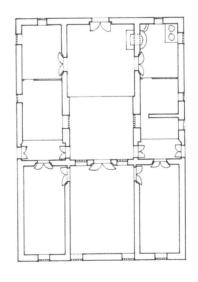

图11-62 澎湖二崁陈宅平面图

（1）门楼：即正面围墙中央的大门。

（2）前亭：门楼有屋顶时，特称为前亭。

（3）深井：即天井，其中可置石磨石臼及水缸。

（4）尾间：又称为小间，在左右护室之前间。

（5）大间：相对于小间，在护室靠近正身之房间。

（6）后亭：在正厅之前的亭子，即轩亭，又称搭亭。

（7）后巷：即正厅前面之横巷，可通左右大间。

（8）后巷门：在后巷之左右尽端之圆拱门，可通外面。

（9）公妈厅：即正厅或正堂，正堂左右即为房。

（10）后殿：正厅后墙另以木屏隔出一小间，称为后殿。

（11）砖坪仔：护室之大间或小间之屋顶做成铺砖平顶。

（12）房间：正厅左右之房，为主人居所。

另外，一座典型的澎湖民居，常常还有附属设施，天井的一侧有水缸，一半在墙外，一半在室内，即设于尾间的厨房。由外面汲上来的井水即可方便地倒入水缸中。而且室内也方便取用。有些水缸做成八角形，形体较优美。

天井边有时增筑一座阶梯，可登上尾间的屋顶，尾间的屋顶通常可做成平台，成为"砖坪仔"，

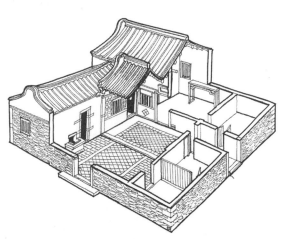

图11-63　澎湖民居典型格局剖透图

可以用为曝晒作物之场所。有些特殊之例，将大间之两坡落水顶的内坡亦做成砖坪仔，争取更多的曝晒空间。登上砖坪仔的阶梯以砖石粉刷为之，其下方可留出数个方孔，以便置物，可谓充分地利用空间。阶梯做得很陡，使不致过于庞大。

后亭又称为搭亭，这个"搭"字主要强调亭子的屋顶重量骑在护室墙上，亦即亭子的墙与护室大间之墙重合。后亭的屋顶为搁檩式，有卷棚及置中脊两种做法。另外，有少数例子将后亭的前面封住，只留中央一个拱门及左右窗。如此虽使亭内及正厅趋暗，但可收防风之效。

以上描述，大体上说明了澎湖典型的民居之空间布局及其特色。在细节的尺寸方面，有两项值得注意：

（1）左右护室并不平行，尾间偏向中轴线，使有内包之形势。此法亦见于垦丁及台湾其他各地之民居。

（2）外墙门楼之净宽度略小于正身中门，如可外小内大，亦出自同样想法，据谓能聚气聚财。

三、澎湖民居之构造与施工

澎湖民居的主要建材为石、砖、蛎壳灰、瓦与木材。石材主要皆为当地所产之海石及山石，砖瓦皆来自闽粤或台湾，木材则亦来自闽粤或南洋。其中，以本地所产之石材最具特色，构成了澎湖建筑之外观形式与色泽上之特征。主要的石材如下：

图11-64　澎湖民居中庭之轩亭

图11-65　典型的澎湖珊瑚礁所建民居

（1）山石：产于澎湖陆地上，色泽较淡，但质脆易风化，硬度不如海石。清代漳泉之花岗石随船只运来澎湖，但只用于少数寺庙及民宅。

（2）海石：澎湖沿海所产之海石，为一种玄武岩，色泽呈深黑色，质地均匀而坚硬，为良好之建材。据老匠师言，以西溪附近海石为佳，其次蒔里及乌崁所产亦良好。产在海中约一人深处，古时皆以人力牵绳挖起，近年已少产。

（3）煞石：为一种质地细密、纹理明显之海中所产灰黑色砣砝石。有关澎湖建筑的记述从未提到这种常见而特殊的石材。我们从泥匠师口中得知其名，从发音译为煞石，正确用字则待考。煞石用于墙角、门柱、墙壁以及后巷门之拱。澎湖匠师以斧头削成平整的块状，外表非常密实，几乎有如清水混凝土之质感，为罕见之优良石材，风化速度甚缓慢，且色泽及质地皆具特色。

（4）砣砝石：此种海中的珊瑚石，其名早见于清乾隆年间的《澎湖纪略》。从海中打捞上岸的砣砝石，经常风吹雨打或日晒雨淋，尽去其咸气，则可用为建材。去除盐分，可防日后墙壁吐出白花。澎湖多风，田园之间多以砣砝石筑蜂巢墙以资挡风。

其次，砖材方面，澎湖土质不适宜烧砖，亦少建砖窑厂，自古以来，砖多来自漳泉。用于地面的尺砖及门柱的"颜只"红砖，尚可见松烟斑。质地细密且色泽均匀，为优良之手工砖。台湾战后，手工"颜只砖"来源断绝，代之而起的是水泥空心砖。澎湖聚落景观呈现一片的灰色，与大量使用水泥空心砖有直接的关系。

瓦方面，清代的瓦多来自漳泉，至日治时期改由台湾高雄九曲堂一带供应。澎湖居民中，正身及护室多用板瓦，但后亭（轩）为压重之故，多使用筒瓦。在望安岛，我们还发现使用一种曲度介于筒瓦与板瓦之间的瓦，呈青灰色，此诚为台湾所罕见者，有点类似江南一带的瓦。

至于木材，澎湖不产，皆外地运来。较早的记载如乾隆年间《澎湖纪略》谓："木柴乾隆三十一年台湾漂来，各澳民拾获甚多"。在清代，马公的海边街已有杉木行、砖瓦行及石铺。1920年代大修马公天后宫时，所用之巨大木材据老匠师传述则多来自南洋。

澎湖居民之匠师出自本地，以现存之众多清代居民实例之独特形式与做法而言，与金门或漳泉民居相较，已显现甚多差异。故可推证至少在清代中叶之后，及19世纪时，澎湖已孕育出来本地的工匠，且已形成自己的传统。除了民居，澎湖的寺庙亦多出本地匠师之手。据我们近年对寺庙匠师之调查，澎湖寺庙之风格及匠师技术多传自福建漳州与汕头之交的东山岛。今天马公尚有铜山馆，即来自东山之移民所献建。另外，我们又在林投的凤凰殿旧庙木梁之彩绘，发现有1926年来自东山的彩绘匠黄文华之落款，亦为一证。

澎湖民居匠师之要者为泥匠及石匠，因木作较少，故木匠并非主匠。自清末迄日治时期所完成之民居，其匠师或可考。例如著名之西屿二崁陈岭及陈邦故宅，建于1912年，工匠据陈氏后

图11-66　澎湖民居典型门楼

图11-67　澎湖二崁陈宅外观

图11-68 二崁陈宅之天井

人谓聘自小池角。尖山的蔡清荣为泥匠世家，其技术传自其父祖辈，出生于1916年，20岁即开始执业，至今仍继续工作，并拥有各式工具。

尖山村另有木匠洪春城，与泥匠搭配，专门制作门窗。另外，在沙港、西溪及锁港数地较华丽之民居，吾人亦发现墙上镶嵌彩瓷。20及30年代，台湾、澎湖及金门皆盛行贴彩瓷，彩瓷多产自日本，凡海运交通便捷及贸易港口附近之建筑亦相沿成风。然而澎湖所见者，除进口之彩瓷外，尚有一种釉上彩作品，以尧舜禅让、三国演义、隋唐演义、民间故事以及山水风景、花瓶、双龙拜塔、双狮戏球等为题材。颇值得珍惜的大都留下制作者落款。如台南著名陶匠洪华于1935年所绘的沙港陈宅彩瓷作品，其人物姿态、面部表情、构图布局及设色皆属上乘，为难得之佳作。锁港一带民宅则另有署名大山者，落款年代为

1938年。

中国古时建屋无论公私建筑皆需择时，不但与作息有关，且与所谓流年必须配合。建造一座澎湖典型的三合院住宅，需要5至7名熟练匠师，花一个多月即可完成。吉利年中可建近10座民宅，不适合建屋的年代则停工。在日治时期，匠师每天可得工资1元5角。但亦有较价廉者，如镇海的洋楼陈宅，在1935年兴建时，匠师一天才得6角，小工只得3角。

建一座典型澎湖民居，当时约需300多元。硓𥑮石之价钱以立方计算，四尺立方谓之一"通"，需价2角至3角。一座普通民宅约需六十通的硓𥑮石，料价约15元左右，大者约需80通以上。

四、澎湖民居的建筑构造

1. 外墙

澎湖民居外墙深具特色，不但材料与他地不同，砌法亦别具技巧，构成了民宅外观上之明显风格。外墙有的全为一种材料，有的分上下两段，下半段槛墙易以较坚固之做法。例如槛墙为黑色海石，腰线以上为硓𥑮石。槛墙有的将黑石凿成方块，有如大砖平砌。一般则以露出一点椭圆形的头来，其余空隙悉填以灰泥，如此砌成的墙，有许多凸出之硓𥑮石眼，或黑石眼，澎湖匠

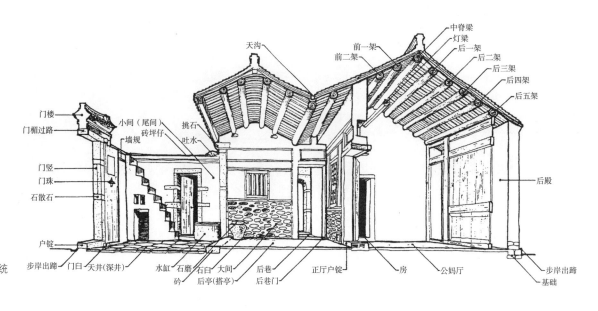

图11-69 澎湖传统民居构造名称图

师特别名之谓"拣硓砧石目",能砌一堵这样的墙,才见真工夫。

在墙角处,砌法转换为交丁砌,通常以较方整的硓砧石,或者使用煞石。煞石之用法颇值得注意,除了墙角,在后巷门用得最普遍。后巷门为半圆拱,上端使用三块煞石构成半圆拱,两侧则竖砌,加一道或两道横砌,强化结构。

墙脚处有时可见到基础的石块,若凸出两寸左右的基础,匠师谓之"步岸出蹄"。按即所谓"大放脚"式的基础。一般而言,土质松软者挖下3尺,硬实土质则仅挖下2尺地基。正面入口的外墙变化较多,例如护室之山墙,澎湖匠师谓之尾间外的山墙,以鸟踏为界,上段常将白灰粉刷成朱红色,并印上凹痕,常用六角或八角形纹样。中央墙门有时可与鸟踏线取平,较正式的则高起,形成门楼。门楼上的屋脊、垂脊规带及筒瓦、滴水、瓦当皆备。大部分的筒瓦皆为现场以灰泥施作,尺寸较一般屋顶所用者为小,此亦为澎湖民居一大特色,益显见工匠技艺之细致及高超也。

门楼分前后坡屋顶,也遵循前坡短后坡长之原则。山墙鹅头多做成有角的"木"行,脊身常镶嵌彩瓷。门楼两侧的高墙上缘亦做成脊垛状,有如水车堵,特称之为"墙瓜",可能为"墙规"之转音。正面外墙比侧面或背面更为讲究一些,较好的材料多用于正面。另如兴仁里的蔡进士第,其正面槛墙镶崁石雕麒麟垛,当属官宅形制。

正身及护室外墙之厚度,至少有1尺2寸以上,有的还做到1尺半。室内的隔间墙较薄一些,但多用土墼砖,因其较不易遭受风雨侵袭。正身正立面的墙壁则颇受重视,通常亦充满了装饰。公妈厅即正厅,其门楣上方之内侧通常凹入一个方洞,供奉天公炉,此种设施不常见于台湾古宅,但恒春半岛垦丁地区则承继此做法。

正身正面墙体除了中门外,两侧各辟一窗,通常以水泥磨石子为之,上面嵌入贝壳或玻璃。窗花则颇具创意,常用"双喜"字,或"黄金万"字,展现了居民祈安求财之心愿。左右则留设对联的位置或绘上一幅花鸟山水,以增雅趣。槛墙

有的做法颇别致,以白色的硓砧石砌成扇状,有如冰裂纹,富变化之美。

澎湖民居的外墙门边尚留设小孔,称为猫孔,以砖框为之。当闭上大门时,仍可使猫儿自由出入,以防鼠患,通常猫孔多设于左边。至于山墙鹅头上的"檐板脊坠"装饰,不若台湾或金门之富丽堂皇,可能与澎湖之质朴民风有关,二崁陈宅亦只有如意形饰。山墙上之檐板,则涂刷黑色,下缘留一道白边,至墙角转折处带缺口式的折巾,此做法与台湾民居相同。

另外,为避邪所设之"石敢当",在澎湖民居中及聚落里颇多。在民宅外墙上,主要有三个部位可嵌入石敢当石碑。正面护室尾间山墙上,尾间侧墙转角边上,以及正身背立面的墙脚。当然,嵌于何处须视附近环境而定,有的直接嵌入墙体,有的立小碑。有的只刻"石敢当"三字,有的镌刻"镇宅押煞"等文字及灵符图案,不一而足。

2. 门窗

门窗为墙上为出入及通风采光之开口,中国人视住宅为一有机体,门窗开口事关聚气纳财,不可不慎。澎湖民居之对外出入,有三个门,正

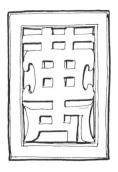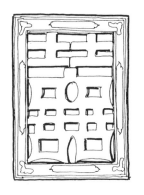

图11-70　澎湖吉祥字窗

图11-71 二崁陈宅
内部

面正当中辟大门，设门楼。左右后巷门分置于正身两侧，可沟通左邻右舍，至为方便。

门楼为墙门上面加筑门楣及屋顶，门楣多为石条，澎湖匠师谓之："过路"。做法与台湾岛或闽南一样，插入墙体之石条缩小，有的石门楣尚雕出门臼。门楼上置门额，题些吉祥字样如"紫气东来"、"福星拱照"、"惟适之安"、"门向西山"、"安且吉兮"等。有的在砖框内嵌上彩瓷，色彩艳丽，非常醒目。在缉马村，我们亦发现有门楣上铺平的例子，有如桥梁，方便左右两边的尾间互相来往。另外，有的门楣上放置盆栽或仙人掌，据传具有避邪之象征。

正身中门为双扇，墙门亦为双扇，其余的后巷内，护室大间及小间或正身房间皆用单扇门为多，主次分明。正身中门之上，亦有题姓氏衍派者，如"颖川衍派"、"西河衍派"等，门板上则刻上"利路"、"财源"或"竹巷"、"松茂"等吉祥字样。门板上凸出所谓"门珠"，呈十三面体，乃为固定门栓之构件。有些板门外尚凸出旋转式门栓把手。

图11-72 二崁陈宅
门厅

澎湖民居之窗子最具特色为水泥磨石子的模印窗。在清代尚未发展出这种技术，当时可能多为绿釉琉璃花窗。大约至日治时期，始引入一种模印的窗框，窗棂则流行寿字、双喜字或黄金万合成字之图形。磨石子成分中掺入贝壳或彩色瓷片。水泥中也可以身掺入色粉，再塑出花鸟图样。这种花窗尤其多见于澎湖的寺庙，像马工观音亭钟鼓楼即有佳作数樘。至于其他种类的窗子，兴仁进士第有标准的石条窗，窗棂为奇数，其正厅又有木雕螭虎炉格扇门。另外，澎湖亦发现约20厘米正方的彩釉花窗，图案多为寿字，花砖与高雄、屏东一带民居所用相同，也许来自同一源头。素烧的柳条花砖澎湖亦见，二崁陈宅即镶之于檐口。

门窗不论材料及形式如何，其宽度及高度应该符合某些规矩。外门宽3尺5寸，高约6尺5寸。但正厅中门则略大，宽放大为3尺6寸。造成外小内大之差别，可符合聚气聚财之传统说法。房间门则必须以文公尺测作，合乎"财、义、官、本"四字为佳，"病、离、劫、害为凶。

3. 屋架

澎湖民居之屋架主要为搁檩式，亦即檩木直接架于三角形山墙之上。每根檩木自木材行购出时，长度已呈现规格化，有丈四或丈六之长度，即14尺或16尺两类。这种宽度实际上已经决定了民居每个房间之宽度，尤其正厅之宽度大都采取此两种较大跨距。

民居之正身三开间之四堵墙，直接承住檩木，只有护室与正身相接之处，即大间之内侧使用木屋架，通常为五架或七架，所以有瓜柱均落于大通梁上，属于一种简便而实用的屋架，屋架使用头巾及束木等构件，大都不上漆。寺庙之屋架则甚复杂，雕花材料及瓜筒、狮座皆备。其构件之编号系统亦极优良。采中脊为零架，向前名之为前一架及前二架等，向后名之为后一架与后二架等。再配上左右，即很清楚地完成编号系统。

澎湖民居使用正式的栋架屋架不多，西屿二崁陈宅的正厅前带轩及港仔尾许家村许宅后亭各有一例。二崁陈宅栋架大通梁之下又增一柱，颇

图11-73　澎湖民居之木结构雕饰精细

图11-74　澎湖民居之正堂摆设

罕见。其木作漆彩绘，施用包斤图案，去古不远。港仔尾许宅之后亭栋架，出现较考究的斗栱，亦属罕见。澎湖之斗栱，斗腰较高，且瓜筒常骑在方形通梁之上，此特色可能得自漳州或东山岛匠师之影响，在屋檐下，亦见少数例以石雕斗栱出挑。另外，后亭屋顶檐口两端的西墀头，常见以石梁出挑，梁头雕成有如卷杀状，此构件亦多见于寺庙，如马公天后宫。

栋架之下的柱子，民居多为简单圆柱或方柱，下以石柱础承之。然而澎湖有些民居及寺庙却将柱子做成过度明显的梭柱，上下尖而中间凸，有如酒瓶。其来源不可考，广东潮州、汕头民居祠堂亦可见相似之例，可能因对外贸易，吸收西洋建筑之特色而得。吾人推断形成于日治时期，以文澳城隍庙及马公天后宫而言，其六角形或八角形梭柱，皆配上类似广东式的花篮形柱础及西式柱头线脚繁多，且略显西式建筑之影响。

4. 屋顶

澎湖之自然地理环境特殊，风大而雨量少，且日晒足，故防风防热为澎湖民居必须解决的问题。民居之屋顶颇能反映应付环境之道。澎湖民居并不高，屋顶显得厚实，硬山式为屋顶之主要形式，山墙粗厚，脊身及规带亦做得宽，具有压重屋顶及防风之作用。规带前方的"三角垛"亦简洁浑厚，线条壮硕。有些寺庙，在前后殿之间再连以轩亭，侧立面形成三座山墙相连之造型。山墙鹅头大都为木行、水行及金行，有些受到日治时期日式屋顶之影响，屋脊端点做成鬼瓦之形式。

正身前的轩亭，澎湖称之后亭，通常做卷棚

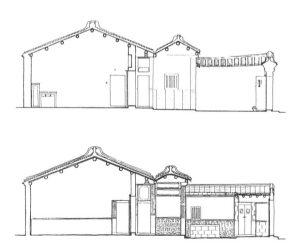

图11-75　澎湖搭亭的不同做法

顶，但有脊。但我们亦发现甚多例子并非卷棚顶，即奇数桷木做法。后亭的山墙大多数皆做成三弧形，即水行之山墙鹅头，澎湖匠师谓之如意形。后亭也严守阴阳坡规矩，前坡高而短，后坡低而长，后坡与正身屋顶交界处留设天沟。后亭通常面宽单间，但亦有少数达三开间，如二崁陈宅。后亭为使屋顶较厚重，多施以筒瓦。关于铺瓦方式，有些民宅正身中央铺板瓦，但两边近规带处易以筒瓦，与金门所见相同，此似为压重屋顶之缘故。筒瓦皆为素烧，但瓦当及滴水则上绿釉，青红对比，较富变化。屋脊常镶嵌彩瓷，屋脊曲度和缓，呈现含蓄朴拙之风，颇与澎湖纯朴民风相称。

为了防风，屋面瓦或屋脊且有加上卵石压重之例，在望安及七美，我们见到数座屋顶上布满了卵石的民宅可为证。澎湖民居之屋面，在板瓦或筒瓦之下，为约 2 寸厚的褐黄色灰背，灰背泥层可以隔热，并垫出屋顶曲面。泥层之下大多不铺望砖，即无瓦养。而代之以木板，亦即桷木之上平铺木板，此诚为特殊之地域性做法。

另外，值得注意的是澎湖民居的护室常有平顶做法，即前述的"砖坪仔"。其做法为在密集的桷木之上铺木板，再铺尺砖而成。砖坪仔可利用为曝晒作物之场所，屋顶略具斜坡，使雨水向内流下，一般切忌外流，恐以邻为壑也，且认为雨水向天井排放，亦聚财之象征。在内侧边缘砌高一块砖，以防漫流。使水集中于近后亭处，再置泥塑鲤鱼张口排水，大概具有鲤跃龙门之寓意吧！

图11-76　金门民居突起楼

第八节　金门民居

金门为闽省外一海岛，唐朝陈侯最先来此辟土，历经宋朝朱熹入闽行教化，明郑经营，历代人才辈出，文物典盛。其民情风土源自泉州，与台湾相异不多，其建筑尤为闽南系建筑中之优秀者。金门原为地质贫瘠，产业不兴之地，为何能产生如此优秀的建筑？

引明洪受著《沧海纪遗》："浯州（金门古称）休养生息，教化涵濡，人材之生于其间者，登科第，起岁贡，而欲黉宫者，彬彬甲于上都矣。然民风俗尚多从简朴，而无市井纷华之弊。宏博之儒，贞烈之女亦在在可数焉。金门山川之胜，首推太武山，岩岩之势皆纷纠萦纤之积石所成。非常壮观。"明代划金门为三都，今沙美，西园，山后，阳宅，斗门，浦边隶十七都；料罗，新头，山外，小径，琼林隶十八都；金城，古宁头，水头，古冈则属十九都，据纪遗人才所述，荐举科甲人数比例甚高。彼谓："浯岛仅三都半，蕞尔之土，

图11-77　金门传统聚落

人材若此，猗欤盛哉！"然古代有风沙飘压之患，民生困苦，又有外敌侵扰，其生存环境是极不利的，但也因而产生了非常拙壮浑厚的建筑，和那些坚强不屈的住民相辉映。

金门的聚落是一个很特殊的排列，居住单元通常都能维持同一轴向，但很少轴线是相平行的。在同宗族的聚落里前后单元之间的空地有石墙界定之，形成一个私密的"埕"。在整体形式上看，虽有意造成相当的院落进深，实际上每个单元仍是独立的，因之在同一轴线的建筑串里缺乏直接的联系，各轴线之间的长巷道则兼有排水的功能。在偏僻的乡下，聚落的发展更为自由，依势而生，非常灵巧。同时也出现了受西方影响的南洋建筑与传统闽南四合院的混合物，平面发挥得更具多样性。这类建筑是早期通商侨民移植的成果，也可能是闽粤沿海地区建筑的共通色彩。

金门民居的基本单元形态为三开间的三合院，包括伸出两翼的厢房约可容纳6至10人的家庭单位居住。机能上，正房中间为祖厅兼客厅，

左侧为长辈房，右侧为主人房，厢房则为子女居住或用为厨房及储藏室，厨房在左右厢房的位置常依地形、排水或风向而选定，中庭及正堂檐下的廊道是白天作息的场所。这种三合院都是硬山（马背）式，屋顶低且屋脊曲度微小，山墙非常壮硕浑厚，马背的弧线平缓。

目前所能看到的明代中叶作品则多属之，年代较近的则有墙身渐高，山墙弧线渐陡之势，用材上，以砖、石为主，除梁架及斗栱外，木作较少。金门盛产花岗石，所以中庭都铺上石条，对外的开口也用石材，大门上常加装栅栏式的矮门，又称腰门，可防家禽进入。

其次是形制较大的四合院，这是由前后两列的三开间房子与左右两个平顶厢房围成，使用上与三合院大同小异。由于第一进门厅的屏障作用，院落的私密性提高，获有功名的官绅住宅多采用之。用材上看，砖多于石，砖来自泉州，色泽质地及砌功均非常良好。石工的高度成就在四合院中特别表现出来，花岗石质密而坚硬，但金门的石工却能在石材上雕出不露斧凿的各类花饰线脚及精密的石块接缝来。外形上，屋顶多为燕尾式，左右扬起的曲脊燕尾使得建筑物显得更华丽更生动，金门建筑与台湾一样有庶民及官宦或有功名人家的住宅使用"马背"或"燕尾"区分的限制，大多数的四合院都是燕尾式了。厢房的平顶是有实用意义的，金门多风沙，因之曝晒作物或鱼竿需置于屋顶上较适宜。

家庭成员增多之后，可在四合院旁加建护龙，

图11-78 金门水头民居附建洋楼

图11-79 小金门民居融入洋楼

图11-80 金门洋楼民居

有的是阁楼式，有的是洋楼式，变化很自由；另外有一种面宽多加一间成为四开间的建筑，并再于屋顶上设小方亭，或朝外或朝内，视需要而定，其用途为休闲读书之所，其来源可能是受了洋楼的影响。

一、金门的聚落

金门的居民多为晋时避难迁入之中原士族，继承了良好的简朴民风，明清时期大部分的居民以鱼耕为业，也有盐田之利。但金门多风沙，尤以岛的东部更常受飞沙走石之苦，所谓田鲜可耕矣。但金门仍然有它的灵气，雄伟的太武山，蜿蜒勃发而为人文之气，文献记载显示百年来人杰不绝。就自然地理条件而言，岛的西边比东边较为良好，有太武山为屏，且地势向阳，因此村落较多亦较富庶。

金门无河川，村落不临河，亦少直接临海；多选择在地形凹下之小谷地，有时亦滨小湖边，如古

冈及珠山。在山脚的有小径、阳宅及陈坑等。在凹下之谷地的聚落之中，以琼林最具代表性。远望琼林的屋宇，常只见屋脊燕尾是为证，究其原因可能为避风沙之故。至于官方所建的聚落属于军事用途，明洪武年间曾建金门城，入清之后渐圮。明代且建城寨及炮台，俱防御设施，未能聚屋成街。

明清以来，能成为市街者仅有后浦（今金城）与东边的沙尾（今沙美）。此二处出现狭窄的街道，两旁街屋栉比。后浦东门在民初又出现一条经过规划，并集体兴建的拱廊商店街，由于各家一样，被称为"模范街"，新加坡多金门移民，也有相似的"牛车水"古街，骑楼被称为"五脚基"（5 Foot Base）。后浦与沙美的街屋与台湾所见不同，他们不做华丽的正面山头，通常为二楼高度，楼上有阳台可俯瞰市街。后浦的衙门口一带，甚至有高达三楼者。这种不做西洋式立面的街屋，可能极为宋朝以来南方自行发展的一种形式，也可视为街屋的原形。

在后浦与沙美的市街中，有一些寺庙及官方

图11-81 水头防御性碉楼

图11-82 金门后浦模范街

建筑，后浦有衙口街，据文献载，镇署辖门外旷地有商贩架棚为市，此即所谓的市集。市街的组织与台湾早期聚落同出一源，皆属于中国南方市街之模式。后浦有顶街、中街、横街、北门街、南门街等街名，观其街名即知其空间组织与台湾古城镇相同。

二、合院格局的类型

除了市区的街屋外，广大的金门使用合院式民居，三合院在中国南方被称为"爬狮"、"下山虎"或"下双虎"。这种地方用语也是匠师与屋主沟通之术语，"双虎"可能是"双护"的转音，闽南将厢房称为护厝或护龙。金门民居的基本原形为三合院。当地也称为"一落二榉头"，榉头即护厝。将三合院的墙门做成有顶的门厅时，称作"三盖廊"。三盖廊其实很像四合院，只不过护龙的山墙鹅头还是露出来。落将第一进做成三开间，即护厝退入正立面之后，则成为真正的四合院，称为二落大厝或四点金。五开间的大宅称为六路大厝，意谓有六道墙分割纵向平面。当家族人口增多时，可分家另觅地再建同样合院住居，大家庭合居时，可在合院两侧再建长条形的护厝，称为"护龙"。这种格局金门特称之为"大展部"。四合院侧面可接着建一间，正面成四开间，称为"陟归"。金门民居常喜在护龙前端或后端起造带轩小楼，一则可收远眺之美，一则可作燕居或书房之用。

民居的外观也充分地反应居住者的身份及社会的背景，金门的社会内层蕴藏着劳动质朴与名利荣耀两种特质，他们之中有人数代务农渔，也有人祖先获有功名，或远至南洋经商求利。因而金门的民居，外表上所表现的稳重厚实与流畅轻快的美感是并存的。浑圆的鹅头山墙与粗硕的石墙象征坚固而沉重的形式，而曲线昂扬的屋脊又具有柔和婉约的意味。可谓是刚柔相济，阴阳相调的建筑形式了。金门民居的屋顶少用悬山或九脊歇山，为了防风沙，硬山是最主要的形式。山墙以砖石材料砌成，具有封火作用。山墙顶部的鹅头形状有几种变化，分别象征金、木、水、火、土等五行。一般民居屋顶多用板瓦，但在两侧常有三道或五道的筒瓦，据说与屋主之官阶或社会地位有关。

图11-84　金门洋楼成列并置

图11-85　金门下堡洋楼

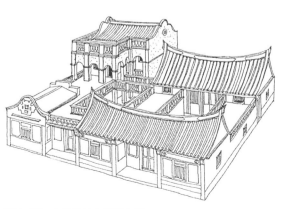

图11-83　金门民居典型丁字楼

图11-86　金门凸归
式洋楼

三、金门民居的原形与转化

　　金门的文化特质是拥有极为古老的闽南传统，但因近代海通之故，成为侨乡，从南洋引入西式建筑，中西合璧的民居逐渐增多，在一个村庄中，华洋杂处成为一种典型的金门聚落景观。

　　金门古民居可以找到它的基本原型，即俗称的"一落带二榉头"，它的平面为三合院，面宽

一落二榉头　　　　　三盖廊　　　　　　六路大厝

带护室　　　　　　丁字楼　　　　　　　突规

突规　　　　　　　丁字楼

图11-87　金门民居
类型

图11-88 后浦洋楼

图11-89 金门民居丁字楼

三开间，左右护室称为"榉头"，一般为两间长，所以整个平面略近正方形，很像云南"一颗印"式的平面。从平面的原型经过扩展可以发展出"三盖廊"、"突规（陡归）"及"大六路（五开间）"等三种形式。

所谓"三盖廊"即是有第一进门厅的做法；"突规"指在一侧增加一间，成为不对称平面，正面看上去为四开间；"大六路"为左右各扩展一间，合为五开间，其纵向墙体为六路，故名。其次，当家族成员再增多时，可增护室来解决，在护室的前端或后端起楼，屋脊可采不同方向，有如"丁"字，称为"丁字楼"，它有如一座高耸的碉堡，具有眺望或防御功能。利用屋顶上的空间，也是金门民居常见的技巧，包括平顶（砖坪）、虎尾楼（屋顶上突出小屋顶）及"丁字楼"。

受到洋楼影响后，匠人将西洋建筑之山墙、拱券等形式融入传统民居之中，出现了丰富的类型。洋楼又称为"番仔楼"，华侨回乡为了光宗耀祖或安置亲族长辈而建，厦门鼓浪屿洋楼最多，质亦最精。金门洋楼也具有很高水平，在两次世界大战之间（1920～1940年），因经济繁荣，大量出现洋楼，其形式以三角形山墙（Pediment）及拱廊或拱窗为最明显特色。

四、棋盘式布局

民居成群组成小村落时，也有其配置法则。山后的王氏建筑群是金门最典型的所谓棋盘式布局，或称为梳式布局，即所有的合院单元，纵横对齐配置。纵向形成长巷，又称为防火巷，并可产生对流风，有调节气候作用。横向的院子各家以围墙分开，亦各具其私密性。而各家的侧门又户户连通，便利族人就近照应，来往沟通。山后王宅由旅日华侨王国珍与王敬祥父子于1900年左右所建，共18栋，其中有住宅16栋，祠堂及私塾海珠堂各一。其中民宅并非同一时期完成，离

图11-90 陈坑陈氏洋楼

图11-91 金门山后王宅梳式布局

图11-92 典型的金门聚落景观

图11-93 有虎尾楼之金门民居

图11-94 金门民居小径蔡宅

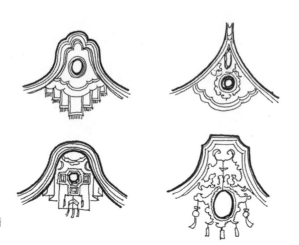

图11-95 五行山墙样式

祠堂较远的年代较晚。

梳式平面在金门还有很多，如水头、湖下、欧厝、琼林、沙美等地均有规模较小者。另外，也有围着一个湖或山坡构成不规则的梳式布局者，如珠山、北山、南山等聚落。聚落中常凿公井或凿水池，供人取用或在井边汲水洗衣，这是典型的金门村落景观，相传源自风水理论而设。

五、山墙与五行象征

金门民宅之装饰手法至为多样变化，艺术表现力亦充沛丰富。我们欣赏其建筑装饰与构造细节，可以体会古人的审美判断与价值理念。在外观上，凡是人们视线易达之处，即成为装饰焦点，工匠在那里发挥他的巧思与妙艺，将各种深含寓语的题材以建筑技术表达出来。砌砖、砖雕、泥塑、贴瓷及彩绘是常用的技术。金门民居继承了中国南方建筑的硬山墙搁檩构造传统，特别重视山墙装饰。

在长江下游江南一带，阶梯形的马头山墙是外观上的主要特色，白粉墙上顶着一阶一阶的水平黑瓦，也有人称之为五岳朝天式山墙。另外也有曲线如拉弓形者。闽北的马祖列岛，其民宅山墙多用人字形或八字形，与金门又不相同。金门的硬山墙形式大约有五种之多，分别象征金木水火土五行。据初步观察，以"火"（燕尾形）及"金"（单弧形）最多，"土"（平顶八字规）及"水"（三弧）次之，"木"（高圆弧形）较少。这几种形式运用在民居或祠庙上有其特殊的规则，例如主屋为"金"，轩为"水"；主屋为"金"，轩为"土"；主屋为"水"，轩为"土"。另外也有主屋与轩均为"土"者。分析起来，主要的理由乃是方位及五行相生之说。山墙五行之别亦盛行于广东潮汕与台湾之民居，在一组屋顶中，可"上"生"下"，及主屋生耳房或护厝。或"下"生"上"，使其相生不相克，则家宅平安，人丁旺盛。

六、石构造技巧

石材在金门民居中运用最广，也是最能展现民居坚实质朴精神的一种建材。金门本地的花岗石很多，聚落里的巷道台阶或围墙多用之。但较精美的大宅或祠庙，则取自于内地惠安一带。

石条可做台基砭石、地面、门槛、门楣或槛墙。它的砌法主要有平砌、交丁砌及人字砌三种。有时候梁枋及斗栱也用石材雕成，如山后王宅祠堂的步口通梁完全模仿木制品之外形。另外，在山墙屋檐处以石梁出排之做法亦很普遍，称为"挑檐石"，它的前端雕成葫芦嘴状。

石雕方面，金门民居与寺庙因有优良石材与优秀石匠之条件，无论内容与技巧皆有很高的水平。一般用石材多取自太武山，但作为雕刻用途者则取自惠安及福州一带。惠安盛产白色花岗石，称为泉州白。玉昌湖及福州、南安一带所产之青石，被视为最适宜精细雕琢的良石。琢磨的种类有四面雕（如石狮）、剔地雕（即宋《营造法式》雕镌制度所谓"剔地起突"，今人称为"深浮雕"）、水磨沈花（宋法式谓"压地隐起"）、平花（宋法式谓之"减地平钑"）等四种。

所雕的题材如四脚走兽、花鸟、螺草、花瓶及博古。寺庙或大宅则可雕麒麟凤凰、锦鸡茶、祈求吉庆、八仙过海或封神榜人物等。石柱上也常刻楹联，采用"浮联板沈字"为多。所谓"沈花"或"沈字"即是阴刻，将图案或文字雕成凹入状，石堵之边框则有凹凸线脚，闽南工匠称之为"和狮线"。门口的螺鼓（抱鼓石）亦是雕刻重点，鼓身两侧雕螺纹，鼓下托巾及柜台脚部分，为匠师发挥其巧思之所在。

将石条或石块与砖片混砌，亦是金门常见的特殊手法，据说这种砌法是在明万历年间泉州大地震之后发明的，称为"出砖入石"。利用不规则的石、砖与瓦参杂运用，意趣横生，不但构造很坚固，外观也呈现着一种纵肆不羁或随遇而安的自然美感，散发着顽强的生命力。不过我们仔细分析，发现此种砌法也自有其脉络可寻，石条

图11-96 金门后浦之邱良功母节孝坊

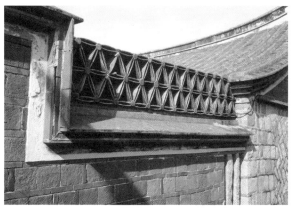

图11-97 以瓦片砌成之墙头花

图11-98 以大小不等之砖石所砌之墙，称为"出砖入石"

多呈垂直摆置，上下错开。砖片则厚薄不一，充填在石条之间的空隙中，所谓"出砖入石"，很生动的解释其砌法。

七、木结构与斗栱

木结构方面，金门所见的都属于泉州式风格。在台湾的闽南式建筑，漳州匠师用料较粗大，泉州较细。以栋架来说，漳派的通梁直径大，各通之间的空隙小。反之，泉派的栋架，各通之间空隙大。因此，漳匠喜用浑圆的金瓜筒，而泉匠善用瘦长的木瓜筒。金门的瓜筒大多属于木瓜形，瓜脚分三叉或五叉，瓜肚施剔地雕，图贴金，地漆朱，远望之有如漆器的剔红。"束随"在金门称为"皎瓣"，多用螭虎题材施雕。

斗栱方面，"桃弯斗"带凤眼的最常用，栱身曲线很和缓，多用关刀栱或"葫芦屏"栱。而螭虎栱并不多见，此点特色与台湾鹿港及台南一带泉州匠师较多之地相同，可资佐证。由于梁枋位置较漳派做法为高，寿梁以上的排楼面所剩空间有限，因此架置斗抱、弯枋或一斗三升即足矣，不必叠太多层。托木的形式虽有很多种，但仍以透雕留边框的样式居多。另外，步口廊的结构方面亦有一些做法较特别，不作卷棚时，步通上置狮座及瓜筒，狮居外而瓜居内，内外有别。狮座的雕工至为精细。而在明间内，瓜筒之上再加寿梁，寿梁下再出吊桶，正好悬于入口之上方，益增添华丽之感。在山前村的李氏家庙入口为凹寿式，明间上方寿梁亦垂下一对吊筒。一般民宅的栋架亦颇严谨，斗栱及瓜筒或吊筒皆有定式，附壁的栋架多为穿斗式，立柱穿枋比例权衡优美，童柱用方筒，下方"开鼻"呈分叉状，有如狮鼻，可以看出数百年技术累积的传统遗规。

八、溪底匠派与陈、王两祠之建造

后浦市区内有三座较大的宗祠，一为许氏家庙，据传初创于明嘉靖年间，殿内仍有许獬会元匾。其次为王氏宗祠，内悬功名匾甚多，高挂于桁下，计有进士、按察、总戎等匾。王祠建筑特色在于其木栋架，前殿入口作"凹寿"式，正殿架内为"三通四瓜一狮"。视其瘦长瓜筒及雕花材边唇做法，显然出自惠安溪底匠师之巧艺。陈祠亦为二殿式，面宽三间，前殿寿梁下装设精雕之花罩，明间又增吊筒一对，步口廊上出看架斗栱，大殿瓜筒施以精雕细琢，在金门祠庙建筑中最为华丽，其大木作风格亦属溪底派风格。

关于惠安溪底匠派之作品，在台湾较为人知的是名匠王益顺设计建造的台北艋舺龙山寺、鹿港天后宫及南鲲鯓代天府。王益顺之长子廷元定居金门，并且主持过后浦王祠与陈祠修建工作。这两座祠堂可说是近代溪底匠师在金门的代表作。溪底王氏一族出了许多匠师，后补模范街亦为王廷元所建。进入近代之后，传统的中国木匠也开始发生转变，有些学习西洋建筑技术．并能融会贯通，于此得一实证。

1. 后浦陈氏家庙

王益顺与金门的关系建立是因为后浦陈氏祠堂颖川堂而建立起来。金门旧称浯州，早在唐代已有辉煌文化，陈姓为福建大姓，金门人到南洋拓展极盛，金门被视为侨乡。后浦陈氏大宗祠位于西门闹区，创建于清光绪三十年（1904 年），至宣统二年（1910 年）才告竣，是一座用料佳，且做工精的建筑。

王益顺故乡崇武半岛溪底村实际上与金门相距甚远，他为何有此机缘设计承建金门陈祠？原因未明，事实上过了几年之后，他才有机会承建厦门黄培松宅（1916 年）。当他到金门后，长子王廷元即跟着迁居金门，并在金门定居下来，今天金门仍有他的后代族人。

后浦陈氏家庙唯一座二落式祠堂，只有前殿与正殿，左右并无护室。面宽三开间，入口辟三门。它的栋架反映了典型溪底派特色，结构优美，前殿步口使用较多的看架斗栱，柱子与寿梁下又附以木雕花罩，益显华丽精美。

2．后浦王氏家庙

王益顺于 1904 年到金门建造后浦（今金城）陈氏家庙后，长子王廷元即迁居金门。在 1912 年又承建后浦王氏宗祠。

这座宗祠位于后浦城中心东门里总镇镇署衙门左畔，庙额题为"闽王祠"，实为金门重要的王氏宗祠，另外在山后、后盘山、东沙与后宅等地亦有王氏家庙，不过规模较小。

后浦这座王氏家庙之建造得力于南洋新加坡与日本华侨之助，王益顺为王氏裔孙，顺理成章担任设计建造工作。当时其长子王廷元已经 25 岁，能独当一面挑大梁，咸信由他主持现场工作。王氏祠堂的面宽三间，进深只有二落，三川殿正面多用石材，明间辟三门，左右边间只开圆窗，入口采凹寿式，檐下出四颗吊筒，外观较简洁。正殿之用材颇硕大，瓜筒与斗栱雕刻朴拙，呈现力学上的阳刚之美。正殿前带轩，用狮座，寿梁略向上弯曲，在王益顺诸多寺庙中较为少见。王氏家庙在 1958 年金门炮战中曾遭重创，近年重修，大致上已恢复原貌。

王廷元及其弟王渊河后来定居金门，成为金门最具声望的匠师。1924 年金门巨贾傅锡琪倡建后浦西洋拱廊模范街，整排洋式街屋即出自王氏设计，他们也有房屋在其中。

第九节 马祖民居

马祖地区因自然环境的特殊，影响了整个人文环境的呈现，也充分反映到聚落形式及建筑特色的层面。基本上马祖民居的建筑是属于闽中北系统，这一带为闽北语系与闽南地区在语言上有极大的不同，建筑形式及构造材料上也有很大的差异，而马祖又因环境等因素，有其系统内的特殊特点。它是一组由岛屿组成的列岛，延续了福建沿海的岛屿特色，是以花岗岩地质为主，岛屿面积都不大，最大的是南竿岛，面积仅 10.442 平方公里。岛上多山，平缓地少，所以耕地极少，再加上马祖周围海域为著名的渔场，所以当地居

民历来均以渔业为生。这种生产上的需要及自然环境的影响对当地民居形成重要的发展因素。

一、聚落布局的特色

以渔为主，以耕为辅生活形态及自然环境的限制，使得聚落多位在背山面海的凹地内，如南竿的牛角、北竿的芹壁、东莒的福正村等都是典型的代表。牛角村更因海湾内凹，聚落形同两只牛角夹住海湾而得名。马祖一年四季多风，尤以十月至翌年三月的东北季风最强劲，故聚落的朝向虽因地制宜以向海为主，但建筑物仍以避免朝北的为多。

因坡地陡峭，聚落中主要以沿着等高线的道路联络左右，以垂直于海岸线的阶梯巷道联络上下。居民以捕渔为生，不易有其余的交易行为产生，再加上村与村之间来往不易，所以并没有商业街道的形成，巷道的设置完全是交通联系的功能。

一般我们所见其他地区的传统聚落，多有一重要寺庙作为聚落的重心，而聚落的配置也明显受寺庙所在影响，但马祖地区却不明显，这倒也不是民间信仰不盛。依据近人林金炎的《马祖列岛记》所述："马祖现共有 22 个自然村，但庙宇多达 40 余座，至少有一村必有一庙。"由此可知生活艰苦的渔民，信仰对其重要性。不过我们走访的结果，其神祇多以地方性、乡土性的神为信仰，至于真正的佛寺则没有见到。村中的小庙香火多半由该村村民自行捐助，经济来源少及聚落

图11-99 马祖牛角聚落

图11-100　马祖民居为防风多用四坡顶

地形陡峭腹地太少，使得庙宇在形式上无法形成聚落的核心。

马祖地区建筑物的朝向以实际环境为最重要的考虑，风水上的吉凶问题只是次要的需求，如此也造成空间上的一些即兴趣味。约20°～30°坡地过于陡峭，原是造成腹地不大的一个缺点，但在马祖地区海边阴湿的气候下，却是一个有利的条件，他使得每一栋建筑物都不易为前方的建物所遮挡，而得以有好的视野及充足的阳光。坡地通常不经大规模的整地，这种以自然为师的配置，形成了如地中海沿海聚落般的悠闲情境，也是台湾传统聚落中的特殊景观。

依据聚落建筑物密度上松下紧的情况来看，聚落的发展当是随人口的增加，由低处往高处扩充。此处生存条件不易，历来移民以在不得已情况下迁移此处者居多，其辛酸艰苦的一面可想而知！而居民以捕渔为生，但求温饱，走官宦仕途者微乎其微，望族也不易产生，所以如一般传统聚落中深宅大院或望族家祠点缀其间的情形没有出现。再加上边陲地带，官署建筑及礼教束缚下记功或贞节牌坊等，在马祖地区的聚落也没有产生。

马祖其地质以花岗岩为主，表面覆土不深，所以掘井饮水的可能性不大，再加上溪流短而陡，不易聚水，春夏雨季时雨量丰沛，居民饮水当以雨水的储存为主，所以在聚落的配置上不似金门地区，有供公众使用的公井出现在道路汇集处，由此也可想见马祖居民生活之不易。排水的问题，因坡度陡峻迎刃而解，我们可见巷道阶梯的侧边有简易的排水明沟可自然排水。

二、民居建筑的特色

马祖民居主要建材以石、砖瓦、木竹等。其中尤以石材为最主要的材料，马祖的花岗岩地质，使得石材不余匮乏，其色泽丰富温润，有略带黄、红或青等不同样式，也丰富了建筑物的立面，另外有一种全黑的玄武岩，亦偶有出现于墙体立面。

砖瓦使用的是与闽中、闽北同样的灰色系统，据推测是由大陆运来，至于闽南红瓦的出现，应是晚近代由台湾运送过去的结果。在马祖砖材的

图11-101 以石材建造的马祖民居

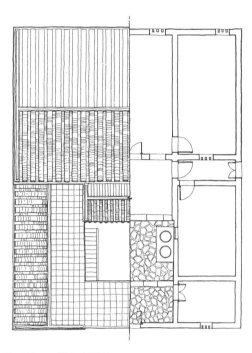

图11-102 一颗印式平面图

使用较少，可能与价格太高，运送不易有关。而本地土质不佳，大树无法生长，所以木材主要是来自中国大陆所产的杉木。另外在调查的过程中发现部分桷材及桁木以竹管替代，尤其承屋顶重量的桁，竹管径宽15厘米以上，可能也是中国大陆地区的产物。平面形式最常见的是三面或四面砌筑厚重石墙的长方形平面，这与陡峭坡地腹地不大有关。偶尔亦可见曲尺形或左右长短不对称的三合院因应地形而建，另外有一种较为严谨的四合院形式，天井很小，有如云南地区常见的"一颗印"。

室内格局与传统做法相同，祖厅位于中轴，如果是二层楼则位于二楼，左右则以木屏分隔为室，厨房多位于突出的外室，灶以砖土砌筑而成，烟囱砌成可置物的阶梯状，与在闽北所见相似。门口的空间是居民生活的重点，随着地形的变化出现高低错落的趣味，随意设置的石栏杆或石椅形成邻居及家族闲聊联络情谊的地点，也是晒鱼干及衣物、种植瓜棚的工作场所，有时亦设照墙门以别内外。有的民居于入口前置照壁，因为面向海，前方并无遮挡物，所以在风水上的考虑可能不高，而纯粹是反射阳光及挡风的作用。因坡地的关系，二楼的后门常架时梁为桥可直接通往后侧横巷，亦为其空间使用的特色。

在马祖所见最多的屋顶形式就是五脊四坡顶，这种屋顶形式在中国传统的做法中称为庑殿顶，属于紫禁城太和殿的层级才能使用，而马祖

图11-103 屋顶压石块可防风

地区地处偏远，在加上自然环境恶劣，如何达到防风的效果，才是主要的考虑因素。为了防风，檐口不出挑或以女儿墙压檐，屋坡缓（约只做三分水，即1尺3寸）是其最大的特色，另外并以石块、条石压放在屋瓦上，或以灰泥封住檐口板瓦，来防止狂风掀瓦。除了四坡顶，还配以不同山墙的两坡顶及山尖极小的歇山顶，屋脊砌做平直亦为其特点。

外墙为防风、防雨或防盗的考虑，以石砌承重墙为主，或一面完全为木结构，形成强烈对比。多为两层构造，这样较能达到避潮气，又宜远眺的功用，且通常一、二楼正面均开门。墙体砌筑的方法常见的有乱石砌、人字躺、四指寮等，有的民居为了增加稳固性墙线呈上部向内收分，下部向外倾斜的弧线造型。两坡顶造型之建物左右夹以厚重山墙，山墙形式以人字形、虾姑形及马鞍形为主，不似闽中、北出现的种类多。至于庙宇则较为丰富，以火焰形与马鞍山墙搭配，在聚落中形成明显的目标。

马祖民居基本上予人质朴之感，没有过多的修饰，但仍有部分构造透露出匠师的巧思。屋顶女儿墙以砖砌成镂空图案或叠涩线脚，转角做短柱，在样式上受到近代建筑的影响，具有洋楼的趣味。有时入口上方为避免雨水直接流下，则砌筑一道挡雨墙，将雨水导至两侧的鲤鱼吐水口，形成"双鲤吐水"的景象，为了避邪，亦有放置泥塑脊兽于屋顶上。

门窗多以石为楣的平拱形式，有时亦可见以砖或石砌筑半圆拱，讲究者并以牙子砌作为窗楣

图11-104 马祖民居门楣上鲤鱼吐水装饰

的装饰，据说早期为了防盗窗子开口极小。有的于外门安装腰门，门臼以石雕成，直接插入墙体。门框内侧常见雕成鱼形、瓶形与葫芦形的插香处，与石门柱一体成形，或以灰泥塑成极富巧思。

马祖民居出现木结构的位置除了室内栋架之外，还有正面结构，可能是因为入口的关系或为了吸收阳光及获得良好的景观，通常有其精致的表现。二楼常以吊脚楼形式悬挑在外，并置样式较为简朴的鹅颈椅，一楼则以木屏边梃分隔门窗，不过有时为了避风，这较为精致的木构立面会设置于内侧背风面。其室内栋架为闽中、北系统，多为穿斗、抬梁混合式屋架，其柱身因防潮之故，脱离承重墙独立存在，由栋架的细部构造，可以看出闽北系统的几项特色：

（1）柱身为四方圆断面。

（2）束材形如驼峰，方形断面不做肥身。

（3）桁间距较疏松。

（4）于中脊处喜用双桁。

因为多五脊四坡顶，屋架的构造会出现45°角梁搭接的问题，如果中央正脊极短，匠师直接在大梁之上如挑扁担一般出垂直向的木梁，左右再立童柱搭接角梁。另外有一种特殊的做法是左右栋架的最高点低于45°脊与正脊的相交点，也就是说正脊短于明间的宽度，如此一来必须于中梁上再立短柱承接屋顶，这样屋脊、栋架面及檐口的高度必须计算精准，才能连成一条平顺的直线，由此可见匠师的功力。马祖民居木结构之其他特点分述如下：

（1）柱身细，柱础小且少雕饰，多为朴素的壶状圆形。

（2）一楼与二楼的柱子有时错开配置，如此可增加结构的稳固性。

（3）栋架采彻上露明造，不做天花及平棊。

（4）椽子同南方所用之扁形椽，有的或以竹子替代。

（5）不用望砖，直接于椽条上铺瓦，或以望板施作。

（6）栋架间的空档以编竹夹泥墙填补。

（7）二楼楼板的施作是于梁上搁垫木，再置密肋梁，最后将木板密铺于梁上。

（8）栋架雕饰少，横批有时出现剔底填白灰木雕，亦为闽中、北常见的做法。

注释：

[1] 旗杆厝前原有"旗杆座"，故名之。正堂的"岁魁"匾题有"钦命布政使司衔命福建兼提督学政台彭兵备道夏献纶为光绪已卯科补岁贡生李花霖立"。

[2] 台湾建筑会志 . 3 辑 2 号，1931.

[3] 陈文达凤山县志 . 台湾文献丛刊第 124 种，1961.

[4]《甲仙镇海军墓勘察研究》，石万寿主持，台湾内政主管部门史迹维护科，1991 年 5 月。指出光绪十二年，镇海军驻防台湾，进入山区，此为台湾南部开山抚番之行动。

[5] 参见《凤山县旧城修护工程报告书》，高雄市政府民政局，1991 年 6 月。

[6]《凤山凤仪书院调查研究》，高雄县政府，1996 年 12 月。

[7] 卢德嘉，《凤山县采访册》，页 158。清代凤山的书院、义学的学童，闽南人与客家人共学，也有番社义学多处，可证漳、泉、客及原住民并存共荣的一面。

[8] 参见《高雄县弥浓庄敬字亭之研究与修护计划》，高雄县政府委托汉光建筑师事务所，1993 年 4 月。

[9] 见洪敏麟，《台湾地名沿革》，页 145。

[10] 关于六堆的组织，可参见徐旁兴编《六堆乡土志》，另伊能嘉矩《台湾文化志》下卷，谓"康熙六十年，朱一贵之役时，纠合庄民一万三千余人，助官军守土，即六堆部落的起源"。

[11] 下淡水溪以东地区，在客家人人之前，已有漳、泉人进入，万丹、东港即为漳、泉人所辟之聚落，参见卓克华〈建功在东栅门之历史沿革〉，收于《屏东县新埤乡建功庄东栅门之调查研究与修护计划》，1994，中国工商专科学校。

[12] 李乾朗，1986，《台湾的寺庙》，台湾省政府新闻处，民族文化业书第二十二种。

[13] 参见李乾朗主持，1988，《传统营造匠师派别之调查研究》，台湾"文化建设委员会"出版。

[14] 据林衡道《台湾寺庙大全》及刘枝万〈台湾的寺庙〉统计，屏东县有三山国王庙的乡镇包括潮州、恒春、长治、麟洛、九如、高树、万峦、内埔、竹田、新埤、林边、佳冬与车城。有王爷庙的包括潮州、东港、恒春、万丹、盐埔、竹田、新园、崁顶与林边等。客家地区较多佛寺也是事实。

[15] 见屏东县政府委托中国工商专科学校，1994，《屏

东县新埤乡建功庄东栅门之调查研究与修护计划》。

[16] 建功庄东栅门外除了伯公祠，也还有一座东营温元帅祠，不知始建年代为何，这是一种闽南人的镇五营风俗，并非客家的传统，相信是近代才增建的。

[17]1918 年屏东圳，1927 年万丹、里港皆有土圳工程，大幅度改善当地的农田生产能力。见台湾银行金融研究室编辑，1950，台湾研究业刊第四种《台湾之水利问题》，页 2。

[18] 陆元鼎 . 魏彦钧 . 广东民居，北京：中国建筑工业出版社，1990。

[19] 夏铸九 . 内埔刘宅的调查研究，台大城乡学报 . 第 1 卷 1 期，1982.

[20] 台湾建筑史上规模较大的民宅，后落有楼房之例，如雾峰林宅、盐水叶宅、新竹林占梅宅。在近代山区如竹东、关西及嘉义牛稠埔等地为求保护耕地，也有二楼之例。李乾朗 . 台湾传统建匠艺四辑 . 2001.

[21] 见李乾朗主持，垦丁国家公园委托研究，1988，《垦丁国家公园传统民居之调查》。

[22] 见《客家土围》。

[23] 客家人在中国各地分布极广，除了福建、广东、江西之外，广西、四川、河南、贵州、安徽等地皆有之。其民居并不尽相同，随各地自然与历史条件，各有差异。例如闽西的土楼，江西土围子即为特殊之集居建筑。可参阅林嘉书 . 土楼与中国传统文化，上海人民出版社，1995.

[24] 可参阅「由产业差异看客家民居形式」，李允斐文 . 收于徐正光 . 彭钦清 . 罗肇锦主编客家文化研讨会论文集 . 台湾"文建会". 1994.

[25] 从闽、粤远渡至南洋的华人中，除了彰、泉、潮及广东人外，也有不少客家人，他们在南洋不再从事农耕工作，多数投身到木材、橡胶、锡矿及商业，当生产工作及职业改变之后，原有客家人的生活空间也随之改变。他们在欧洲人的殖民地生存，只能建立一些同乡会馆，姓氏公所或商业公会来联系。在南洋并没有客家式的民居出现。可参阅李亦园 .《一个移植的市镇》，1970，台北出版。但是，在台湾因为有农业的条件，所以客家人延续大部分的居住文化内涵至台湾，这是我们探讨台湾的闽南人与客家人移民建筑必须重视的课题。

[26] 客家人重视读书，力求上进，似乎比其他汉族更积极。从福建土楼里，常可见到书房或私塾，例如永定县富岭乡大夫第，横屋辟一室为学堂。上洋乡的遗经楼在大夫门外另建小型三合院作为学堂。据黄汉民《客家土楼民居》所载，"虽地处简僻，而文风朴茂，英才辈出，人文鹊起"。南靖县书洋乡塔下村张氏家祠前，树立了数十对象征功名成就的旗杆。黄汉民 . 客家土楼民居 . 福建教育出版社，1995.

第十二章
台湾经典民居

第一节　台北板桥林本源三落大厝

　　林本源家族发迹之初，其先祖林平侯年轻时在新庄米店当伙计，后来独立经营致富，他在淡水河上游大嵙崁（今桃园大溪）建造巨大的宅第。当时汉人移民与原住民仍经常发生冲突，为安全之计，林平侯的巨宅四周筑以堡垒，并设高耸的门楼以资防御。这座土堡式的巨宅在20世纪初年尚存，后因日本人实施都市计划而遭拆除，其址改为公学校用地。所幸门楼留下了照片，令我们得以窥知其貌。清道光年间（1821～1850年），林家土地激增，扩及台北盆地四周，当时灌溉水圳陆续完成，收成良好。林家为大地主，雇许多佃农为其耕作，为收租之便，林平侯乃在枋桥（今板桥）的高地建屋，称为"弼益馆"，这是一座简单的四合院，前面有轩亭，此为林家在板桥营建宅园之始。

　　清道光二十四年（1844年），平侯逝世，其子国华与国芳接掌家族大权。至咸丰元年（1851

年），由国华与国芳兄弟于弼益馆右侧（东畔）新建一座巨大的宅第，具备三落及左右护室之规模，后来被称为"三落大厝"或"三落旧大厝"，有别于第三代林维让与维源兄弟所建的"五落新大厝"。据说，三落旧大厝形式模仿林氏老家福建漳州永泽堂而建，当时台湾建大宅无不聘请唐山匠师主持其事，建筑风格承袭自漳泉。

　　三落大厝的平面格局极为严谨，外墙接近正方形，前后有三落，左右夹以回廊及护龙。俗称"大

图12-2　三落大厝外观

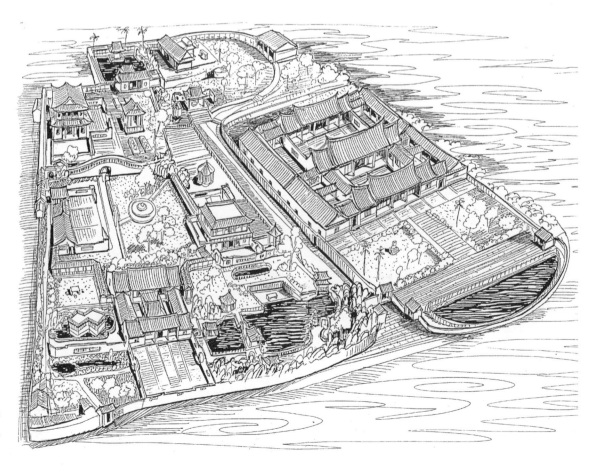

图12-1　台北板桥林本源三落大厝及园林全景

图12-3 受光绪帝表扬之圣旨碑

图12-4 光绪皇帝颁赐 "尚义可风" 匾

厝九包五，三落百二门"。其意指大宅第的后落为
九开间，左右伸出护龙包住前落的五开间。三落
包括门厅、祖厅及后堂，共有120 樘门窗。事实
上经过核算，共有 52 个房间，超过 120 个门窗。

　当三落大厝落成后，国华及国芳兄弟合族而
居，兄友弟恭，"林本源"称号即源自于兄弟同
居不分产。当时国华住在第二落左边房间，国芳
住在右边房间。前落门厅中央可置大轿，左右房
为轿班、门房或管家账房所用。至于后堂多为老
辈妇女居住，左右护龙则为妾室与辈份较低者所
居。厨房、柴房亦在护室角落。

　三落大厝在林国华与国芳兄弟合族同居时期
最为鼎盛，但为时甚短，清咸丰七年（1857年），
国华卒，由国芳挑起家族事业重任。不幸在同治
元年（1862 年）国芳因与泉州人结怨，官方正要
严办时，国芳逝世。三落大厝的时期告一段落。
当时为了教育下一代林维让与维源兄弟，在三落
大厝后方小丘开始营建庭园，并自福建礼聘著名
书法家吕西村与画家谢管樵来台，担任林家西席。
因此，传说中认为两位名士曾经参与花园之设计。

　三落大厝在平面格局有几点特色，多少反映
了国华与国芳时期的林家家庭生活。清末台湾社
会延续传统封建男尊女卑风俗，上流社会大宅以
高墙及屏风来规范妇女的生活空间领域。三落大
厝门厅后之屏门，只有红白事才打开。红事指的
是娶新娘时大花轿进祖堂，白事指的是丧礼时棺
木抬出。进入中庭，可见左右廊又有屏风格扇遮
挡，主人及妇女佣仆分别使用不同的通道。后堂

图12-5 三落大厝门厅

图12-6 男女分道之屏风

及护龙属于妇女日常作息空间，以两道高墙遮挡，
外人不易窥见内院之活动。后堂更以高墙分区，
形成尊卑有序、内外有别之空间。

　归结分析，这些设计既有保护妇女不致抛头
露面之作用，也显露了限制与压抑妇女地位之意
图。另外值得注意者，后堂背面辟一中门，昔时
出中门可通庭园的汲古书屋及方鉴斋一带，显示
后堂与花园关系较近。

三落大厝从咸丰元年（1851年）始建，3年后竣工。从构造特征分析，当时应是聘请漳州来的匠师所建。前埕铺地石为本地产砂岩，中庭、后庭及墙体则多为观音山石及漳州石材。砖则为

图12-7 正堂内部

图12-8 门厅步口廊

漳州所产质优"颜只"红砖，色泽朱红，非常温润饱和。木材则多为大陆所产杉木或台湾所产之楠木及樟木。

走进门厅，将会为步口廊对看垛的砖刻所吸引，砖刻即砖雕，可分为窑前雕与窑后雕，窑前雕比较简单。林本源三落大厝及定静堂所见皆为窑后雕，刻痕较犀利。三落大厝对看垛的砖刻为"螭虎团炉"，四隅安置蝙蝠，谐音"赐福"，做工精致，色泽红白对比，极为优美。在门厅的正面，步口廊宽三开间，有如亭仔脚。由于林国华时期并未获正式官衔，所以只辟中门，其余皆为格扇窗。

木雕之重头戏应属栋架上的瓜筒、束随、员光与吊筒，三落大厝的大木匠师可能来自漳州，当初建时，值台北盆地漳泉械斗之高峰，林家身为漳裔移民领袖，所聘匠师应属漳派。漳派建筑与潮汕一带相近，特别注重雕刻之细部表现，例如瓜筒雕成金瓜形，瓜脚修长，包住通梁，俗称"趖瓜"。三落大厝建筑构造与装饰艺术，在台湾清代民居中，可视为经典作品，其做法讲究，形式成熟，色彩优美，具很高艺术价值。

归纳起来，林本源三落大厝在台湾清代古宅

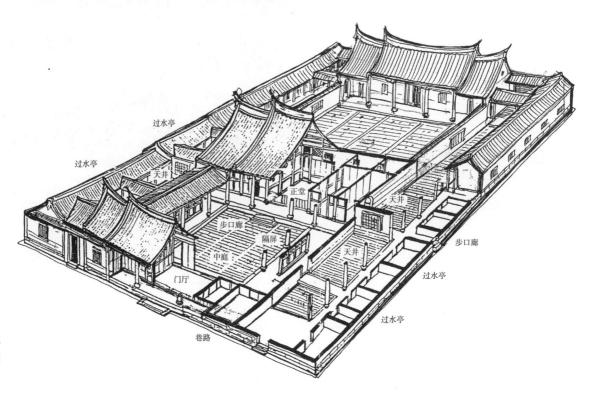

图12-9 台北板桥林本源三落大厝剖透图

图12-10　后院

第中，具有多方面的特色，其中至少包括：

（1）最典型的"大厝九包五，三落百二门"格局的闽南式古宅第，平面近正方形，左右对称，四平八稳。

（2）大木构造反映出漳州地区建筑风格，瓜筒及木雕特别精致，木梁用料硕大而有力。

（3）墙面砖的砌法花样丰富，有圆球、葫芦、钱纹、六角龟甲及万（卍）字不断等图案，象征吉祥。

（4）梁柱色彩以黑色为主调，依古制合乎主人之身份，雕花部分则以五彩化色及安金箔装饰。

（5）两廊之下设有格扇屏风，区分内外廊道，增加住宅之私密性，主仆或男女分道而行。

（6）护室很长，分为上下两段，步口廊宽敞，且设置两道空花墙，区别内外。

（7）后院不设左右廊，使庭院宽广、阳光充足，利于家居生活作息。

（8）正厅及后堂皆在后墙开中门，使前后交通较顺畅，为他处所罕见。

（9）门厅正面外墙檐下的水车堵很长，延续至过水门及护室山墙，增加华丽美感。

（10）屋顶铺板瓦，但檐口有瓦当（垂珠）及滴水（垂帘），亦属罕见做法。

（11）屋脊做燕尾式，起翘曲线昂扬流畅，且脊上有卷草装饰，优于一般民宅。

（12）天井排水暗沟，依据风水放水理论，水道曲折，象征界气纳祥。

（13）山墙上有鸟踏，砖工精致，半楼通气窗（规尾窗）不对准燕尾脊中心线，向前略移，合乎"向前不向后"之古建筑设计原则。

第二节　台北林安泰古厝

林家在清乾隆年间，由福建闽南的安溪县渡海来台。到了林志能这一代，以"安泰行"的店号在艋舺开始经商。安溪人自己也有一座守护庙，即我们所熟知的清水祖师庙（亦称清水岩），安溪人在大陆和台湾之间往来贸易都在清水祖师的庇佑福泽之下。林志能经商致富之后，在当时还未发展地区购置田产，成为大地主，并在田园之中起造住居，即是林安泰古宅。按照《林家祖谱》的记载，林安泰古宅在乾隆年间业已兴建，但其全部规模似乎并未完全成形。

由正堂左侧护龙门扇上的雕刻发现有"道光通宝"的字样，我们可以推断护龙可能是在道光年间才兴建起来的。总的来说，从建筑风格上判断，林安泰古宅是两进的房屋，其正身应是乾隆

图12-11　林安泰古厝外貌

图12-12　正堂摆设

年间兴建的；其两侧的厢房可能是在道光年间或者更晚，借由改建或者增建而成的。

林安泰古宅是台北盆地内现存少数道光以前，即清朝中叶时兴建的民居建筑之一，弥足珍贵。为了要在平原营造背山面水的格局，首先在宅第的前面挖掘大水塘，后面则种植竹丛，营造出人工的屏障。方位是座东北朝西南，"向阳门第春无限"，冬天也可以得到阳光，林安泰古宅在1980年迁建之后依然维持了坐东北朝西南的方位。

林安泰古宅的平面是四合院，前后二进的格局，左右各有三个护龙，总计是六列护龙。越外

图12-13　屏门可开可闭

层的护龙其修筑年代越晚，最晚在1920年代兴建。古宅前有一个半月形的水池，及一个门口埕。古宅的左侧有一栋独立的书房，这是因为在林家经商致富之后，修筑私塾作为读书之处。正堂和护龙之间有小门廊，称之为过水廊，过水廊有墙壁遮挡外人探视内部的活动。古时有男女授受不亲之约束，此样的安排对于家庭内部妇女的生活比较有保障。

林安泰古宅的建筑特色，大致可归纳出几个方面：

（1）入门口采双凹寿式，使得入口的感觉比较深幽。幽暗的气氛对于一栋住宅比较好，不会让外人一眼即看出整个房屋的内部格局。

（2）庭院并不宽敞，平面略呈扁长方形，院子不会受到强烈的阳光，使得房屋内部凉快，同时具有防风的功能，内院的雨水由以特别的方式引流而出。敞堂式的建筑，也让正堂与院子联为一气。

（3）房间的外部有回廊，而回廊之外还有墙壁，是一种双层墙壁的概念。使得卧室隔声比较

图12-14　安溪风格的台北林安泰古厝

图12-15　正堂左右之女婿窗

图12-16　门厅为凹寿式入口

图12-17　对称均衡中庭

完善，另则在危急时，住宅墙内留有一条通道，增加防御的功效。这种内部回廊的设计不仅有安全上的考虑，也有区隔的作用，内侧与外侧的走廊乃分别由主人、仆人所使用。

（4）林宅最为脍炙人口的是木结构之束木和束随，束木也被称为月梁。束木的造型雕古琴，琴袋的皱折也雕得惟妙惟肖；在束木之下的束随部分则雕着回首的夔龙，动作生动，和上头的琴相互辉映。书卷造型是常见的装饰图案，其上所雕饰的鸳鸯，姿态多变，栩栩如生，还有包巾彩画的痕迹，它是清道光年间（约19世纪中叶）台湾民居包巾彩画之最早实例之一。

第三节　台北芦洲李宅

台湾清代的民居多源自闽、粤，但至清末光绪年间，受到通商口岸的文化冲击，西洋的、日本的以及南洋的建筑透过商务往来，台湾民居的

图12-18　侧院

图12-19　束木雕成琴袋形

形式起了一些微妙的变化。在建材上，多就地取材，运用本土的材料，在格局上，随着家族人口的繁衍，多达50个房间或近百间的大宅邸如雨后春笋般大量出现，反映了建筑的地方特色。在这一时期的台湾北部民宅中，位于台北盆地中央的芦洲李宅是一个典型的代表作，通过对李宅的观察，我们可以从建筑的角度来理解19世纪末与20世纪之交的台湾居住文化。

芦洲李氏家族为来自福建泉州之移民，早在清初雍正、乾隆年间，泉州同安县兑山乡的李氏族人来台，根据光绪年间所修《兑山李氏烟墩族谱》及《垄尾井房族谱》所载，当时渡台者多达460人，主要为十世，十五世至二十世。由于台湾土地肥沃，吸引了大量族人入台。八里坌，和尚洲一带的李氏族人很多，据《芦洲乡志》载，其中田野美始祖李公正为渡台第一代，后传至李清水，他有7个儿子，在清末时家业到达顶峰。清光绪二十一年（1895年），李氏七房兄弟议建新宅邸。请摆接堡吴尚勘舆指点，寻得七星下地，

浮水莲花的好地理，大兴土木，起造大宅第。据传延聘大陆山西廖鹏飞（字凤山）来台主持工程。所用建材大都运自大陆漳、泉，在宅址右侧辟建小运河，经南港仔、洲子尾直通外港淡水河。这些记载未见出处，据目前古宅用材及合理推测，廖鹏飞可能为福建人，所谓"山西"应是指福建乡下的村名，诸如山前、山后、山西、东山之类地名普遍可见于漳泉村庄。其次，大部分石材为台湾所产唭哩岸石，只有杉木来自福建。

芦洲李宅属于台湾北部民宅的清末形态，它为了反映大家族封建的伦理制度，平面仍采中轴对称形式，符合台湾民居的发展规律。宅坐东南，朝西北，可以远眺观音山及林口台地，因观音山的山形横看成岭侧成峰，民间传说为笔架山，主文运。宅的背后虽然没有高山，但仍有凸起之小丘，作为李宅的靠山。淡水河流经李宅的东部，流向关渡，因此观音山也可视为水口山，围住了芦洲一带的灵气。

芦洲李宅又有"田野美"之赞誉，宅前辟椭

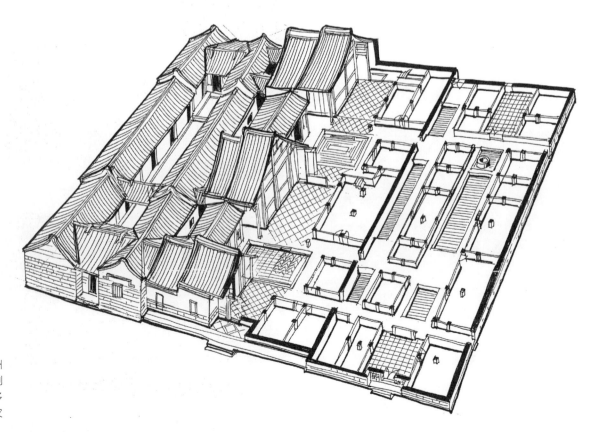

图12-20 台北芦洲李宅为19世纪末创建，当时使用许多石材建造，以防水灾

圆形水池，蓄水以界气。水池之北则为阡陌相连稻田，古时从李宅门口可直望观音山麓，一片绿野平畴的景象。

宅的平面呈中轴对称，在莲花池之后有一个门楼，两侧连接围墙，进入门楼之后，有一铺石前埕，据说前埕左右原有仓库，但何时被拆除已不详。第一落门厅凹寿门，门额题"外翰"二字，左右过水门可以直接进出护室的院子，过水门有一道木屏风，可以适当遮挡院子，使妇女的居家活动不受干扰，在古时，这是一种保护妇女的空间设计。在中轴线上的平面，也有遮挡的屏风，第二落中厅背后有一道屏风门扇，只有左右辟门以供出入，中央屏风发挥遮挡作用，使外人不至于一眼望到后堂的公妈桌。至于宅内的天井呈长方形，宽度大于深度，古代民间相传扁形天井的形状有如"昌"字，可象征家道昌旺。天井排水并不呈直线，可能有七星池或八卦步，使细水长流，象征求吉纳祥。芦洲李宅的平面比台湾古谚所谓"大厝九包五，三落百二门"更大一些，它的总面宽为十三开间。我们可以称之为"大厝十三包五，三落百二门"。即后落共十三开间，左右伸出双护室，包住前落五开间。经过实际计算，芦洲李宅共有142樘门窗，54个房间。亦符合"正身殿后，护室伸手"设计原则。其正身（后落）退后1尺余，左右护室（厢房）向前凸出1尺余。象征着祖先有德、流芳遗荫，被泽后代子孙之涵意，并且合乎前卑后尊之伦理次序。

芦洲李宅的左右护室，自成一格，内护室向外，与外护室门户相对，形成独立的院落，为台为古宅中仅见之孤例。它的天井提供宽敞的生活空间，有水井供应日常用水。这种布局，事实上形同三座合院的建筑并置在一起。由于内护室与外护室相向配置，形成较明亮而开敞的院子，为了横向交通不受天气影响，过水亭架在内外护室之间，芦洲李宅在这里使用减柱造，将过水亭梁木直接骑在护室的梁柱之上，省去四根柱子，不但构造简洁，且可获得宽敞无碍的起居空间。在室内空间的部分亦显示出充分利用的功能化设计，主要房间设置半楼（夹层），设固定的木梯可登半楼，半楼上兼有储藏、隔热及防水功能。古时芦洲偶有水患，半楼可置衣物及避难之用。

虽然相传建材运自大陆，但以现况实物观之，可能只有木梁为福州杉。至于墙体所砌之石条，却全为台北盆地大屯山火山群所形成的火成岩，俗称为唭哩岸石。李宅建于台北府城之后约十年，运用相同的石牌唭哩岸石。这种石条虽然不如花

图12-21　从中庭望向门厅之景观

图12-22　侧院有水井供取用

岗石坚硬，但加工容易，作为墙体很耐用，冬暖夏凉，且可防水灾。李宅所用石条除了墙体之外，还包括地面、石砛及石阶等。

宅内的天井铺砖与石，其排列图案反映着中国古代阳宅的风水理论，清朝林牧所著《阳宅会心集》提到住宅之形状有如"辅弼两边，俱作直长天井，如人之手。左右边间为肩，中庭为心肚"。李宅中轴的天井地面，中央凸起，四周略凹下，其形如人之腹，中央核心有如肚脐眼，除了利于泄水外，实乃符合古代之风水理论。

李宅前厅桁木直接架在山墙上，中厅与后堂则采正式的栋架，栋架用料尺寸适中，结构比例优美，虽然没有精雕细琢的瓜筒或吊筒，但仍可看出系出自高明的大木匠师之手笔。中厅及后堂皆用穿斗式，但木梁柱与砖柱合用为其特色。中柱（俗称将军柱）以砖砌成，高达5米，步口柱与副柱亦以砖砌成，让我们想起大龙峒保安宫护室亦有相同的成列砖柱，砖柱具有防水效果。

事实上，芦洲李家曾捐献兴建芦洲保和宫及涌莲寺，前者供奉同安人的守护神保生大帝。同安一带的建筑的确砖柱较为普遍，芦洲李宅的砖柱应该承继这个传统。其有些屋架受到西洋式影响，出现了类似桁架的斜撑梁。19世纪的台湾已有不少洋楼，例如淡水牛津理学堂、牧师楼、领事馆以及仓库等。芦洲李宅建于世纪之交，很可能感染到中西建筑技术融合的潮流，这也是其作为显现时代特征的建筑之重要原因之一。

芦洲李宅的规模大，屋顶高低层次丰富，反映了严明的伦理次序，但所有的屋顶山墙都未采用代表较高社会地位的燕尾脊，这是颇值注意的。比李宅较早落成20年的板桥林本源五落大厝，也全都使用平实而浑厚的马背形山墙。我们推断这并非没有原因，盖因清末光绪年间准备废科举，作为科举象征的燕尾脊逐渐式微。而芦洲李宅不用燕尾，也许反映了摆脱封建思想之束缚，而大步迈入20世纪的新思维。后来，族人李友邦投入民族运动的浪潮，或者可说是芦洲李宅建筑精神之写照吧！

图12-23 芦洲李宅全景

第四节　桃园大溪李宅

　　台湾北部的开拓，闽南、粤东各族群的渡海移民均有贡献，原来台北盆地是以客家人、泉州人较多，漳州人开拓靠近山区的丘陵地。清代在大姑崁溪，也就是今天淡水河上游这一带则是漳州人与客家人比较多。桃园大溪李家祖籍为福建漳州，清代初年，李家先祖渡海来台，起初在台南谋生，后来才迁至桃园定居，李氏先祖原本从事小生意，后来转而从事米的买卖，白手起家，慢慢成为地主。

　　李家后来移垦大溪山区，清嘉庆年间（1796～1820年）至李炳生一代，因为淡水河航运之便及大溪盛产的茶与樟脑，利用大姑崁溪及淡水河下游的航运，商业繁荣。因此李家在大溪靠近大姑崁溪月眉的平原上，购买田地起造房屋。地名所以称为"月眉"，就是因为淡水河上游一块河阶地形，它的形状有如弯月或眉毛，所以古人美其名为"月眉"。

　　李家在清嘉庆年间的李炳生一代发迹，但是至道光初年，因为北台湾漳州人的首领林本源家在大溪建造有如城堡的巨大宅邸，李家开始与林家互有往来，对板桥林家的开垦颇有帮助。总而言之，板桥林家与大溪李家就成为漳州人聚落的领导人。李炳生育有四子，三子李腾芳幼时聪慧，崇尚文事，在咸丰年间（1851～1861年）中秀才，同治四年（1865年）中举人得到功名，李宅即依循科举功名典章制度大兴土木，建造两落多护龙的大宅第。李腾芳中举的事迹，在今天李宅正厅步口廊仍可见木雕的执事牌，指出李腾芳为同治三年（1864年）中试甲子科举人。

　　李腾芳除功成名就之外，曾在大姑崁的义学掌教，贡献地方教育，这是李家为人乐道的一件事。李家还有几位后代子孙也曾中过秀才，成为社会贤达。在光绪二十一年（1895年）甲午战败割台之役，大溪三峡一带的抗日义军联合起来保乡卫土，抵抗外侮，李家子弟也组织乡勇。李家后代近年成立祭祀公业，每年定期举行祭典，反映了台湾传统家族敬祖思源及发挥伦理的精神。大姑崁也因为李腾芳中举，振兴地方文风，所以后来改名为"大科崁"，后来，台湾巡抚刘铭传又将"科"改为"料"，于是大姑崁变成了大料崁。

　　月眉，顾名思义，其地形是一块弯曲的平地。位于大料崁溪的东畔。李宅在台湾古民居类型中是很少见的，它真正的建造年代众说纷纭；但以李宅使用燕尾脊来看，应该是李腾芳中举之后，

图12-24　门厅外观

图12-25　中庭

图12-26　李家中举之执事牌

合理推断应在清同治四年（1865年）以后。随着李家族人增多，左右护龙及前面的附属房舍应是同治年间（1862～1874年）以后才陆续完成的。其方位属于较少见的坐西朝东，后面是溪水，前面是山丘，从风水学来看，朝山之山峰绵延不断有如笔架，或许如民间传说，面临笔架山则出文人。

宅前辟有椭圆形的大池，充作门口的池塘，宅的四周围广植树林，围成一个既封闭又兼有防御功能的空间。李宅在建筑布局上值得注意的有几点：首先是它的前厅前面围有巨大的红砖围墙，门楼则有三座，由外门楼进来之后还有左右门楼，在围墙之外竖立两对旗杆座，据说其中一对是李腾芳，另外一对则是他的族人中秀才所立；但是另有一说，两对旗杆皆为李腾芳所立。

李腾芳古宅的木雕呈现浓厚的漳州风格，以第一进门厅的栋架而言，使用三通五瓜式栋架，用料巨硕，通梁呈圆形，造形饱满。通梁上的瓜筒采用金瓜形，其瓜脚修长，具有台湾北部叶金万大木匠师的风格，推想可能是叶氏年少时曾参

与兴建，或是大溪李宅即出自叶氏师父之手。门厅屋架雕刻与细部造形均属一流，例如头巾与鸡舌斗居然雕成精美的莲花形，正厅前步口的瓜筒亦属同样风格，而栋架上出现内枝外叶的花草斗座槽，不施瓜筒，亦属上乘之作。正厅灯梁上的斗抱与一斗三升，斗抱雕成莲花，上面的斗栱则雕成夔龙栱，都是十分讲究的做法。

两廊所用的栋架采用方形断面，用简单的方形童柱直接架在步口通梁上，不施斗座槽，也不施斗抱与瓜筒，表现简易的力学之美，极为简洁。其次，泥塑部分，李宅用得非常多，在墙上、窗楣均有泥塑，并带有彩绘，还有在山墙上也有泥塑，可惜历经岁月洗涤，略显斑驳痕迹。值得注意的是它的石雕，李宅在大嵙崁溪上游，附近盛产砂岩，因此李宅所用的石材极少来自大陆的花岗岩，多系就地取材，因地制宜。砂岩的雕刻比较容易风化，目前我们仍可看见门前的两对旗杆座，上面有麒麟、龙、虎的雕刻，采用了剔地起突雕法，古时在旗杆座之上竖立着代表功名的木柱旗杆。

图12-27 桃园大溪李举人宅

图12-28 门楼

图12-30 旗杆台座

图12-29 护室及侧院

图12-31 后院之水井

图12-32 正堂之屋顶内部

第五节 台中社口林宅大夫第

台湾以社口为名的地方相当多。社口的地名来自于"社"。"社"原指土地，农业时代土地为生产之根本。清代初期形成的聚落或原住民的部落，以及汉人初期开垦的地方皆可以称之为"社"，这些"社"的边缘地区常被称之为"社口"。

社口林家的发迹始于林振芳，林氏生于清道光年间（1821～1850年），当时台湾中部因贸易的发展，沿海的鹿港和彰化地区，一跃成为台湾仅次于台南府城最为富庶的地方，即俗谚所谓"一府二鹿三艋舺"。林氏乃粤东惠州陆丰客家人，康熙年间林氏祖先来台，在岸里社一带落脚。到了林振芳这一代，家境清寒，但他力争上游，成年之后和岸里社的原住民姑娘结婚，循着原住民母系社会的运作模式继承了土地和财产，从此家中经济逐渐转好。林振芳转而向商业发展，由于他善于理财且乐善好施，颇富人望，遂成为岸里社一带的地方领袖。

同治年间，台湾的戴潮春趁势而起，和太平天国互相呼应，席卷台湾中部。当时林振芳曾出力帮助清廷围剿戴潮春，事平后得到朝廷的赏赐。由于林振芳捐输热心，清廷感念其义举，遂颁给他"中书科"的名衔和匾额以示嘉许。

光绪十年（1884年）爆发中法战争、台湾建省后，刘铭传成为首任台湾巡抚。刘铭传实施开山抚番，林振芳亦出力甚大。林振芳相当长寿，在清廷割让台湾给日本之后的日治初期，曾被任命为保良局长，甚至获得日本帝国政府的赏勋。

社口神冈林宅是林振芳飞黄腾达时所兴建，据传他曾购别人旧宅加以改建。初期的规模大致在光绪元年（1875年）完成，而护龙厢房的部分则是在十几年之后，随着家族人口的增加才陆续增建完成。社口林氏大宅位在台中神冈平原地区，附近冈峦起伏，形势极佳。林宅的平面布局工整，坐北朝南，宅前有一人工挖掘的椭圆形水塘。后面虽然没有明显隆起的土丘，却种许多株大树，营造了一个自然的屏障。

林宅最初落成时为四合院格局。初建时只有左右各一排护龙。随着家族的人口增加，扩建成为左右各两排护龙规模。林宅是社口地区的独立家屋，因此防御性措施是必要的。在外厢房的西北角曾建有高度高于宅的铳楼，但现已倾颓不复见。

林宅和其他台湾中部的大宅，诸如筱云山庄和摘星山庄相比，有许多特色相当接近。在宅的前方都凿有大水塘，或有溪流环绕，虽缺高山为障，却多在小丘上种有树木为屏。门楼都设在宅的东边，所谓"紫气东来"，摘星山庄的门楼在东南边、筱云山庄则在正东边。宅的中庭都以两道高墙划分为中庭和两个侧庭，中庭供家中的男主人和洽公事务活动，最外边的两个护室都比门厅向前突出许多，厢房的前端较长，整个平面格局像是"六马拖车"，颇为气派。

林宅的石雕相当精致，在清代台湾民宅中使用这么多泉州白石雕刻颇为罕见。门厅和正堂的部分都有"地牛"的雕饰，"地牛"是长度较长的柜台脚，槛墙的底部也有"地牛"。第一进门厅门楣上悬有一书卷形的匾额，额内文字已佚失，

图12-33　台中社口林宅大夫第，其四道护室有铳楼与书斋

图12-34 正厅左右设暗廊

图12-35 正厅前有大型供桌

未知其内容。而两边廊墙的水车堵上，有色彩丰富且造型细致的交趾陶装饰，题材有瓶花、香炉外形的博古（古董）等。水车堵交趾陶装饰的题材相当丰富，还包括了四季水果、山水人物与庭台楼阁等。廊墙上的屋架运用木雕番人抬梁，而隔开中庭与侧院的两道高墙上并未开窗。墙主要用两种砖砌成，一为青砖，一为红砖。外墙开辟铳眼小缝，这是清代台湾民居常见的防御设计。

正堂花窗相当精致，花窗的四个三角形挞角雕有四只蝙蝠，代表《赐福》；另外还有八角形的花窗，其四个挞角也雕饰四只蝴蝶，取其谐音，同样象征"赐福"。值得一提的部分是正堂祖厅内的摆设，正堂内的供桌和神龛属于同一时期的作品，因此雕刻风格相近。根据考证，祖厅内的家具是在建筑物落成的同时所完成，因此风格相近。正堂的屋架并未使用瓜筒，显得简洁朴素，而墙上的书画皆为格调高雅的文人墨迹。正厅后屏的两道隔扇门，使用许多藤条编制而成，至今保存完整，这些统计流露出文人士大夫的生活审美品味。

第六节 台中雾峰林宅

雾峰林家的开台祖林石，在清代中叶从福建为寻找一片新天地而离乡背井来到台湾。林石晚年由于林爽文之役而被小人陷害，受到牵累，差点被抄家。在动荡的年代，苦心经营的家业常常因为外部政治局势的变化而产生危机。

林家后来迁到阿罩雾（雾峰），第四世的林定邦和林奠国两兄弟重起炉灶，经营家族事业。由于经营得宜，家业得以慢慢恢复。林定邦的儿子林文察并且投入军旅，组织台勇，参加清廷围剿太平军的军事活动，由于林文察骁勇善战，建立军功，逐渐升至提督一职，他是清代台籍将领中继王得禄之后，衔级最高者之一。林文察的儿子林朝栋也在后来刘铭传抗法保台之时担任镇守基隆的工作，并立下莫大的功劳，让法军侵台之举无法得逞，此即有名的基隆狮球岭之役。戴潮春之役是一个重要的转机，帮助清廷围剿叛军的家族多在乱平之后得到朝廷的奖励和褒扬。

雾峰林家是台湾中部望族，其族人在清代武功鼎盛，林文察、林朝栋事迹为台湾重要历史的一部分。林氏在获得清廷赏赐山林之后成为巨富。在台中雾峰建造巨型宅第，当时为台湾规模最大的宅第与园林。雾峰林宅规模宏大，包括顶厝、下厝及莱园等古典建筑，在台湾建筑史上独具规模，无出其右，论建筑之精美，亦属上乘之作。

宅主在台湾历史上所扮演的角色非常重要，我们可以说清末的台湾历史与林家息息相关，林家的家族史和清末台湾中部的开发史密不可分。

林家辛勤垦拓家园的时期建了一座草厝，经过几代族人的经营才达到今日所见的规模。林宅大部分为林定邦之子林文察当家的时候完成，但林文察在率领台勇前往福建响应朝廷围剿太平军的战役中，不幸在漳州阵亡，这对林家来说是一件悲剧。清廷厚待林文察的后代，林宅庞大的规模逐渐成形。

林朝栋也在清同治、光绪年间崛起，其声望在刘铭传担任台湾巡抚时达到高峰，兴建了面宽达十一开间的"宫保第"。林奠国的儿子林文钦喜好文艺，曾中过举人，诗文修养都相当好，其子为台湾日治时期相当重要的文化运动领导人林献堂。顶厝的发展在林文钦和林献堂时期达到顶峰。林文钦为了要奉养老母，取二十四孝中老莱子彩衣娱亲的故事，在宅第后侧东南方的山谷里，引山泉建造了"莱园"。莱园的池中有岛，称为荔枝岛；岛上有戏台，而在岸边有一栋五桂楼，

图12-36 宫保第后堂

图12-37 宫保第后堂室内

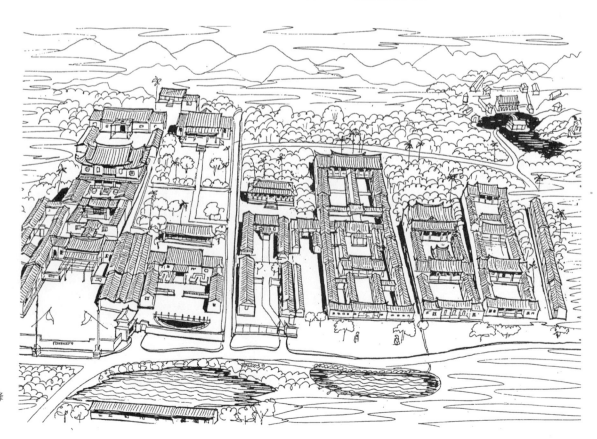

图12-38 台中雾峰林家顶厝与下厝，山坡下为莱园

图12-39　莱园之飞觞醉月亭

取"五桂传芳"之意，期待自己的五个儿子皆有
所成就。

　　背山面水的林家，各宅院都有围墙和小巷子
隔开。整体配置乃属一种梳式布局，其中有三
进，也有五进。大宅的每一个单元都有典雅的名
字，如顶厝的"景薰楼"、"蓉镜斋"和"颐圃"，
居中的草厝为发迹时的居所，接下来为林提督居
住的"宫保第"，有戏台的大花厅，二房厝和当
年兵勇居住的28间。虽然林家来自漳州，林定
邦和林奠国两兄弟的两大家族宅第却由于因缘际
会，建筑风格除了老家漳州之外，还有相当浓厚
的泉州味和福州味；宫保第即为泉州派匠师所建，
大花厅则为福州派匠师的杰作，景薰楼则为漳州
式的建筑。

　　宫保第为一座官宅，其正堂前多加一个轩亭，
一方面是因为中台湾的夏天相当炎热，一方面则
是因为家族成员众多，院子成为相当重要的生活
起居之所。轩的做法采用和正堂同样面宽。除此
之外还有很多的轩亭、凉亭。林家为豪门巨户，
大花厅设有一座大戏台，可请戏班子演戏。依照
大花厅的建筑特征，可断定为福州风格。据史料
载，林朝栋曾多次到福州，或许有机会聘请福州
大木匠师来台主持大花厅之建造。大花厅包含门
厅、戏台、正堂与左右包厢，为清末台湾少见的
剧场建筑。

　　大花厅的建筑年代可能稍晚，格局为三落式，
第一落为门厅，第二落为戏台的准备室，其后附
建有一个歇山顶的戏台，所以进深相当长，能够

图12-40　景薰楼前院花架

图12-41　景薰楼门楼

图12-42　大花厅之戏台

营造出庄严的气氛。第三落则为待客的正厅。内院设有两层楼的看台，林宅的屋顶大体具有一种趋势，由于面宽太宽，导致两端的燕尾离得太远而不能相互呼应。

顶厝的景薰楼建于同治年间（1862～1874年），为五开间的楼阁建筑。景薰楼的楼阁堪称清代台湾豪宅阁楼最具气势者。中央明间为厅，两侧次间以及边间为房，上二楼的楼梯则设在正厅的后侧。就外观而言，明间以及次间为木结构，但边间以及后侧墙壁则为砖石承重结构。屋顶为燕尾脊之重脊歇山式，中央三间略提高，有重檐的意味。莱园位于雾峰林宅东南方之山谷，为林

奠国之子林文钦所建，与板桥林本源庭园、新竹潜园以及北郭园等齐名。莱园极盛时期，文人雅集，为日治时期林献堂主持重要文化活动的集会场所，中国近代政治家梁启超（1876～1929年）亦曾受邀到过莱园，诚为当时文化界之盛事。

五桂楼初建时原为闽南式，原是一座二层楼阁，屋顶为歇山式，面宽五开间，1920年代重建时改采西式风格，但位置与方向应该没有变动，可能面积也沿袭旧制。台湾清代园林中喜在水池边兴建楼阁，这样的安排有近水楼台倒影之美，更有远眺之用。像五桂楼这种形式的楼阁，可与板桥林本源来青阁、观稼楼，以及新竹潜园的爽吟阁相媲美。五桂楼依山傍水，台基前设阶级及前院，但后院地势较高，几达一楼之半，因此设梯可以直登二楼，而室内不设楼梯，这也是少见之设计。

从景薰楼的内部设计可以了解清末同治年间工匠的技术水准以及当时流行的式样。景薰楼是木结构和石结构混用的两层楼建筑；但进入内部则可发现第二层楼还有半层的阁楼，地层的木作颜色以靛青色为主，在梁枋柱角则多滚以白边，

图12-43　景薰楼内部之花瓶门

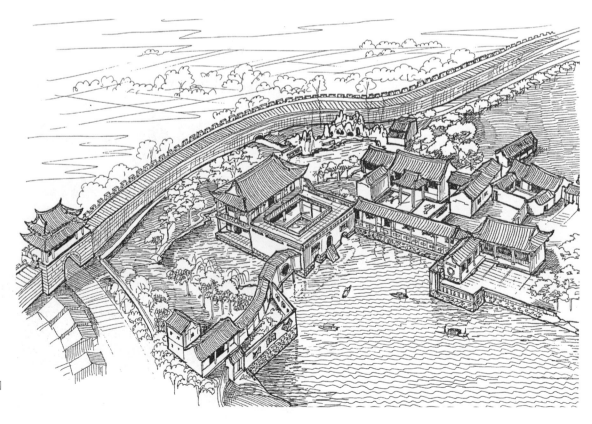

图12-44　新竹潜园透视图（复原图）

图12-45　新竹潜园长廊透视图

图12-46　景薰楼之
主楼

雕花的部分则漆上金色。登上二楼之后，映入眼帘的是，以朱色和黑色取代靛青色。景薰楼内部所保存的家具非常完整，正厅内部的八仙桌、太师椅、燕几和房内桌柜仍维持清末以来的陈设状态。

宫保第建筑规模庞大，第一进门厅绘有文武门神，特别是文官门神造形典雅，色彩柔和。步口廊对看墙还有细致的砖雕，以青砖与红砖交替砌成，第二进正厅内有李鸿章的诗词书法，第三进屋架有精致的彩画。最后一进则有著名的木制支摘窗，花样繁多，用色以青绿为主，散发出居家生活应有的淡雅宁静之美。为清末台湾少见的剧场建筑。

图12-47　景薰楼主
楼背面

大花厅是一座宴客及观戏的建筑，约建于光绪元年（1875 年），空间高敞，雕饰华丽，为取得开阔的室内空间，出现了较为大胆的减柱构造。大花厅面宽五间，进深四间，明间减去前点金柱，使得正堂中央的三开间成为无柱状态。其大通梁特别粗大，并使用福州惯用的矩形断面。大通梁上承四支瓜柱，这在台湾实属罕见之例。

五桂楼的建筑主脊为燕尾式，中央有脊饰，可能为火珠或葫芦，两端起翘脊饰为卷草，但又有类似螭龙形物。脊身有空花砖，即所谓的柳条砖，亦有瓷片剪黏装饰。外观兼有浑厚及秀丽之美。屋檐与山墙窗上的雨庇采西式檐板，做成齿叶状之装饰，山墙上的浮塑装饰亦采西式图案，整座五桂楼大部分呈现西式风格。另外，在雾峰莱园南侧林氏祖坟的墙上，仍可见泥水匠的名字

图12-48　景薰楼之
八角门

图12-49　宫保第为官宅可绘门神

图12-50　李鸿章送给林朝栋之书画转绘在格扇上

图12-51　筱云山庄之门楼正面

嵌入，有曾仁、曾某及廖伍等匠师，可见当时改建五桂楼及荔枝岛的凉亭时，曾经聘请过这几位泥水匠师。

第七节　台中神冈筱云山庄

筱云山庄主人吕氏，原籍福建漳州诏安县，诏安位于闽南与粤东交界地带，自唐代以后，人文荟萃。清初乾隆三十六年（1771年），吕氏的北田房派下第十二世吕祥省搬眷渡台，定居于当时彰化县拣东上堡瓦窑仔庄（即今台中县潭子）定居。至乾隆五十五年（1790年）震惊全台的林爽文事件之后，十三世移居三角仔庄（今神冈三角村）建屋定居。

十四世吕衍纳（世芳）例授林郎之职，他富于才干，善于经营，家业遂渐昌盛，成为三角仔庄之望族富户。世芳因性喜文墨，故而礼待读书人。曾在道光年间置学田数百亩，岁得稻谷800余石，准备建文昌祠奉祀文昌帝君，可惜咸丰五年（1855年）志未成而卒，乃由其子吕炳南继续完成。据吴子光《岸社文祠学舍记》所载，祠的左右为学舍，文英社诸君为乡梓文化教育贡献既大且深远，吕氏以读书世传其家，诚为台湾史上罕见之文章华国、诗礼传家之典型。同治元年（1861年）台湾中部发生戴潮春事件，人心惶惶。但吕家望重闾里，募壮丁卫家乡，对安顿民心颇有贡献。事平后，于同治五年（1866年），吕炳南为奉养张太夫人，斥资建造别业一座，即筱云山庄。

筱云山庄落成时，吕炳南声望达于顶峰。炳南有三子汝玉、汝修与汝诚，俱中秀才，一门三秀才，举人吴子光称许为“海东三凤”。后来汝修又于光绪十四年（1888年）中举，获有“文魁”匾额。在筱云山庄建成后，吕家的文化活动更为蓬勃，其时吴子光客寓吕家，吕家聘之为西席。其于吕家所创的岸里文英书院讲学，诲人不倦，亦参与《淡水厅志》之编撰，博学而多闻。文人雅士群集筱云山庄，加以筱云轩之庋藏书籍丰富，包括经、史、子、集等多达2万1千多卷，造福读书人匪浅。当光绪四年（1878年）筱云山庄的藏书室落成时，吴子光题对联曰"筱环老屋三分水，云护名山万卷书"，这是形容筱云山庄最佳的文句。

筱云山庄的建筑环境恰如其名，是一座山水环绕，风水绝佳之地。鸿儒吴子光形容筱云位于葫芦墩地之中区为三阁庄（三角），"村落碁布，竹爰爰数百竿，环植左右如围屏。下有小溪流出，水清浅可涉，有桃花源风味。客至问津者，沿溪行，径渡板桥，不数武，则义门吕氏筱云居在焉。"宅的方位坐北朝南，背有小丘陵隆起，左侧有沟渠环护，古时四周皆为田园阡陌的自然风光，竹林如屏，坐北朝南但略偏东南，在八卦中称为干山巽向，引大甲溪的水圳从北向南流，经筱云山庄门楼之前，再转弯向西南流出，有如玉带，古时风水术语称为玉带水环抱，水能界气，使钟灵毓秀之气聚于此。

在建筑物高度方面来说，筱云山庄的门楼为二层楼，建在东南角，迎宾楼也建在这个方位，得以印证左青龙右白虎的观念，亦符合青龙在上之原则。古代认为巽位有高楼或塔，主文运，代代皆出文士。筱云山庄的门楼是一座三开间的两层楼阁，沿水圳行，可见这座红砖门楼巍峨的贮立在田野之上。清代台湾宅第并非每座都设门楼，有的只是简单的式样，但筱云山庄门楼却兼具防卫、远眺、壮观与风水等多元意义。楼上的房间可供守更者使用，辟有小八角窗及书卷窗，中辟一拱门，黑底中画一圆日，似有紫气东来之意味。屋脊为翘脊燕尾，至为昂扬壮观。

门楼右侧本有马房一栋，古时筱云山庄出入远地可能使用马车，近者可能用轿。甚至在地方遭逢变乱时，吕家自召乡勇防守，门楼旁可能有兵勇住房。门口凹入，称为凹寿式，左右墙之厚度近1米，非常罕见，这是一种夯土墙技巧所筑之防御性厚墙，墙上有交趾陶装饰，题材为"孔明献空城计"及"杜牧秦淮夜泊"。

筱云山庄的护龙很多，左右各有三条，共有六条护龙，它们之间有不少过水亭相接，且各自有出入口，在古时合族聚居时，公私分明，进出方便。这是多护龙住宅的优点。据闽、粤民居的

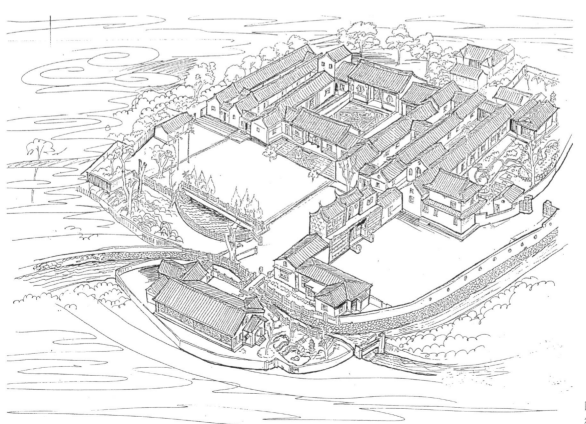

图12-52 台中神冈
筱云山庄吕宅全景图

图12-53　门楼为二层式，上有小窗可眺望

图12-54　第二进正堂"五常堂"

图12-55　正堂屋架漆以青色为主

图12-56　正堂陈设

调查，多护龙的民居很多，客家地区尤其盛行，它不但可住许多人，且有守望相助增强防御之功能。

过了门厅笃庆堂进入中庭，地上的红砖呈现特殊排列，从中央核心向四角发散，形成四角形及八角形的图案。在中庭或前院暗藏太极或四象、八卦之图案，常见于古建筑中，它有生生不息之涵意，也有象征人体丹田之隐喻。筱云山庄的正堂门楣上未见有匾额，但祖宗神龛上却有"五常堂"之小匾额。据此可以呼应门厅正面交趾陶蔡氏匠师所题之"晋水一经堂造于五常堂之所"。显然，在同治五年初建时，正堂名之为"五常堂"。

正堂内的梁柱原来为黑色，后来又涂以靛青色，但墙堵上的对联、诗词、字画应仍为原貌，例如"梅花半树鼻功德，竹屋三间心太平"，或可推测梅与竹曾是筱云山庄重要的植物。神龛左右柱联为"五位同居曰富曰寿不外箕畴五福，常行大道为孝为恭敢忘庭训常规"。落款有甲申年者，即光绪十年（1884年），为建屋落成后18年后所置。

笃庆堂前面大院当中，凿有一座半月池，水池有防火及调节微气候的作用。以福建与广东的情形比较，闽粤交界地带如永定与漳州地区民宅的水池多呈半月形，而泉州一带多不规则形。依此判断，筱云山庄的半月池显示出来较接近客家之传统。吕氏祖籍漳州，但因地缘接近客家地区，受其影响是很自然的。

在水圳南岸的近代洋风建筑，建于1933年，平面为东西向的长方形，东端为会客厅，西端为厨房，中间以宽敞的廊道相连，廊道一边则分隔数间为间，每房之前尚设有小厅。这种具备廊、厅与房三个层次空间的构思，似乎受到日治时期日本住宅之影响。这座洋风住宅，有东向与北向两处出入口，墙体内部为最传统的土埆砖，后墙外皮穿瓦衫，即钉上鱼鳞瓦防水，做工讲究色泽优美，东端的会客室向东，门外营筑一座小型庭园，园中包括假山、土丘、水池、小拱桥以及一座陶烧的五层塔，四周环植花木，尤其是黑松的

图12-57　增建之近代风格住宅

图12-58　台中神冈筱云山庄的庭园

枝干苍劲而典雅。这座庭园兼有中国与日本之风格，也是日治时期台湾士绅住宅附属庭园最典型之做法，它是台湾庭园史之见证，深具研究价值。

　　筱云山庄的建筑布局宏大而严谨，其布局法则不仅合乎传统儒家伦理宗法秩序，也与道教、风水及民间习俗相符，体现了台湾早期士绅家族的生活面,吕家的生活面结合了居住、休憩、社交、娱乐，读书及修身养性等多元功能。园林又名庭园或花园，多附属于宅第之后。林泉幽静可以调济布局严肃的四合院住宅。清代台湾的著名园林如台南紫春园、雾峰莱园、新竹潜园、北郭园与板桥林本源庭园多为人所熟知，兴造园林之动机不外乎是修身养性或宴请宾客，游园享乐。而筱云山庄附属的园林却是台湾罕见且唯一以藏书远近驰名的孤例，甚值重视。吴子光谓"筱云轩分筱云山庄之数弓地，别为一区，而山水愈益奇"。筱云轩，轩前布置水池石山，并有水道蜿蜒于山石之间，颇有流觞曲水之境。

　　筱云山庄的园林精神存乎于"以文会友"，以藏书2万卷著称的筱云轩为核心，三面花圃及水池环绕。并有一栋楼阁式的"迎宾楼"与之遥遥相对，两楼阁之间，水萦如带，共构成一处以泉石山水为主的简朴清雅园林。因此我们甚至可以说，筱云山庄是一座被园林所包围的大庄园，林木与房舍或藏或露，虚中有实，实中有虚，可谓为"园中有屋，屋中有园"。

　　筱云轩的东南边凿有水池，岸边并以极大的

鹅卵石堆筑成假山，池中树立一块青灰巨石，奇峰磷峋伫立水中，颇为挺拔秀丽。藏书轩之前有水池，源自中国古时文渊阁的设计，盖藏书室宜高以避潮，但旁有水池以防水火灾。水池一大一小，或谓日月池，水源引自墙外的水圳，皆大甲溪之水也。水池西侧辟小水渠导水至花圃，其旁平行设置斜坡阶梯，沿阶而下又有一石砌假山，水自石缝中泄下，墙如小瀑布。水渠自此再转向西，过一水墙与筱云轩及护室流下来的雨水立体相交，颇为有趣。我们推测前人让溪水与雨水分流，可能蕴涵求吉纳祥之寓意或象征吧！弯曲的水渠，有如流杯渠，古时常供为文人咏诗"曲水流觞"之场所。筱云山庄主人爱好诗文，经常文士云集，仿古造园，必有典故，文英社文人常在竹溪寺修禊可为证。这是迄今为止，台湾古建筑史上所发现唯一的诗人雅集曲水流觞之胜景，其文化价值极高。

　　筱云山庄规模宏整，细部的雕饰与彩画亦颇可观，尤其是交趾陶，在台湾清代古宅第之中，交趾陶作品保存最丰富，且有名匠师落款者，筱云山庄数第一，全台无出其右者。交趾陶为一种色彩丰富的低温陶，色泽变化虽多，但如果暴露在阳光雨水之下很不容易保存。大部分寺庙的交趾陶如清代中期叶王的作品多装置在内墙的水车堵上。筱云山庄了不起的一点就是其屋脊仍然有着保存良好的交趾陶。

　　台湾的交趾陶艺术发展史上，有年代落款及作者署名的最早实物，首推筱云山庄，其重要性不言可喻。晋水一经堂在完成筱云山庄之后第九年，于光绪初年为林其中的潭子摘星山庄完成一组交趾陶壁饰，亦属台湾现有交趾陶之佳作。他是否与日治初期从泉州洛阳桥来台的陶匠苏阳水为师徒关系不得而知，但无可否认的，匠师能在作品上落款，显见他的技艺得到很好的评价。

木雕及砖雕也是筱云山庄的特色，木雕集中在栋架上的束随、员光以及梁下的托木。多用剔地起突及内枝外叶两种技法，底部朱漆，图案则安金。正堂的格扇门尚存手工精细的窗棂，顶板则用春夏秋冬四季花卉题材。五常堂神龛及左右门框之雕刻风格更精细，与供桌风格一致，成为配套的室内装修，门楣上雕有竹苞与松茂，语出诗经，为子孙隆昌之祝福词句。

砖刻在台湾民居建筑中以台中、彰化一带为盛，或可推断于清代同、光之际，曾有杰出之砖雕匠师活跃于此地区，例如大肚磺溪书院、雾峰林宅宫保第、潭子摘星山庄及大里林宅等。砖雕除了技巧之外，也常以青砖与红砖交相叠砌，形成凹凸线脚之形，颇为美观。筱云山庄的门楼、笃庆堂皆有砖雕作品，护室鸟踏也有砖雕葫芦装饰，雕刻工艺水平很高。

总结言之，筱云山庄作为清代台湾民居中士大夫阶级的典型代表，它表现了士人的生活态度，也验证了士人的审美观及生活情调。在台湾汉人入垦史上，从草莽社会跨入高度的文化与经济富足的社会过程中，住宅的设计充分地反映出来这

种变化。它是传统汉人文化的最终诗篇，至20世纪之后，又面临了另一波外来文化包括日本与西洋的冲击。

第八节　台中潭子摘星山庄

清同治年间（1862～1874年），台湾中部爆发了戴潮春抗清之役，许多地方豪杰起而帮助官军平定事变。早在乾隆末年即发生台湾中部大里的林爽文之役，地方豪族富户在动乱时所选择的立场，造成日后地方权力结构的重整。官军的胜利，导致那些帮助官军剿乱的豪族取而代之发难的氏族。

这些豪族的族长通常原就是地方豪杰，立功之后接受官方赐予的官衔，因此提高了社会地位。晋升为士绅之后的大家族，多不倾向住在闹市，而偏好在郊野地区兴建别庄。同时由于大租户与小租户结构的背景，也是造成以农为业的大家族选择住在乡间郊外的主因。随着官方授与荣衔，这些大家族又更向上一层的社会阶级迈进，进入他们所向往文雅的生活情调。

山庄是士大夫阶级到郊野所兴筑的豪宅，以山庄为名，可一窥想要远离喧嚣的都市生活，在乡间开辟一个属于净土的意念，诸如"筱云山庄"和"摘星山庄"均为典型。偏僻的郊野面临如何防御的问题，因此除了建造大宅之外，还要筑起高耸的铳楼和围墙，而从外面溪水，除了灌溉用途之外，还可以围成大宅四周的护城河，营造整

图12-59　门厅左右墙以交趾陶装饰

图12-60　台中大肚磺溪书院

体的防御体系，此中代表例之一即为摘星山庄。

　　清乾隆年间福建漳州诏安的林氏移民至台，先从事农垦，后来又兼营商业，此为台湾早期移民发展的主要模式。原先这些移民的生活相当单纯，但同治初年，中国内地所爆发的太平天国成为改变移民未来的转折点。在林文察率兵响应官军对付太平军的同时，林其中亦跟随林文察到漳州。林其中骁勇善战，在一连串的战事中表现杰出，建立奇功，被授予"二品顶戴昭勇将军"的荣衔，衣锦还乡。此外清廷又赠与林其中许多权力和土地，使林其中家族跃为地方上的富户大族。摘星山庄于同治十年（1871年）动土兴建，光绪初年落成，所用建材之精，做工之美，为清末台湾民居所罕见。

　　台湾中部丘陵起伏，沟渠纵横，大甲溪、大肚溪和浊水溪贯穿其间，形成平原阡陌，与丘陵起伏的地理条件。在潭子一带，水圳的流经之地适宜种稻，土地相当肥沃。摘星山庄坐北朝南，门楼朝向东南（巽向）开，为风水宝地。宅前挖

掘大池，宅后倚靠小丘，这种做法客家称为"花胎"（化胎），小丘上种植果树，并在宅的四周环植大片竹林。前水为镜，后植树林为屏，运用天然地形，同时融入人工的规划，相辅相成，成为摘星山庄的特色。

　　摘星山庄从前面的水塘到宅后的小土丘，地势渐次升高，而水会由后渐渐地往前头低处流，沿着宅第的侧面流向屋前的水塘，类似的安排还可见于台中神冈筱云山庄、社口林宅大夫第等。门楼设在巽边（东南方），而水塘的出水口则设在宅的坤边（西南），背后的小土丘周围设有水道，水道环成一个圆形，使水围绕土丘，引水界气，合乎风水的理论。

　　摘星山庄布局工整，前后两落，左右各有两列护龙，按照中国传统风水之说，坎山离向（坐北朝南），大门出巽门（东南），是非常好的安排。门楼的高度原为两楼，但民间风水禁忌之说"门楼高于厅，三代不出丁"，因而决定将门楼的二楼拆除。山庄前水塘的水是由宅的后面和侧面流

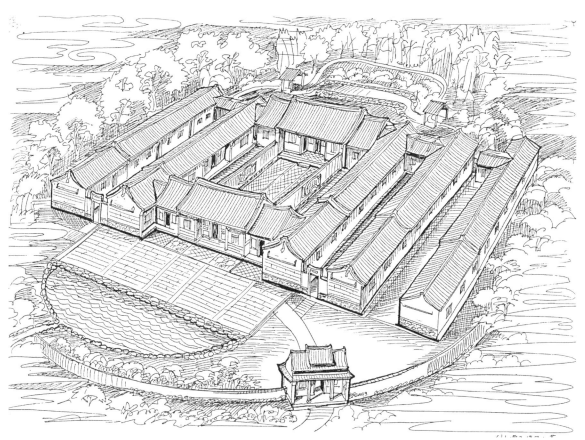

图12-61　台中潭子
摘星山庄全景图

过来，宅后设有水井，水由后向前流是依风水之理论。宅前的地砖排出八卦图形，也是源自风水和易经。

摘星山庄正面除了门厅中央有一入口，宅的左右两侧也各设有过水门，内外护龙之间也各开一门，护龙的前端凸出，以中间的门厅为车，四个凸出的护龙为马，俗称为"驷马拖车"。位于门厅与正堂之间的中庭，是供主人林其中使用。两边侧院供护室的妇孺使用。中庭的空间主要用以接待前来洽公的人员，用两堵高墙将中庭和左右侧院隔开，体现了清代中期台湾的封建社会上流阶级家庭生活的一面。第二进的正堂前也设置步口廊。在台湾炎热的气候下，步口廊的优点在于可以隔热防暑。正堂的后墙向后退凹，一方面是将家中最为重要的祖先牌位安置在房屋的最里层；代表祖先殿后守护后代子孙之意。摘星山庄初建的两落四护龙格局，室内房间接近40间，这样的空间足以容纳近百

人生活居住。随着人口增加，又在原来的内护龙外侧增建了外护龙。摘星山庄的西北角原先筑有防御性的铳楼，或已倾颓或遭改建，今日已不复见。

摘星山庄建于林其中立下辉煌的军功衣锦还乡之后，受到清廷的器重和赏赐，一跃成为当时中部地区的富绅。摘星山庄在雄厚财力的后盾之下，所聘用的工艺匠师和使用的材料皆为一时之选。石雕的部分采两种石头混用，柱身和墙壁部分多用泉州白石，地板的部分亦用泉州白石，柱珠、柱础和雕刻则用泉州青石。青石的硬度极高，雕刻出来的线条犀利，历久弥坚。雕刻题材相当丰富，除了一般的花鸟之外，夔龙团炉窗也是常见的做法。走兽、博古文物、民间传说周穆王的八骏马、福禄寿三星、"旗、球、戟、磬"，取其谐音"祈求吉庆"，中国历代的忠孝节义故事也成为发挥的题材。

大木结构方面，第一进门厅之雕刻相当丰

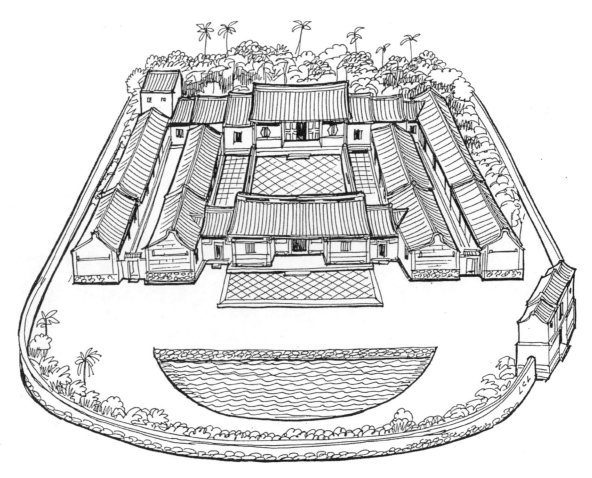

图12-62　台中潭子
摘星山庄复原图

富，瓜筒和斗栱皆精雕细琢，其中瓜筒上还雕有"旗球戟磬"（祈求吉庆），栱的部分也都施雕。托木则采"内枝外叶"透空雕。有趣的是，一般传统民宅的正厅多采较为简单的穿斗式屋架，瓜筒多骑在圆梁之上；但摘星山庄的正厅屋架却使用了矩形断面的梁，方梁上竟然也加瓜筒，这种做法较少见。另外，大木结构上的木雕装饰多以"李白醉写番表"、"苏武牧羊"等耳熟能详的历史故事为题材。细木结构方面，门窗、窗格子的模式变化多端，而正厅内所置的上中下三座供桌成套，皆为同治年间的原物。家具的制作方式可见许多工艺技法，如八仙桌采"石榴木入黄杨木"的做法，为当时台湾家具之高级做法。

由于台湾中部的山庄民居多用大量砖雕，因此推测在同治年间（1862～1874年），彰化地区可能出现了一批以雕刻见长的匠帮。摘星山庄砖刻的题材多样，诸如万（卍）字不断、夔龙团炉、篆文、仙姑献寿、双喜临门，赐福的蝙蝠和蝴蝶以及四时水果等吉祥物。

林宅在于前厅的墙上彩画，有一对联题曰："有打瞌睡神仙，无不读书豪杰"，接近白话的对联。绘画方面，还可见用尺画成的界画，其中有居家和乐场面，另有西洋时钟的图形，也反映了同光年间西洋文化融入民间生活的面貌。

摘星山庄的大木结构以及细木结构和石雕、交趾陶工艺，多为大陆匠师的作品。而彩画部分，却可能是台湾本土匠师初试啼声之作。我们甚至认为摘星山庄最了不起的部分，就是宅内随处可见的彩画。彩画乃鹿港郭派郭有梅（1849～1915年）的作品，其号春江，也见于墙板之壁画落款。郭氏堪称台湾第一代最优秀的彩绘匠师，其作品除了摘星山庄之外，还包括台中神冈筱云山庄、社口林宅大夫第和彰化永靖余三馆等名宅。在一座民居中尚保存数量丰富、作者可考且画工精美的彩绘，确为台湾地区所罕见，它具有极高的艺术价值。

图12-63　入口作凹寿式

图12-64　正堂前步口廊及暗廊门扇

图12-65　前厅墙上彩画

图12-66　陈益源大厝前树立旗杆

第九节　彰化马兴陈益源大厝

　　彰化是清代台湾移民史中一个具有丰富人文景观的地区。彰化靠海地区以泉州移民为主；靠山地区则是漳州和客家移民的杂处之地。由于移垦到彰化的移民来自中国东南沿海各地，因此形成多样化的人文景观，建筑风格也各异其趣。

　　彰化县秀水乡马兴村，在汉人移民之前，分布着活动于彰化平原的平埔族土著。汉人由鹿港沿海地区逐渐向东开拓移垦，进入彰化平原。秀水就在鹿港东方不远的平原上，明郑派驻的军队也曾在这一带垦拓。从明末清初以降，彰化的开发史，可视为汉人开拓台湾中部的缩影。

　　马兴陈姓的开台祖陈武，白手起家，经营一些米和药材，或据说贩卖槟榔，渐渐发达起来。今日陈宅尚保存代代相传下来的一根红扁担，成为老祖宗陈武扮演行脚商人到处贩卖的证据。将祖先白手起家的象征物给供奉起来，予以后代子

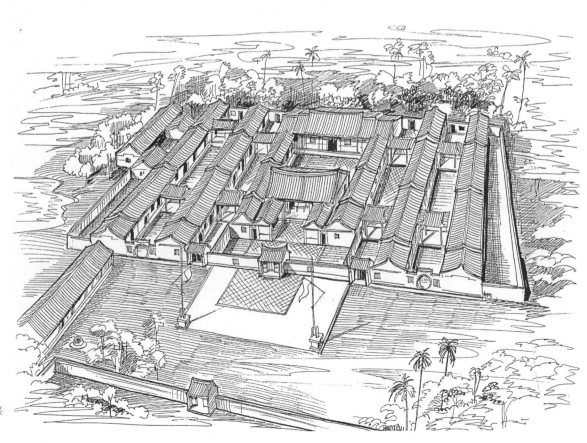

图12-67　彰化马兴陈益源宅全景图

图12-68 正厅左右出现牵手规屋顶

图12-69 正厅左右院子

孙警诫与勉励，先祖筚路蓝缕的精神，传至后代而不坠。

马兴地区土地肥沃，水利灌溉即早完成，使得稻谷收成量相当高。由于附近并没有规模较大的聚落，因此形成一座大宅所与其庞大佃农所组成的共生聚落，即在一座大宅的周边，围绕着一群受其保护的佃农，和欧洲中世纪庄园堡主与农民的结构颇为相似。其生活形态事实上也和欧洲庄园相去不远，他们自给自足，自成一个生活和生产结合体系，正是清末台湾中北部乡村经济与社会的特色。

由商人、行伍出身逐渐晋身为士大夫阶级，陈氏家族的人口逐渐增多，因此成立祭祀组织。陈氏家族规模庞大，共有五个堂号：陈益源、陈四裕、陈复源、源庆丰堂以及谢年丰堂。由于后代子孙数量庞大，家族中佣人和仆从的数量自然不可小觑。在陈氏宅第后头建有一些佣人的房间，而佃农、工匠和长工的房舍则分布在大宅的前院，围绕着陈宅的四周。陈宅并设有私塾，延揽名士教育各房子弟，以求取功名。鹿港的文学家和书法家王兰生以及王锡聘，就被礼聘成为陈家的座上客。

图12-70 代表功名之旗杆

陈益源宅坐落在彰化平原上，缺乏起伏的高山屏障。但是却有溪流蜿蜒围绕，溪流同时被用来作为灌溉和营造防御性的河沟。陈益源宅采取坐北朝南的方位，正门口朝南，宅后环植很多树木，包括巨大的果树和竹丛。由于先后取得军功和文举人的功名，因此宅第气质富有士大夫的生

图12-71 侧院之过水亭

活品味，宅第后面附建花园，提供修心养性之所。

陈益源宅平面的特色是独一无二的。整体布局呈现中轴对称，以一个七开间的三合院包住一个较小的三开间三合院。一般的台湾传统民宅的整体格局多为单纯的一进四合院或者三合院，但陈益源宅却是由两个三合院构成前后两进的平面。族人中举之后，在前院加建门楼，悬挂"文魁"匾，形成了三进的格局。家庭成员持续增加之后，又在左右两边各加两排护龙，成为大三合院包住一个小三合院，左右共计有8个护龙的宽阔格局，面宽十五开间，如此开阔的正面在台湾传统民宅中无一能出其右。

门楼之前有一个前院，地上铺红砖，同时立有一对旗杆。日治时期再于前院增建外门楼，题额曰"陈四裕"，为风水的考虑偏了一点小角度，并未直接正对大门。在不同的年代里，风水上的考虑也迥然有异。原本在宅第后方还有花园，其周边为佃农和管家的住处，还有私塾。

图12-72 护室出入口为月洞门

图12-73 陈益源大厝之正堂摆设

小的三合院是用以祭祖的空间，即所谓的"公妈厅"。正堂两侧的房间是家族大家长的起居处。而小三合院两侧的厢房用途，据考证是停轿子用的轿厅。据说一边摆男主人外出代步的轿子，另一边则是摆妇孺使用的轿子。

而第二圈外面的大三合院，两侧的厢房护龙有接近20间房间。最初这边居住着陈荣华的眷属和家族中其他的老长辈。第三代到第四代之时，住宅规模持续扩大，增建了左右两侧两排护龙，最外面一排的护龙则是日治时期所增建。护龙中也有设厅，符合一明二暗、光厅暗房要求。大家族在其全盛时期，护龙中的厅充当族人彼此交谈、会客的地方。或许可以推知，虽是大家族合族而居，但是大家族中的小家庭仍各有各的私密空间，而房间也各自有专属进出的小门，公私兼顾。

第十节　彰化永靖陈宅余三馆

福建客家人之所以选择住在丘陵地区，其实源自于历史的居住习惯。闽南人在福建的居住地区多在晋江河谷，而且多为沿海地区的平原地带，所以选择台湾西岸靠海的平原地区作为定居地。至于客家人则多活动于闽东和粤西地区的山地，擅于山区生产技术，自然而然选择丘陵地区定居。

彰化永靖余三馆为陈姓客籍垦户宅第，建于清光绪十五年（1889年），不过实际的建筑年代可能更早。陈家祖籍为广东潮州饶平客家人，移徙到彰化的平原地区后，得利于浊水溪和大甲溪的灌溉，适宜种植水稻，因而定居了下来。但清代还有同时到彰化定居下来的闽南人，其中漳州人占多数。同为闽南人的漳州人和泉州人常因争夺水源而发生械斗。彰化处于闽客两族的混居地带，由于闽南人占多数，使得客家人平常接触的语言多为闽南语，长时间下来，反而会有淡忘其母语的可能，漳客不分，永靖陈家就是一例。

清同治年间（1862～1874年），台湾发生了由漳州人戴潮春所领导的抗清事件。彰化因为土地肥沃，人文荟萃，成为兵家必争之地。陈家当时的族长陈义芳在这一连串的动乱中，对于稳定家族以及安抚地方局势发挥一定的作用，得到朝廷的犒赏。清光绪年间陈有光由捐纳获得"贡元"的荣衔，在父祖所留下来的基础上，将住宅予以扩建，取名"创垂堂"，成为今日所见的建筑规模。所谓"创垂"之意，就是继承父祖的福泽而发扬光大。

虽然清朝统治台湾时，陈家在稳定地方局势中扮演了重要的角色，却在清朝将台湾割让给日本，日军南进的途中遇到难以抉择的处境。当时由能久亲王北白川宫率领的日军在北台湾的澳底登陆之后，经过数月和台湾义军缠斗，终于抵达彰化地区，日军在彰化八卦山区遇到了顽强抵抗，日军受了重创，而能久亲王也受伤。日军被迫向陈家提出要求，希望能让能久亲王进驻陈宅休养。能久亲王在陈宅休养了几天之后，继续南进，最终延至于台南伤重病亡。值得注意的是，陈宅正

因为这段机缘，在长达50年的日治时期受到统治当局的庇护，得以维持全貌至今。

永靖余三馆坐落于平坦的彰化平原，地势上缺乏明显的高低起伏，因此陈氏便在自家宅第前挖池蓄水，并于宅第后方植树造林，营造出防御性屏障。宅第的方位不同于一般坐北朝南习惯，而是改采坐西朝东。当早晨太阳升起，阳光便会由东方直接照射宅第的厅堂空间，进而营造出一种"紫气东来"，"朝迎旭日出，暮送夕阳归"。从风水学来看，可以视为祥瑞的象征。

余三馆是传统三合院，埕分内外，具有独立的三开间门楼，整座宅第有内外两层的围墙保护，这种双重式围墙的安排在台湾民宅中颇具特色。宅第的内护龙以矮墙围出正堂前的内庭，内护龙呈左右对称，而且都设有"厅"，为一明二暗形式。一般台湾民宅，只在正堂才设置独立的厅，两侧厢房顶多只有左右对称而已。正堂前带轩亭的做法为其显著的特色，这座歇山式的轩亭由四根木柱支撑，木结构精良，具有调节空间微气候的作用。值得注意的是，即使陈有光获得功名，轩亭的屋脊仍为平实的形式。

图12-74　余三馆门楼朝东

图12-75　以墙分内外院

图12-76　从门楼望内院

图12-77 非常典雅的正堂摆设，共有上、中、下三张供桌，左右立功名执事牌（左）

图12-79 正堂前带轩亭（右）

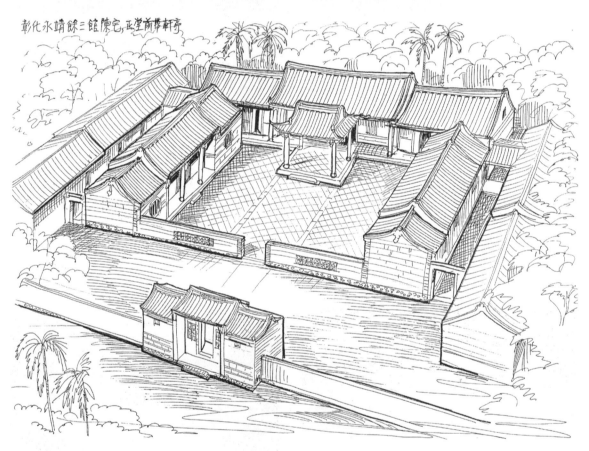

彰化永靖餘三館陳宅，正堂前带轩亭

图12-78 彰化永靖余三馆陈宅，其正堂前带轩亭

外护龙则较内护龙为长，一直伸展到外墙边，形成外埕较内埕宽大许多。这种平面的来源有两种说法，一是来自粤东，二则来自彰化南部鹿港的闽南人。彰化员林以南浊水溪的北岸平原原为客家人所开辟，但鹿港的闽南人进入这块地区之后，客家人反而渐渐为闽南人所同化，其祖坟上所刻的祖籍饶平等广东的地名可佐证。由于受闽南人同化的关系，宅第建筑多少也受到闽南民宅的影响。

外墙的大门两侧设有房间，在承平时期，多作为摆设农具和一般用具的贮藏室，一旦遇有骚动则安排壮丁住在里头，担任看门和守卫的工作。其墙壁也设防卫用的铳孔。

余三馆的木雕艺术主要集中于栋架之上，特别是瓜筒，束木、束随、托木以及门窗、供桌、家具之上。雕琢风格倾向于纤巧细腻，推断应属于粤东潮汕风格。潮汕木雕风格表现繁细而精致，束木与束随分离，不同于泉州派的束随紧随束木

图12-80 子孙巷作花瓶门

图12-81 鼎炉形图案之金箔画

的做法。在余三馆的正堂，可以发现束尾之上并没有直接承托桁木，而是先置斗，斗上再放鸡舌，鸡舌上再放置桁木，这种做法称做"穿水式"，属于粤东潮汕地区常见的技巧之一。因之，凭此特色或可断定余三馆的木雕师傅、大木师傅应可能来自粤东地区。因为束木独立，所以采用透雕的方式让木雕里的人物、花鸟、走兽、亭、台、楼、阁布景更为明晰，所有的木雕造形均呈现明显的轮廓线。

欣赏余三馆木雕艺术，主要是看正堂前面的轩亭、员光、束随，这些均是同治、光绪年间潮州派的精品。潮州派斗栱在此也展现出它的特色，斗型变化多端，除了最常见的桃弯斗之外，还有一些八角斗。至于栱的形状则与泉州派相差甚大，它用较弯曲的栱身，弯曲如同象牙。总之，在轩亭的屋角之下，弯曲的斗栱，花瓶形的吊筒，均为木雕精华所在。此外，木雕方面值得欣赏之处还有正堂前的三关六扇门，左扇及右扇门采用夔龙窗，也就是螭虎窗，其中螭虎炉的造形属于硬

图12-82 正厅左右卧室之书卷窗

团式，线条转折有力。顶板有篆文"仁者乐山，智者乐水"。正堂内的木雕以供桌、神龛为代表，上桌为翘头案，翘头案之下还有八仙桌、中桌等。中桌设有两座，下桌也有两座，正堂内总共五座供桌，层层高升，子孙们重视祭神，敬天法祖与慎终追远的精神表露无疑。这些供桌视其雕琢风格与宅第建筑配衬，相互辉映，牙板、束腰均用螭虎造型，上桌的中央长方形主龛，里面供奉历代祖宗牌位。神龛本身如同一座具体而微的小屋，既有柱子也有吊筒、格扇门等。当中有数座尺寸较大的神位，为很典型的客家形式，在神案的两边仍立有执事牌，如"成均进士"，"恩授贡元"等，完整呈现清代官绅民居厅堂的氛围。

至于余三馆的彩画艺术，最令人称道的是画法极为多样、罕见的浮塑彩画，所用矿物原料历久弥新。横楣上有精致的仕女图，祖厅的左右墙下方裙板有"安金"的香炉，这种安金的香炉画是运用中国传统剪纸技巧所制作。至于屋架上的瓜筒、瓜仁的彩绘内容多为童子或仕女图像，妇孺满堂，十分有趣。瓜筒上写有双喜的装饰，可以想见当年对陈家而言，是功成名就与双喜临门的愿望写照。

余三馆的彩画，最具研究价值的是正堂对看墙与门楣上的浮塑彩画，这是一种以麻绒或是纸筋糅合石灰，混合而成的一种浮塑技巧，做彩绘打底之用，可获得半立体的浮塑效果。余三馆仙翁、仙姑的人物彩画，身体、衣着服饰都是浮塑，这种浮塑彩画，在台湾已属凤毛麟趾之作。

潮州派的泥塑师傅最擅长在寺庙的内墙上做浮塑，今天在台南、嘉义等地都还可以见到。让人物的脸部与身体微微凸起，再施以彩绘。彩绘方面还有一幅值得注意，即宅第左边主要卧室的木板墙上，辟有一个书卷形的小窗，窗板上以精细的笔法表现两位妇女的家庭生活，运笔细腻，用色高雅，以妇女形象作为住宅的彩画主题，多少也反映当时妇女受尊重的一面。

第十一节　屏东佳冬萧宅

明末清初，来自中国东南沿海的客家和闽南移民陆续来到台湾。他们对于开发台湾的贡献卓著，不分轩轾。但由于语言上的隔阂，难免会有规模大小不等的纠纷产生，械斗是激烈的社会力较劲。

现在的高屏溪（下淡水溪）一带的土地，大部分是客家人筚路蓝缕、披星戴月开垦的成果。为了避免闽南人扩张的压力，以及为防范平埔族、原住民等势力的反扑，客家人开始酝酿组成一种具军事性质的团体。这是一种结合空间聚落、乡勇组织并结合防御体系的安排，以此为基础建立了垦拓组织。在平原地区上有前、后、左、右和中间总共六支队伍，客家人称之为"六堆"。今日的内埔是六堆地区的枢纽，以内埔为中心的周围区域，形成六堆。拥有许多重要的寺庙，诸如六堆天后宫与粤东客家人崇敬的韩愈庙（昌黎祠）等。

佳冬位在内埔核心地区的左翼，该地垦拓的人大多是来自广东潮洲与嘉应州的客家移民。萧姓的祖先萧达梅就是清代自粤东渡海来台发展的客家人之一，他来回于台海两岸，进行商业贸易，却不幸于一次航海途中，发生海难。萧达梅的儿子萧清华为了寻找失踪的父亲，也离开了粤东，离乡背井，来到台湾寻父。

萧清华任职于清军，他有两个儿子，其中萧启明继续担任军职，而萧光明则转而向商业发展，定居在台南府城。清嘉庆年间，萧清华和长子萧启明随着清军前往港东里（今日的东港）之时，次子萧光明亦随行。他在当地创立了"萧协兴号"，并在东港和佳冬地区从事商业活动。经商致富之后，在佳冬地区起造大宅第，经由经商或者务农致富之后，进而购买田产，扩大家族的势力，家族人口逐渐增多之后，营造大宅第，这是一般台湾传统家族的发展脉络。

随着人口持续成长，逐渐在宅的两侧或者前后加上横屋。大规模的民居，通常会达到三落、

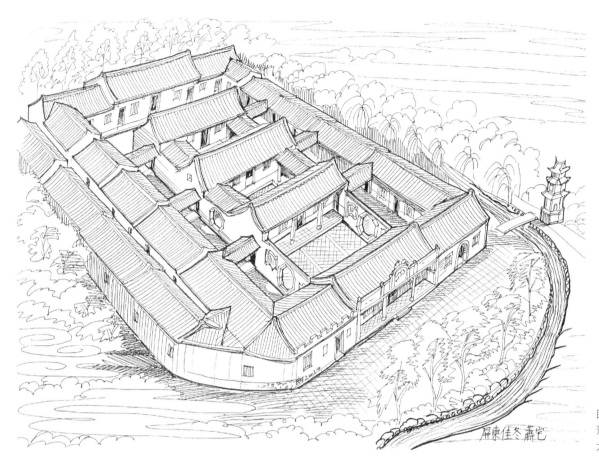

屏东佳冬萧宅

图12-83　屏东佳冬萧宅为罕见之五落大厝，并设有惜字炉

五落的格局。佳冬萧宅就随着萧家的家业兴旺，成为今日所见的五进大宅，萧宅的五进规模依旧维持得相当完整。萧家仿照广东梅县的老宅兴建宅第，先建立第一进到第四进，日治时期人口持续增多，五进规模推断应是到了日治时期才完成。今日萧家的家族成员有千人之多，乃佳冬地区的名门望族。

宅第的兴建颇讲究风水。高屏溪一带多为平原，没有明显的地形起伏，较难以营造出背山面水的理想格局。佳冬萧宅则运用溪水营造防御工事。溪水原本流经住宅东侧，萧家将溪水疏导，使水流绕到住宅的前院。使得东侧和前头都有溪水流过，并没有采用粤东客家人常见的马蹄形围龙屋，或者闽西一带的圆形、方形客家土楼。

明末清初之际，当时倭寇和海盗扰民相当严重，因此多采取易守难攻的封闭式建筑。但倭寇与海盗在清末已明显衰微，对沿海的居民也已不构成威胁，清末和汉人时常有纠纷的原住民，逐渐接受开山抚番的政策，跟汉人的关系也趋于稳定，兴建防御性建筑的必要性大大地降低了。

萧宅是传统的合院式住宅，前面三进和后面二进各成系统，形成一个五进的住宅。所以说是五堂双横式的住宅。方位坐北朝南，坐落于佳冬的核心地带。由于是地方望族，对于地方上的文化和教育都有卓著的贡献和影响。他们出资设立私塾，并在宅第的东南边靠水处建造了一座圣迹亭。圣迹亭亦称之为惜字亭，是古人崇文敬字的表现。

萧宅的面宽为五开间，中央以及两侧皆设出入口。第一落和第二落之间有两道高墙连接，并且各辟有八角门；第二落和第三落之间有过廊衔接，亦开八角门；最为紧凑的地方就是第三落和第四落之间，它们之间的院落规模较为狭窄，也有过廊将其连接起来。不过改采封闭型的空间，只对内庭开放。最后的第四落和第五落之间又有大庭院，不做过廊和高墙，应是晒谷场。

图12-84 佳冬萧宅
全景图

图12-85 通往横屋之八角门洞

图12-86 前门外有水圳环绕

图12-87 很长的横屋与侧院

图12-88 正堂之左右廊

　　五个院落外围有深长的横屋，其屋脊从后方到前端渐次降低，即第一进的屋顶较低，第二进、第三进的屋顶渐次升高，而最终以安放祖宗牌位的第四进屋顶为最高，这是精神性的祭祀空间。这种屋脊高低的安排符合古时尊卑序位。随着屋顶的升高，主从之间的高低关系也明显可见。正式的空间与男性的空间居于建筑的中间部分，侧边的院子为妇孺的生活空间，用围墙加以区隔。

　　客家人称厢房和护龙为"横屋"，整座住宅则称为"伙房"，似乎蕴涵合族而居之意味。萧宅的左右横屋以围墙区别，中轴线和横屋之间设有小凉亭，称为"廊厅"，廊厅可以让家庭中的成员在这里喝茶聊天，摆龙门阵。客家移民的传统住宅中，除了祭祀空间会使用庄严肃穆的黑色和朱红色之外，外部庭院的墙壁多采粉白色。客家妇女经常必须下田，或在院子里劳动，劳动的时间相对较闽南女性为多，她们也不缠足。墙面之所以采用粉白色是为了利于阳光的反射。若院子的光线不足，可借由白粉墙来补充不足的光线。而屏东地区日照强烈，为了避暑，多设有防暑的廊道和过水廊。除了墙壁上门窗的安排之外，为提高房间内部的私密性，常以竹帘挂在门楣以区隔内外。在门楣上挂竹帘的方式，常见于高屏地区民宅。由此观之，我们也可以视佳冬萧宅为高屏地区传统民宅的一个典型。

　　萧宅的第一进屋顶在日治时期大正年间（1912～1926年）进行的整修，增建女儿墙，墙面遮住了屋顶。女儿墙上雕饰有西洋风格的泥塑双狮戏球，以及卷草浮雕。屋脊和高墙的旁边依照传统的习俗，通常会栽种仙人掌之类具有辟邪作用的植物，萧宅也可见到民俗反映到住宅的情况。廊道梁架使用拙朴的形式，尖峰筒架在未加修整的大梁之上，大梁不加工，仍为弯曲的树干，乃是客家住宅常见的手法。

　　第二进的石雕窗雕有仙翁和仙姑，另外的四扇屏门前有木雕花罩。以茶花、荷花、菊花和梅花分别代表春夏秋冬四季的"大四季花"。第四进高耸的主厅部分，构件同时也比较巨大，属细木结构的大门上有仙翁和仙姑，恰与第二进上石雕窗的仙翁仙姑互相对应。这种在门版上有门神，以仙姑搭配寿翁，意味着民居装饰追求高堂长寿、子孙和乐之福、禄、寿境界。

图12-90　门楼增加西式山墙

图12-89　后堂

图12-91　雕四季花的木屏风

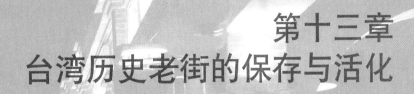

第十三章
台湾历史老街的保存与活化

第一节　台湾历史老街保存活化发展概述

台湾的城镇发展，在 1980 年代之前，无论在都市计划法令制度或是城镇风貌整建上，都依循"现代城市建设"的逻辑，朝向拓宽道路拆除旧风貌街屋的"都市更新"，建立国际化、现代化的"进步城市"样式，历史老街不但未能受到重视，反而被视为妨碍市容的都市之瘤。1982 年台湾订定文化资产保存法相关规定，成立专责文化保护机构，学术界和民间爱好地方文史保护团体也开始积极呼吁政府对历史老街的保存必须有计划的投入关注，台湾的历史老街保存工作才开始渐渐受到重视，至 21 世纪，"老街保存"成为地方政府重要政绩，也成为当局"改善城乡风貌"的主要项目。

台湾历史老街的整体性保存计划执行，可以上溯自 1980 年代的彰化鹿港街区保存，这个保存计划的实施，不但自点状的古建筑保存扩展到面状街区保存，同时结合都市计划观念划设保存专区，利用天际线和建筑量体管制的手法，将整体街廓的城镇形貌恢复历史风格。其后台湾乡土寻根运动兴起，此时正是台湾进行都市计划大规模拆除传统街区、拓宽道路危机之际，文化保存民间团体与学术界极度关注历史街区保存的议题。然而，因 1980 ~ 1990 年，台湾不动产开发市场经济股盛，老街街屋所有权人期盼将老街拓宽改建现代化大楼，导致几个重大老街的保存行动失败，包括安平老街的拆除和三峡老街解除古迹指定，形成老街保存运动的重大挫败。

1990 ~ 2000 年间，台湾在独特的政治及文化环境下，因两党政治竞争以及城乡差距的不均等发展，小区意识高涨，本土文化认同的氛围方兴未艾，民间团体和知识分子大力推展文化保存与小区营造活动，促使政府开启对历史老街保存计划的推动。为了弥补城乡差距扩大的裂痕，初期历史老街保存对象大多选择远离大都市的偏远地区进行，例如澎湖二崁聚落、新竹湖口老街、台南新港老街等。

这些历史老街的整建，因政府将之定位为偏远地区的环境建设与改善，挹注的经费极其有限，大体上着重于老街外观和硬体的修复以及基础设施的改善，欠缺长远的产业辅导和地方再发展的软体规划。因这些老街聚落远离都会，地处偏僻而久丧商机，青壮年人口外流，即使街区装修完成，但因未能整编入台湾地区大型产业再发展计划中，也未能及时为街区注入新的生命力。

2000 年以降，台湾文化游憩产业兴起，强调文化体验的民宿和旅游欣欣向荣，对于具有历史人文深度的历史老街的城市本土风格再造，也渐渐成为政府公共建设的主要施政主轴。早年因追求城市效率与土地高强度商业使用而推行的都市计划，将老城区拓宽道路、拆除老街的都市计划策略开始被修正，认为在都市发展主轴下应平行实施"历史特定风貌发展区"的另类城市规划。台北市政府于 2000 年推出"轴线翻转"计划，将淡水河沿岸清代河港旧街区的整修活化列为另一个城市核心规划重点地区，1992 年万华都市再造行动，将视野放到历史街区的再发展课题，包括龙山寺周边和剥皮寮清代老街的再生计划。剥皮寮老街的再利用，以历史老街空间配合万华地区生活故事，以地方义工导览与小学乡土教学结合，成为老城区的乡土教育中心。

台北市的迪化老街，为清代台北最兴盛的贸易市街，现今仍为中药、南北货、布庄的传统风貌集市，21 世纪初，市政府将其划设为"历史风貌特定专区"，透过补偿住民"容积率奖励"的方式，住民将容积率售予开发商获取利益后，自费修建老街屋。市府以都市审议委员会审查居民自行修建方案，以确保其历史风貌，这个方案是台湾历史老街保存的一个新兴模式。亦即，居民自行提出保存及再利用策略，而非由政府主导。一者政府可免于支付庞大经费挹注于私有产权的维护上；二者住民仍可维护其原有的使用，使老街区的既有生活方式得以持续存在。

台北县三峡老街为清代中叶大汉溪河港聚落的市街，自 1971 年原订都市计划将其拆除拓宽，历经舆论指责破坏城市历史风貌，政府改变计划将其指定为古迹，以致引发所有权人反弹抗争，政府遂顺应民情取消古迹以致于延宕多年，终于在房市衰退，政府决意保存下，始得历经万难，得以保存下来。保存活化后的三峡老街因空间品质具有整体历史氛围效果，造成文化游憩兴盛商况，古董店、家具店、老布庄以及地方特色茶庄、传统小吃等传统店屋在家家户户各自经营下，将老店屋作了许多创意的布设和陈列，由于1/3的经营者皆为老街原有居民，为了维持老街历史风貌质量的原汁原味，居民自行筹建了"老街管理委员会"，不但定期管理维护老街的整洁和人车出入管制，同时对于各家户影响整体街区的新增不当陈设、店招予以规劝改善；在自我约制的持续发展过程中，渐次成为北台湾的文化游憩重点。

　　三峡老街的活化经营由住民自主，因而各户有其独特风格，产生的利益回归住民，老街不动产及房租价格上涨5倍有余，住民开始认识到老街的保存不但存续了家族原有的产业经营特色，也同时酝酿出当地人对老街屋的高度情感和认同，三峡人更为珍惜宝爱这原已濒临倾圮颓坏的历史老街。三峡老街的保存活化在效益发酵之后，台湾各地方政府皆派员考察，引发一连串的保存效应，这个案例同时也获得西班牙国际金奖、台湾最高行政部门金质奖等多项肯定。台北县政府也从而展开后续一系列的深坑老街、新庄老街、大溪老街等老街保存活化计划。

第二节　台北三峡老街的保存与活化

一、台北三峡老街规划的社会经济脉络

　　台湾老街保存历经决策错误的过程，是一个血泪斑斑的经验，虽然各地状况不同，但其发展历程仍待进一步观察与研究，而位于台北县的三峡老街即为一个典型的个案。1971年三峡老街的都市计划，以现代理念，计划将原本6米的老街拓宽为15米的道路，1989年老街建筑面临拆除，

图13-1　昔日的三峡老街染坊林立，店家无不倾全力精心规划牌楼面与店招形式

图13-2　华灯初上，建筑物、廊道与街道家具的夜间照明，让老街重现风华与光芒

1990年经文化人士奔走，媒体呼吁保存，政府改变计划，于1991年公告指定古迹。但因政府维护经费不足，老街倾圮，民众不满，更因当时房市景气，开发商鼓励居民拆除老屋建大楼，形成政府压力，1993年政府宣布解除古迹指定，并于两年后变更都市计划，拟予拓宽。但因缘际会，是时房市衰退，兼以台湾文化保存观念逐渐兴起，政府遂又强力介入，于1998年以"文化景观特区"概念重新定位三峡老街，并拨列3亿元作为整修经费，台北县政府遂于2000年拟定变更三峡都市计划（三角涌老街区再发展方案）书，委托徐裕健建筑师事务所积极进行老街的保存及活化方案。

二、三峡老街保存与活化的规划目标与执行方式

（一）优质化历史老街区的生活环境

　　深刻体会居民日常生活困境并予以解决，是环境改造的基本目标，也是居民针对计划认同的

重大因素。因此，谈再发展的基础，必须实质面对居民生活的基本问题，解决三峡老街的环境改善问题：交通、排水防洪、上下水道、都市景观等公共设施不足的沉疴。

（二）地方性魅力及特色之产业开发与自主化经营

三峡老街地方有许多传统产业具有发展文化游憩的潜力，包括山区的制茶、大菁染布、文石矿产。目前老街有古董家具、传统服饰以及文石印刻卖店，大菁染布更有成熟的蓝染文史工作坊进行多元化的乡土教育及推广活动。经营方面仍由居民自行经营，街道居民筹组老街管理委员会，

针对老街的再利用自我管理（基金由政府提供），居民将蓝染布庄、古董家具、命理占卜、南北杂货及风味小吃等产业潜力发挥，以适应未来高质量文化游憩的需求。此方案的重点在于，地方产业由在地居民掌握主导权，并且杜绝外来资本家的垄断性集体开发，以期利益归于地方，形成在地社会永续生存的重要条件，在地居民社会能够长久生存，地方文化自然不虞被外来文化全盘置换，形成导致丧失地方人文性的危机。

（三）再现三峡老街历史纹理及人文、自然地景

老街背山面河，串联鸢山与三峡溪，重现山、

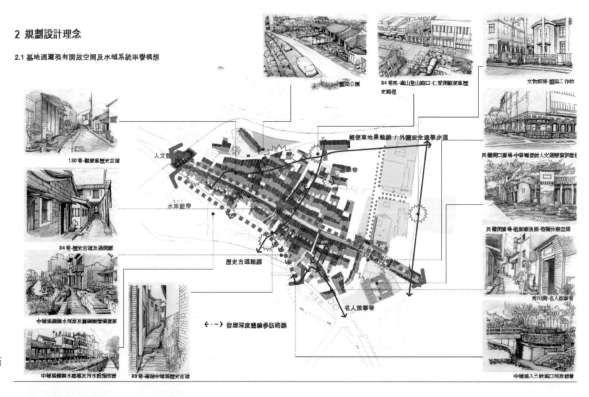

图13-3　三角涌历史街区整体规划图

图13-4　蓝染公园及工作坊规划

图13-5　中浦溪侧亲水河岸及旧码头情境复原

水共构的街区自然地景纹理。

亭仔脚（骑楼）内历史意象之修护，包括历史铺面、店招、店铺门面、街道家具、灯具等，规划过程中皆由居民参与选择式样，形成参与及认同感，执行民众参与的民主化设计过程，居民由疑虑转而与规划团队密切互动，最终获得全面的支持。

（四）修复地方居民生活场域的"后街小巷"，照护弱势族群（老人、小孩）的生活空间

后街小巷是地方老人、孩童生活的重要场域，河岸码头则为地区重要节庆——放水灯、中元祭的历史地点，除了主要街区的营造，这些历史地景又是弱势族群的生活圈，一并整合在计划中。因为老街的再发展不可仅重视观光客的便利，而忽略在地住居生活的权利，我们深深地反省到，地方人文特性的根源及存续，其实更有赖于住民生活的长存。

（五）发掘地方名人事迹及家户故事

将三峡名画家、画作及三峡小故事铸成解说牌，置换水沟盖板和污水管沟井盖，一方面美化公共设施环境，另一方面供外人一步一脚印地了解三峡老街的名人故事，感受地方人文特性。

（六）民众参与式的规划过程，解消民众抗争，促发社区认同与支持

三峡老街的修护并非只是一个单纯的造景行动，而应视为整体社区重建之一环，具体牵扯了居民在地意识的建构及地方认同的塑造。因此，规划单位设置"三峡老街规划工作室"与居民互

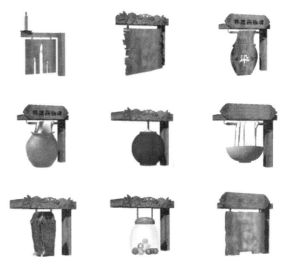

图13-6 地方产业形象意象化之侧悬式招牌

图13-7 河堤生活步道示意图

图13-8 秀川街名人故事巷

图13-9 特色院门复原结合自导式解说系统

图13-10 角隅处设置游憩节点

图13-11 巷弄古道
串联溪岸历史码头

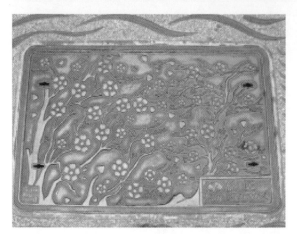

图13-12 将五大管线人（手）孔盖板设计为解说牌，结合地区人文特色与故事，建构出历史街区的空间质感

图13-13 运用地区蓝染产业使用的砑石造型，结合低角度夜间照明，形塑历史街区街道家具特色

动沟通。

　　社区营造行动的进行，至为重要者即是日常与居民的沟通、互动。工作团队设置工作站后，通过定期或不定期举办相关社区访问，增进社区与工作团队间彼此的了解。此外，并协助地方探寻、发展地方产业，推动当地后续经营团队之组成，以维持永续经营之主体。

　　在规划过程中，邀请居民参与选择铺面材料、店招样式，为其解惑释疑，这种民众参与式的规

图13-14 由居民共同参与之三角涌老街工作坊

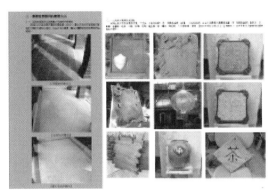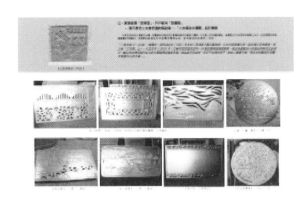

图13-15 居民参与选择铺面材料、店招样式

划方式，有效地破除居民的疑虑和抗争，反而激发其积极协助的认同。

三、三峡老街的活化与再生

三峡老街在整建之前，店铺商况不振，多数转为纯住家，也出现空屋闲置的衰颓状况，居民亟待拆除改建大楼。保存维护之后，老街的历史风华再现，文化游憩人潮涌现，促发居民重拾地方传统特色产业的经营，古董、家具、茶庄、布庄以及传统小吃渐次在一间间老店铺中，活络地发展起来。

在斑驳的红砖洋楼中，居民发挥创意，布置充满古意的空间情境。游客穿梭在楼井、亭仔脚和小阳台之间，与当地经营的房东间话家常，听闻老店成长的家户小故事，闲适而意趣盎然的选购消费三峡当地的特殊物件。老店的经营者有

1/3都是三峡人，经营方式各具创意而有独特性。由于商况兴盛，老店屋的不动产价值增长5倍有余，居民对于保存后的经济效益深感欣慰，由早先对衰败老街的失望转化为现今的希望与自信。经营的店东，包括退休返乡的子弟、居家老人和青壮后生，也出现三代同堂或兄弟合股的现象。基本上，生意获利归诸屋主，经营主权回归地方。

第三节 万华剥皮寮老街人文生命力的发掘与实践

一、剥皮寮老街的空间历史意义

万华剥皮寮老街，为台北老社区年代最为久远的清代完整街道，是清末艋舺（今称万华）通

图13-16 百年老店再现风华，创意文化产业的模式进驻

图13-17　老街营造唤醒居民的空间环境美学认知，居民用心讲究室内陈设氛围

图13-18　百年老铺具历史质感的门牌，通过传统模铸工艺匠艺参与的特色五金，强化老街的历史

往古亭的主要通衢干道。日治时期，实施市区改正，以现代都市计划观念将格子状道路烙印在老街区之上，广州街遂（日治时期原称八甲町）取代剥皮寮老街成为主干线，老街顿时没落，成为后街小巷。

剥皮寮老街最具意义之处，在于它呈现出100多年来万华地区居民生活的典型：杂货铺、薪炭店、裱褙行、私塾和茶馆等。在这些场所中承载着市民的共同记忆，昔日的生命重现在居民的一言一语中。一道残墙、一个露台、一口老井，都是当年万华人生活故事的历史场景，也是现在台北人赖以辨认"老台北"的主要人文地景。

二、剥皮寮老街地方历史空间故事的重构

剥皮寮动人的空间故事，在于此地充满了传统老店的传奇，包括船头行、土炭市、茶桌仔店、小旅馆、土砻间（碾米行）、制本所（印刷厂），

其中更有国学大师章太炎暂居所等。

街屋的空间，历经清代、日治以迄战后，从一楼土埆厝到大正年间的红砖洋楼、昭和年间多彩的洗石子立面、折中主义的黄褐色贴面砖以及钢筋混凝土结构，共同组成台湾建筑自传统跨越近代构造技术史的鲜活地景。从生活史面向而言，传统店屋"前店后厝"的多进天井院落、单边长廊的日式"总铺"街屋形成栉比鳞次的多元空间类型。走进老街，一幕幕不同年代的空间场景，跃然眼前，丰富的先民生活场域融合许多小故事、小传说，老街的地方历史深刻地书写在历史地景之上。

三、老街空间历史的拼贴

残缺的历史空间，面临空间历史的补白。忙足瓦砾断垣，发想规划策略，先行寻觅空间的文化意义和历史关联，才是空间设计的首要

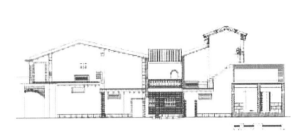

图13-19 章太炎来台暂居所

图13-20 全区最具书香气息的所在,以原貌保存"冻结"这片墙体的书券气氛

图13-21 吕阿昌医生馆的传统木桁架,突显出木作匠艺美学

图13-22 半毁残屋中,利用木构空桥及耸立残壁,形构空间残缺意境

图13-23 半倒红砖壁体,传达老街保存过程的隐喻,以残件存留诉说历史空间的社会过程

图13-24 历史意象的山墙与残存阳台相互依存

图13-25 楼井形式的再现,是长条店屋内部狭小埕的空间精神所在

图13-26　新旧红砖山墙,被大片结构玻璃屋面统合,透明屋面象征已被拆除的屋坡空间结构,并隐喻未来开放使用的公共性

图13-27　壁体白灰粉刷刻意局部施作,以突显残留红砖陈年历史形貌及木桁架柱洞

之务。

　　东侧的老店屋群,最具有历史意义的,当属章太炎来台暂居之所,以及吕阿昌医生馆。章太炎暂居所原为私塾,壁面存留风化难辨的碑刻和书券泥塑,这是全区最具书香气息的所在,因此以原貌保存,"冻结"这片墙体的书券气氛。小天井中,有一个小巧的茅厕,其中有一座极为精巧可爱的青花釉面蹲式马桶,确认为原物,以维护工法,将其列为近代茅厕的史证空间。

　　吕阿昌医生馆的魅力,在于完整的红砖洋楼格局,虽为私人馆舍,却模拟出日治公共官方建筑的象征符号——转角立面高耸山墙、两支多立克希腊装饰圆柱以及少见的宽敞大厅,这些空间符号都是当时上层社会普遍认同的欧风空间语汇。

　　从构造及风格角度而言,清代承重墙的条石墙基、华丽的青砖实壁以及平实的土埆壁、编竹夹泥壁,都在调查过程中,谨慎地去除后期覆盖的水泥砂浆和油漆面层,使原本即作为室内装修的原貌重新显露出清代室内风格的美学价值观。虽然山墙缺损,我们决定以残缺史迹的形式,以结构玻璃及钢骨予以固定,当夜间底光投射其上,乡土教育中心的展示大厅蓦然呈现传统店屋红砖壁的素朴生活历史情境。

　　屋面构筑策略,采取修补及复原的手法。后半屋坡已然拆毁殆尽,为了保存屋面天际线的历史传统,我们选择结构玻璃罩,形构出人字屋面的传统语汇,透明的自然光影,一来可以解除这些原为店屋的狭窄错乱、黑漆暗沉的气氛,二来透明开敞的大玻璃罩,隐喻乡土教学中心的公共性意义。

四、古市街人文生命力的植入

　　抢救保存的剥皮寮老街,经过官方与民间沟通,被定位为"乡土教育中心",以生态博物馆(Eco-Museum)的观念,借助历史空间情境的当下呈现,以分散、现地保存的方式,通过探索、发现及体验的学习过程,活化教学内容。

　　为了深化地区居民的参与,除了访谈当地耆老,搜集老故事和传说的口述历史之外,并且释放一部分空间,作为社区老人、小孩日常游逛、喝茶聊天、自娱娱人的生活场所。

第四节　空间人文特性的荣枯交替——湖口老街的再生

一、湖口老街的空间历史过程

　　湖口老街自清代已为客家族群聚居市街之地,旧称"大窝口",意为客语描述之特殊地理形势——由数个丘陵环绕形成的山凹地形。旧因刘铭传修筑新竹至台北铁路,于此设车站,遂成交通辐辏之地,有商业往来之利,因而形成繁荣市街。日治大正年间,全台推动"市街改正",

湖口市街街区风貌由清代店铺形制全面改造为欧风建筑语汇立面文化风格，建构当时殖民母国"脱亚入欧"的空间意识形态。其后，日人全面规划殖民经济体系，纵贯铁路贯穿全台，新火车站移至新湖口地区，老湖口火车站因而废弃，湖口老街空间的重要性急剧下降。

1990年代，文化寻根及空间地域风格重塑的潮流风行，在文化休闲趋势驱动下，具有地方风格及人文特性的老街镇、旧聚落，重新站上历史发展的中心舞台，湖口老街文化空间复生之芽，在这股城乡新风貌以及地方文化重构的春雨中，破壳而出。

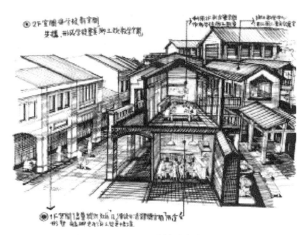

图13-28　生动活泼乡土教学历史情境教室

二、阅读湖口老街空间的历史人文特性

规划团队在进入本地区执行空间维护任务时，感受到居民的情绪。深觉进行空间的保存及再生行动时，专业者面对的不只是空间实质躯壳课题，更应该深入阅读它的人文特性和当地人的社会动力，若非如此，我们不可能与当地人携手并肩共同营造空间躯壳的再生，更不可能延续"空间精灵"的文化生命力。湖口老街的空间历史人文特性，就我们的体验，有以下特点：

（1）强韧的客家宗族生命力及自我文化认同；

（2）拟似家族的紧密社会结构及社会关系；

（3）传统客家店屋外显实质形式与内在生活文化整合一致的特性；

（4）就建筑构造、技术及装饰匠艺而言，大致上仍维持在日治大正至昭和年间的原有风格。

三、老街生命力延续的文化空间再造过程

老街生命力的本质应该定义在"生活方式空间"的延续，包括实质空间的修护以及未来空间再利用契机的创造。但真正需要掌握的是，如何牵动诱发居民久已尘封的动力。

（一）以渐进的民众参与规划策略，争取反对立场居民的认同

老街修护范围涵盖107户居民（皆为私人产权），执行时必须取得居民同意书，工程伊始，多数居民持观望犹疑态度。规划团队采取渐进式的民众参与策略，先行施作已同意的20户，在工程成效展现之后，再次举办说明会，居民疑虑消除，竞相争取我们助其改造空间，终获致全部所有权人同意。

图13-29　罗马拱券、希腊山墙的特殊历史老街语汇

图13-30　骑楼的连续砖拱，体现出日治欧风建筑的历史氛围

（二）地方产业工作坊的经营活化模式

老街保存，仅有躯壳，生命力的延续目标不可能达成。我们研拟未来店屋经营计划，以三户"客家工作坊"的示范计划试行。"工作坊"的基本精神，在于导引居民自行经营未来店屋再利用，必须以客家文化产业为前提，将客家产业（客家饮食、工艺等）技艺与地方乡土教育传承结合，避免再利用流于文化商品化、庸俗化、去地方化等困境。

第五节　台北市迪化街区的自主性保存与活化

一、迪化街区为台北市现存规模最大的历史老街

清末台湾巡抚刘铭传积极推动洋务政策，指

图13-31　"大窝口"工作坊的居民自营店铺

定大稻埕（今迪化街）为外国人侨居地区，鼓励绅民投资，出租给经营茶、樟脑等贸易洋商，成为贸易特区。日治大正年间，迪化街布商、米商相继兴起，成为当时台北市最核心的街区。

时至今日，迪化街仍然存留传统风貌的洋楼店屋形式，而保有台北市传统中药、南北货以及布庄市集的历史风情，呈现出"老台北"生活地景的样貌。

二、政府补偿奖励制度下的居民自主性保存模式

近十年台北市政府通过"容积奖励"的诱因，鼓励民众自主性提出老店屋的保存计划，保留历史老店屋以及活化特色产业，政府不需出资而是通过"都市设计审议"方式对保存计划进行管控，要求所有权人在容积移转后的价金所得，提拨足额建筑整建维护经费，通过银行信托以及建筑经理制度，确保整建维护事业计划之执行。

通过上述机制，由民众自主性主导的百年老店、特色产业作坊以及街屋故事馆之规划设计，目前阶段性成果包括：百年老油铺、联华食品产业故事馆、第一银行董座庄家声名人故居、土垄间（碾米店）故事馆等。在兼顾产业永续经营的考虑下，鼓励所有权人提供空间活化的公益性使用，如提供中小学生户外乡土教学，以及历史街区参访者优质的解说场域与环境氛围。

图13-32　"荣裕作板"工作坊陈列客家饮食板条制作的工具

图13-33　"湖口岁月"茶叶工作坊的布设，显示店东的创意经营

三、历史风貌再现的整合性规划内容

（一）历史风貌再现基本规划理念

1．建立历史感：考察过程的历史风貌规划程序，形塑街区历史质感。依循迪化街当地历史情境，重塑具有历史考察深度的立面牌楼匠艺与品质，并依三种不同状况研拟设计准则：

（1）原风貌修补：具原始形貌、构造材料情况者，以修补重现为原则，尽量再现原有构造工法及材料。

（2）历史风貌调整：局部佚失历史风貌情况者，调查邻近具有原有风貌案例，依其历史形式予以调整。

（3）历史风格形塑：搜集历史图象（旧照片、旧画作、旧元素）并建立档案，依考察结果，形塑历史质感形貌。

2．考察店屋原始兴筑过程，具有个性化及独特化特质的地域性，重塑多元化本质的历史形貌。

3．通过时代风格材料及匠艺考察，塑造设施设备的历史风格与细腻质感。

（二）立面牌楼历史风格再现对策——历史故事地点的情境传达

1．百年老店"立面牌楼"的叙事情境突显——透过容积奖励制度鼓励居民对于中药铺、布店、南北货三种类型的"百年老店"进行历史场景再现的整建维护营造，包括百年店招的再现、解说系统之建构，如店契、创始人、旧照片、旧器具再现于"前舞台空间"（亭仔脚、门牌位置、前门柱位置、设备盖板位置等），形成驻足解说景点。

2．历史故事发生地点的场所再现街区重大历史故事，以解说图象结合设备及装置呈现于发

图13-34　农历五月十三日城隍爷圣诞，信徒举行迎神赛会，万人空巷

图13-35　大稻埕亭仔脚下检茶情景（《台北市老照片》）

图13-36　大稻埕南街及永乐市场前街道旧照

图13-37　大稻埕南街及霞海城隍庙前广场旧照（台北市老照片）

图13-38　迪化街
287号百年老油铺工
作坊

生地点，形成历史所在（Historical Site）景点。

3．以特效夜间灯光设计，强调"历史叙事空间"及所在。

（三）亭仔脚历史感及店铺摆设模式习惯生活文化场域的再现

1．亭仔脚历史感情境考察设计：

（1）呈现多元匠艺及风格的地平铺面、拱券、门廊柱式、闽南地砖、彩色磨石子、洗石子、清水砌造红砖拱券及收边。

图13-39　迪化街
148号：联华食品故
事馆

图13-40　迪化街
121号：庄家声名人
故居故事馆

图13-41　迪化街
296号：土垄间故事
馆

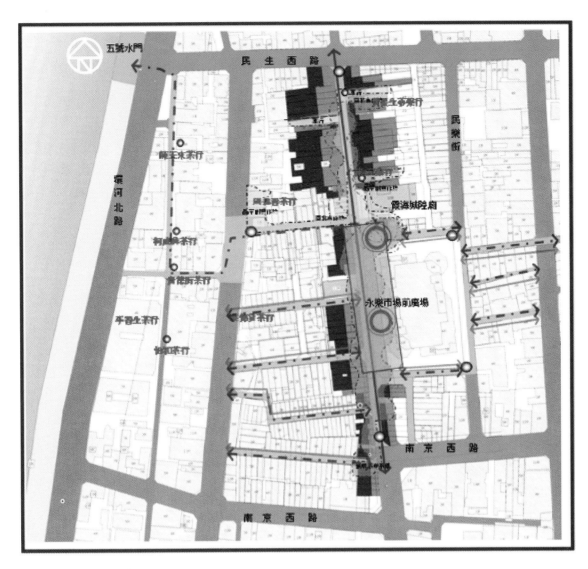

图13-42 迪化街南街永乐市场、霞海城隍庙前广场及周边巷弄规划图

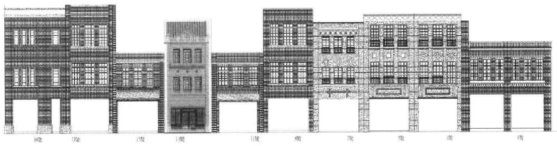

图13-43 迪化街街屋及骑牌楼立面类型

（2）不同历史时期顶棚构造及细致亭仔脚灯具。

（3）"老店招"及"宣传欢彩装置"的考察与再现设计。

2．规划不同模式的店铺门面摆设模式装置：

（1）常时摆设装置：铺面设计与商品陈设架、照明器具。

（2）节庆摆设装置。

3．门牌、电表、水表、瓦斯表及信箱的历史风格设计

（四）街区设施形塑历史叙事情境的设计对策

1．"侧悬式店招"的多元化

（1）考察历史情境风貌，建立"弹性管控"

原则，规划多种材质、形式和历史风格店招，供商家参与选择。

（2）结合多种表现的店招照明光源，凸显夜间丰富街景。

2．依循既有节庆灯彩、旗帜悬挂的需求，设计历史再现的装置位置及设施。

3．依循历史图象场景，每年举办"年货大街"节庆、"历史风格布篷"，以多元化形貌，形塑节庆生活场景。

4．置换翻转现代城市照明刻板印象，以两种夜间照明模式呈现独特历史街区夜间生活情境。

（1）常时照明及节庆照明模式。

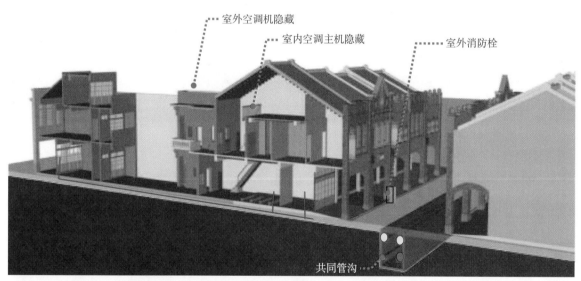

图13-44　迪化街历史街区共同管沟及现代化设备隐藏计划

图13-45　迪化街街屋立面夜间照明模拟图

图13-46　画家郭雪湖笔下之南街殷赈图

（2）以低角度及牌楼面、店招照明及亭仔脚照明作为街区照明主体，车道照明作为辅助性照明。

第六节　台湾历史老街保存活化过程的困境和反省

回顾台湾推行"历史老街的保存与活化"的过程中，遭致几个重大的阻碍和价值观的冲突，导致许多错误的后果和失败的教训，时值今日，仍然值得我们深切反省，理清问题以避免重蹈覆辙。执行上主要的障碍和冲突，大致有下列数端：

（1）历史街区的私有权利，不动产开发利益遭到损失，政府欠缺相对的补偿政策。

（2）民众对政府信心不足，因而产生抗争。

（3）保存政策及法令未能相互配套整合，与实际执行产生落差延宕，效率不彰而产生民怨。

（4）保存活化目标应积极朝向老街居民自主性的永续经营模式，达成"人"与"老街"整合性的保存目标。

基于前述困境的反省，未来台湾历史老街的保存活化，实应注重以下三个重大课题：

一、历史老街的人文性存续

台湾历史老街在城乡现代化过程中，不是被视为"窳陋地区"而遭到"更新"，就是被视为具有"旅游商业潜质地区"而面临商业化及资本逻辑的全面改造。前者全面将历史街区形貌予以销毁，代之以全新的现代建筑；后者虽存留历史街区的躯壳，实则去除了空间的灵魂。两种规划理念共通之处，在于严重戕害了空间的人文性。

历史老街的再发展，虽然必须正视经济效益，以求其可行，但若仅以"利益"作为再发展的唯一目标，毫不考虑其他"非利益"的价值，势必导致扭曲的发展，形成另一种必然令人后悔无及的浩劫。当然，旧空间不可能完全冻结保存原来的生活方式，但也无须全面置换。对规划者而言，最关键的核心价值，在于如何扮演自觉的角色，

在政府或开发商的决策过程中，适时注入一些可以被接纳的规划命题，以谋求一些非利益的价值理念，得以存续下来。其中，最重要的一个专案，即是抽象的空间人文性保存。

历史街区的人文性，就是能够令人真实感受到历史老街独特的当地文化生活感觉："当地人的地方工艺、饮食、产业、社会生活的步调、人的交谈和互动、真实的日常及节庆生活方式（Life Style），当然还有自然成长的老街历史意象和周边与生命共生的自然地景。"其中，与一般以文化消费为着眼的旅游观光规划最大的差别在于："真实性"对比于"虚构性"，"当地性"对比于"外来性"，"自然而然的生活方式"对比于"展览演出的生活方式"，"利益分享于当地人"对比于"利益集中于外来人"，"地方风味的空间性"对比于"国际品味的空间性"。更严重的是，当开发权力及利益由外来资本家结合于一身之后，当地人赖以存续的立身之地被集体迁移，替代为以旅游公司指定的经营者在老街中作虚伪的文化包装，形成一个文化商业市场。这个现象，不但谈不上历史保存，连再发展的意义也丧失殆尽，而老街的人文性更被连根拔起，成为一个"去文化"的空间躯壳建构过程。

二、整合性的保存目标

历史街区的保存，在意义上已突破单栋建筑保存的局限性，从建筑的领域延伸到历史地区（Historical District），这个进展，不仅仅在空间量的规模上，同时在保存目标上也从单论建筑躯壳本身的艺术价值。建筑构造、材料史价值，进而探讨地区发展史、产业经济史以及生活文化史的价值，从这个角度来看，我们可以确立历史街区保存的意义如下：

（1）保存一个具有完整轮廓地方发展史上具有意义的建筑及区域。

（2）维护并有效呈现地方生活文化特质的空间特质。

（3）延伸或恢复当地人经营具有地方色彩的产业，以原貌或转化方式呈现。

（4）建立持续自力永续经营的有机性、自发性效果。

（5）选择可以联络未来文化休闲生活的相容性并控制其生长激素，以平衡过度的不正常增生，以诱导有机性的自发性效果，寻求历史街区生活模式的真实性（Authenticity）。

三、活化与再生地方生活方式的本质

基于目前历史街区的发展，多半出现一些基于老街产业经济开发的过度超负荷（Overloading）现象，开发及利用原本荒芜的老街，获致空前成效，或许对"都市更新"而言，同时已达成扫除旧市区颓败脏乱及新都市文化空间塑造的积极性目标，从"废物利用"的角度而言，应可给予正面的评价。但是若从文化人类学的角度而言，这种"旧瓶装新酒"的结果，却把长期酝酿而出的"原初生活文化"完全予以斩除，割裂了空间与文化的脐带。当然，此地所谓的"原初生活文化"意指街区形成的各个历史阶段，随之而生的一种生活方式，并不包括后其附生的生活方式。

值得讨论的是，历史街区再生中"再生"的定义。从空间历程而言，每个历史时期都会有新的意义叠加在原有意义之上，而这种"叠加"，如果与原初的空间意义有着相当的关联，那么新的"环境意义"即是协调而相容的，新的意义是由老干上长出的新枝，基本上是有机成长的，这种意义的转化支承历史连续性（Continuity）的新动力，对于原有的族群生活具有积极性的加分

效果。

反之，如果新的"再生"，是建立在完全转变，甚至摧毁湮灭的后果之上，那么再生的意义即沦为"摧毁性的创造"，是反历史的一种行动，对于原有空间文化而言，是"去文化"（De-culture）的负面效应。当然，如果历史街区在保存之前，已然丧失原有植生其中的文化生活，空间与文化的关系早已割裂，那么历史街区的再生即可依现实需求予以处理，而无关乎所谓"再生"的课题，或可称为"新生"。

目前台湾"历史老街再生"的诸般规划策略，其类型以"生物植生"的模拟方式可分为以下几类：

（1）同一物种的"接枝再生"：保有原初真实生活文化，以协调的、较少干预的新文化生活予以外接，作生物性的有机移植。

（2）不同物种的"接枝寄生"：以较不相容的再利用，依附在原有的生活文化之上，形成一种寄生现象。

（3）以不同物种的新枝芽附着在断根的枯枝之上的"附生"：原有躯壳已然死亡，而以新芽移植其上。

（4）以类似物种的标本，绑扎于断根枯枝之上的"标本"展示：已然不是生物，只是一种仿真样态的"假植物"而已。

综而言之，历史老街再生如果不在本质的课题上论证，那么必将被其他的价值论述（Discourse）所取代。一般讨论历史街区的"活化"，仅只关怀再利用后的"荣枯"问题（经济效益及活动密度），但若未论及"文化生命体"的人文本质，那么不论成败，似乎都不宜用"历史街区再生"的字眼，而列入讨论范畴。

主要参考文献

[1] 罗肇锦．台湾客家族群史（语言篇）．台北：台湾省文献委员会，2000．

[2] 萧新煌，黄世明．台湾客家族群史（政治篇）．台北：台湾省文献委员会，2001．

[3] 洪敏麟．台湾旧地名之沿革，台北：台湾省文献委员会，1984．

[4] 洪敏麟．台中市近郊传统民宅图说．台湾文献26～27卷，1970．

[5] 陆元鼎，魏彦钧．广东民居．北京：中国建筑工业出版社，1990．

[6] 潘安．客家聚居建筑研究．广州：华南理工大学博士论文，1994．

[7] 许雪姬，赖志彰．彰化民居．彰化县立文化中心，1994．

[8] 赖志彰．彰化八卦山山脚路的民居生活．彰化县立文化中心，1997．

[9] 赖志彰．台北县传统民居调查．台北县立文化中心，2000．

[10] 黄秀政．台湾史研究，1995．

[11] 曾庆国．彰化县三山国王庙．台北：台湾省文献委员会，1999．

[12] 黄汉民．福建土楼．北京：三联书店，2003．

[13] 高鉁明，王乃香，陈瑜．福建民居．北京：中国建筑工业出版社，1990．

[14] 卓克华．从寺庙发现历史．台北：扬智文化，2003．

[15] [日] 千千岩助太郎．台湾高砂族の住家，台北：南天书局，1960．

[16] [日] 藤岛亥治郎．台湾的建筑．彰国社，1948．

[17] 狄瑞德，华昌琳．台湾传统建筑之勘察，1971．

[18] 萧梅．台湾民居建筑之传统风格，1968．

[19] 林衡道．台湾古迹概览．台北：幼狮文化事业，1977．

[20] 林衡道．台湾胜迹采访册．台北：台湾省文献委员会，1978．

[21] [日] 富田方郎．台湾乡镇地理学的研究．台北：台湾风物杂志社，1955．

[22] [日] 国分直一．台湾的民俗．岩崎美术社，1968．

[23] 李亦园，文崇一．山地建筑文化之展示．台北：中央研究院民族所，1982．

[24] 刘益昌．台湾的史前文化与遗址．台北：台湾省文献委员会，1996．

[25] 温振华．清代台湾中部的开发与社会变迁．师大历史学报，1983．

[26] 李乾朗．金门民居建筑．雄狮图书公司，1978．

[27] 李乾朗．台湾建筑史．雄狮图书公司，1979．

[28] 李乾朗．阳明山国家公园传统聚落及建筑调查研究．1988．

[29] 李乾朗．台湾古建筑图辞事典．远流出版公司，2003．

[30] 李乾朗．台湾传统建筑匠艺十辑．燕楼古建筑出版社，1995～2008．

后　记

　　台湾民居之研究在 1970 年代之后才有较丰盛之成果，研究方法及观点也呈现多样，有从民俗学角度，也有从社会学角度，当然最多的仍是从建筑学角度来分析。无论哪一种方法，实际的田野调查为首要的工作，一切的立论要建立在民居个案的测绘研究之上。从 1992 年陆元鼎教授邀请我参加中国民居会议以来，考察了大江南北各省的民居，北至山西、陕西，西至新疆，南至云南、贵州等地，看了多采多姿的民居，眼界为之大开。并且与大陆的学者交流，互相切磋，受益良好。特别是对台湾民居之研究有了比较，从异与同之中得到启发。此次接受《中国民居建筑》丛书之委托，撰写《台湾民居》，内容即将最近十年之研究汇整而成。其中第五章请阎亚宁教授负责执笔，第十三章请徐裕健教授执笔，他们长期研究台湾民居并主持许多修缮及再利用工作，累积了丰富的一手数据。

　　台湾面积虽小，由于历史原因而拥有丰富的民居类型，将来要继续深化研究，仍有许多课题都可以开发，这本书也只能视为一个阶段的成果而已。除了第五章与第十三章之外，皆由我负责撰写，谬误之处请方家多予赐正。阎亚宁教授的助理郑钦方、詹静怡、温峻玮、许玮珊、林志隆、洪慈荫、蔡少华等人，与徐裕健教授的助理林正雄、李树宜、李俊亿、吕俊仪、陈建修、徐伟克等人，参加资料整理工作，我的助理颜君颖小姐正在台北大学民俗艺术研究所就读，负责内容之总整理，包括章节分配、文图编排，这是一项非常繁琐的事，经过近一年的时间才告完成。在交稿之际，我在此特别向撰稿者、研究参与人士与编辑者致谢。

李乾朗

作者简介

李乾朗，教授，台湾淡水人，毕业于中国文化大学建筑与都市设计学系，专长为建筑史、古迹保存与研究，在台湾组织民居研究会，推动民居研究，兼事海内外古迹修复研究之工作，现任中国文化大学建筑系教授、台北大学民俗艺术研究所教授、中华民俗艺术基金会董事、台北市开放空间文教基金会董事、中国民居学会学术委员会委员、各县市古迹评鉴委员等。曾参与《高雄前英国领事馆调查研究与修护计划》、《传统营造匠师派别之调查研究》等计划。著有《台湾建筑史》、《台湾近代建筑》、《金门民居建筑》等书。

阎亚宁，教授，1979年毕业于台湾成功大学建筑学系，1981年获台湾成功大学建筑研究所硕士，1996年获东南大学建筑研究所博士，专长为建筑史、城市史、古迹保存及建筑设计。现任中国科技大学建筑系副教授、中国民居学会学术委员会委员、建筑学会理事、中华海峡两岸文化资产交流促进会常务监事等。曾参与《彰化县第三级关帝庙调查研究与修护计划》、《金门县县定东溪郑氏家庙调查研究》、《云林县第三级大埤三山国王庙调查研究》等计划。

徐裕健，教授，开业建筑师，台湾大学土木工程研究所博士。现任华梵大学建筑系专任教授、台湾大学建筑与城乡研究所兼任教授、文建会古迹历史建筑及聚落修复或再利用劳务委任主持人，专长为建筑史及城市史调查研究、文化资产保存修护设计实务、历史街区再生活化实务等，曾任古迹评鉴委员、建筑学会及文化资产维护学会理事学术委员、公务人员特考典试委员、大专院校评鉴委员等。著有《都市空间文化形式之变迁——以日据时期台北为个案》、《城市埋藏性文化资性的发掘与城市风格的重塑》等。曾计划主持文化遗产修复再利用工程计有古迹台北宾馆解体调查暨修护工程、古迹大溪李腾芳宅修复工程、当代美术馆古迹修复再利用工程等。